嵌入式协议栈 μC/USB – Device

μC/USB: The Universal Serial Bus Device Stack

[加拿大/美国] The Micriμm USB Team 著

何小庆　张爱华　何灵渊
韩志华　赵晓彤　江　山　译

北京航空航天大学出版社

内容简介

本书全面深入地介绍了嵌入式 USB 设备协议的原理和 Micriμm 的 μC/USB 设备协议栈的使用。第一部分对 USB 进行了概述;第二部分讲述了如何用 μC/USB 设备堆栈构建基于成熟的硬件和软件平台的 USB 设备的基本方法。书中对各种 USB 类设备作了详细的介绍,包括 USB 转串口适配器(通信设备类)、鼠标或键盘(人机接口设备类)、可移动存储设备(Mass Storage 类)和 USB 医疗设备(个人保健设备类)等。

本书适用于嵌入式系统开发人员、咨询顾问、爱好者及有兴趣了解 μC/USB 设备协议栈工作原理的学生。

图书在版编目(CIP)数据

嵌入式协议栈 μC/USB‒Device / (加)米林(Micrium, The.),(美)蒂阿(Team, U.)著;何小庆等译. ‒‒ 北京:北京航空航天大学出版社,2015.7

书名原文:μC/USB:The Universal Serial Bus Device Stack

ISBN 978‒7‒5124‒1824‒0

Ⅰ. ①嵌… Ⅱ. ①米… ②蒂… ③何… Ⅲ. ①USB 总线—串行接口 Ⅳ. ①TP336

中国版本图书馆 CIP 数据核字(2015)第 151103 号

英文原名:μC/USB:The Universal Serial Bus Device Stack
Copyright © 2012 by Micriμm Press.
Translation Copyright © 2015 by Beijing University of Aeronautics and Astronautics Press.
All rights reserved.

本书中文简体字版由美国 Micriμm 出版社授权北京航空航天大学出版社在中华人民共和国境内独家出版发行。版权所有。
北京市版权局著作权合同登记号 图字:01‒2015‒6000 号

*

嵌入式协议栈 μC/USB‒Device
μC/USB:The Universal Serial Bus Device Stack

[加拿大/美国] The Micriμm USB Team 著
何小庆 张爱华 何灵渊
韩志华 赵晓彤 江 山 译

责任编辑 梅棽芳

*

北京航空航天大学出版社出版发行

北京市海淀区学院路 37 号(邮编 100191)　http://www.buaapress.com.cn
发行部电话:(010)82317024　传真:(010)82328026
读者信箱:emsbook@gmail.com　邮购电话:(010)82316936

涿州市新华印刷有限公司印装　各地书店经销

开本:710×1 000　1/16　印张:23.75　字数:506 千字
2015 年 9 月第 1 版　2015 年 9 月第 1 次印刷　印数:3 000 册
ISBN 978‒7‒5124‒1824‒0　定价:69.00 元

若本书有倒页、脱页、缺页等印装质量问题,请与本社发行部联系调换。联系电话:(010)82317024

译者序

本书翻译工作接近尾声的时候，我们和原书 μC/USB：*The Universal Serial Bus Device Stack* 的出版人、Micriμm 创始人和总裁 Jean labrosse 先生就中文版《嵌入式协议栈 μC/USB - Device》一书的序言交换了意见，他希望何小庆能为全书写一篇序言（实际上原书本身也没有序言），于是就有了下面的序言。

《嵌入式协议栈 μC/USB - Device》一书以嵌入式 USB 设备协议栈为重点，介绍了 USB 系统原理、操作系统移植和 USB 控制器驱动编写等方面的知识，并配有详实的软件代码实现的文档介绍，这样全面介绍嵌入式 USB 的图书还很少见到。市场上的 USB 图书多数介绍芯片级的 USB 功能实现，主要写 USB 芯片的驱动编程和支持该芯片特定类的软件实现，局限性很大。本书也是目前北京航空航天大学出版社出版的 μC/OS - III 系列图书最新的一本，该系列已经出版了《嵌入式实时操作系统 μC/OS - III》、《嵌入式实时操作系统 μC/OS - III 应用开发——基于 STM32 微控制器》和《嵌入式协议栈 μC/TCP - IP——基于 STM32 微控制器》。

本书原版中的第二部分"μC/USB and the Renesas RX63N"，因为 Renesas RX63N 芯片在国内不是很流行，我们与 Jean labrosse 先生商量之后，决定将这部分内容移植到 STM32 微控制器后再在国内出版，这部分工作已经在进展之中。为了配合这个部分，北京麦克泰软件技术有限公司计划将把为 μC/OS - III 图书配套的 μC/Eval - STM32F107 评估板进行升级，发布一款新的板子，它既可以支持已经出版的三本书，还能很好地支持《嵌入式协议栈 μC/USB - Device》。STM32 微控制器是最早进入市场的 32 位 ARM Cortex - M 核微控制器，在中国市场人气很旺，我们相信这样的安排能让中国的读者更容易通过 μC/USB - Device 协议软件和 STM32 微控制器的结合，更好地学习和掌握嵌入式 USB 知识。

USB 是计算机系统历史上最成功的通信接口，是连接个人计算机外设事实上的工业标准。USB 在嵌入式系统中已经广泛采用，可实现设备之间或者设备与主机之间的通信和数据存储等功能，还可用于软件升级和内容更新。Micriμm 的 μC/USB - Device 是专门针对嵌入式系统设计的 USB 设备协议栈。依靠 Micriμm 团队的共同努力，高质量、可伸缩和高可靠性的代码经过了很严格的认证过程，μC/USB - Device 符合 USB 2.0 规范。

嵌入式协议栈 μC/USB - Device

截至本书出版，Microμm 的 μC/USB - Device 协议栈已经能够支持通信设备 (CDC) 类、人机接口设备 (HID) 类、大容量存储设备类 (MSC)、个人健康设备类 (PHDC) 和供应商类。μC/USB - Device 协议栈的最新版本增加了 CDC - EEM 类和 Audio 类的支持，丰富了 μC/USB - Device 协议栈的功能。Audio 类可以帮助用户构建符合 Audio 1.0 规范的音频设备，典型应用包括扬声器、麦克风、耳机等。EEM（以太网仿真模型）类是一种在 USB 总线上高效率传输以太网数据包的一种规范。它是 USB CDC 规范的一部分，允许设备通过 USB 接口连接到以太网，所有典型的网络应用如 HTTP、FTP、DHCP 等，都可以运行在该设备上（这两个类没有在本书中体现）。μC/USB - Device 协议栈设备控制器的驱动程序很丰富，支持许多 MCU 芯片内置的 USB 控制器，包括 STM32、TI Tiva C 系列、LPC17xx、21xx 和 318x 等近 40 余种。μC/USB - Device 协议栈的架构非常清晰，核心模块分为设备控制驱动、设备核心、类和 RTOS 移植四大部分，既可以支持 μC/OS - II 或者 μC/OS - III，也可以支持其他的 RTOS。

μC/USB - Device 协议栈是 Microμm μC/OS 系列操作系统软件的成员之一，μC/OS 的内核已经有第三代产品，第一代产品 1992 年问世，1998 年有了 μC/OS - II，2009 年发表了 μC/OS - III。1999 年 Jean labrosse 先生创办 Microμm 公司之后开发了大量的 μC/OS 的组件，比如 μC/FS、μC/TCP - IP 和 μC/GUI 等，这些组件和 μC/OS 组合，形成一个功能和性能很强大的嵌入式操作系统。μC/USB - Device 可以流畅地与 μC/OS - II 或者 μC/OS - III 配合工作，还能得到 μC/FS 和 μC/TCP - IP 的支持。

本书的作者来自 Microμm USB 开发团队：Christian Légaré 是 Microμm 的 CTO，有 22 年通信行业的经验，是《嵌入式协议栈 μC/TCP - IP——基于 STM32 微控制器》作者，目前负责物联网应用解决方案 Microμm Spectra 的开发工作；Cédric Migliorini 是 Microμm USB 团队负责人，他改进和维护了 USB 设备和主机协议栈；Jean - François Deschênes 是 Microμm USB 团队的工程师，负责 μC/USB - Host 软件；Juan P. Benavides 是应用工程师，在 Microμm 美国佛罗里达 Weston 办公室。前面三位都在 Microμm 加拿大蒙特利尔办公室，何小庆在 2014 年 6 月曾经访问过这个办公室，与 Christian 就物联网操作系统进行了广泛和深入的交流，收获很多，下图是与 Christian 的与合影。

本书的翻译团队由两部分组成，其中一部分来自北京麦克泰软件技术公司专业工程师：张爱华，她在 RTOS 的移植和应用方面有丰富的经验，与何小庆一起翻译了《嵌入式实时操作系统 μC/OS - III 应用开发——基于 STM32 微控制器》；韩志华和赵晓彤，他们对 μC/OS 和 IAR 开发工具有实践经验。另外一部分是在校的优秀学生，何灵渊现是哥伦比亚大学计算机科学专业的研究生，他已经参与翻译了 2 本计算机专业的图书；江山是斯蒂文森理工大学电子工程专业的本科生。何小庆除在公司任职外，还在高校给研究生和本科生授课，在科技期刊和行业协会兼职。

译者序

2014 年 6 月何小庆与 Christian Légaré 在蒙特利尔的合影

　　本书的第 1 章和附录 B、C、D 由张爱华翻译；第 2～4 章，附录 H、I、J 及参考文献由何小庆翻译；第 5～7 章和附录 E、F 由韩志华翻译；第 8、9 章和附录 G 由赵晓彤翻译；第 10、11 章和附录 A 由何灵渊翻译；第 12～14 章和附录 A（部分）由江山翻译，全书由何小庆统稿和审校。

　　我们要感谢北京航空航天大学出版社让这本非常专业的嵌入式软件书籍可以与读者见面。策划编辑胡晓柏主任长期致力于嵌入式系统图书出版的精神感动和鼓励了我们。感谢北京麦克泰软件技术公司各方面的支持和帮助。

　　最后，希望读者能从本书的阅读中受益。我们的翻译如有不足和纰漏之处，还请读者指正。

译　者

2015 年 8 月

于北京、上海和美国纽约

目　录

第1章　USB概述 ⋯⋯⋯⋯⋯⋯⋯⋯⋯⋯⋯⋯⋯⋯⋯⋯⋯⋯⋯ 1
1.1　USB历史概述 ⋯⋯⋯⋯⋯⋯⋯⋯⋯⋯⋯⋯⋯⋯⋯⋯ 1
1.2　机械规范 ⋯⋯⋯⋯⋯⋯⋯⋯⋯⋯⋯⋯⋯⋯⋯⋯⋯⋯ 2
1.2.1　电缆和连接器 ⋯⋯⋯⋯⋯⋯⋯⋯⋯⋯⋯⋯⋯⋯ 2
1.2.2　电气规范 ⋯⋯⋯⋯⋯⋯⋯⋯⋯⋯⋯⋯⋯⋯⋯⋯ 4
1.2.3　高速模式 ⋯⋯⋯⋯⋯⋯⋯⋯⋯⋯⋯⋯⋯⋯⋯⋯ 5
1.3　USB设备供电 ⋯⋯⋯⋯⋯⋯⋯⋯⋯⋯⋯⋯⋯⋯⋯⋯ 6
1.3.1　总线供电设备 ⋯⋯⋯⋯⋯⋯⋯⋯⋯⋯⋯⋯⋯⋯ 6
1.3.2　自供电设备 ⋯⋯⋯⋯⋯⋯⋯⋯⋯⋯⋯⋯⋯⋯⋯ 7
1.4　总线状态 ⋯⋯⋯⋯⋯⋯⋯⋯⋯⋯⋯⋯⋯⋯⋯⋯⋯⋯ 8
1.5　USB拓扑结构 ⋯⋯⋯⋯⋯⋯⋯⋯⋯⋯⋯⋯⋯⋯⋯⋯ 11
1.5.1　USB主机 ⋯⋯⋯⋯⋯⋯⋯⋯⋯⋯⋯⋯⋯⋯⋯⋯ 12
1.5.2　USB设备 ⋯⋯⋯⋯⋯⋯⋯⋯⋯⋯⋯⋯⋯⋯⋯⋯ 13
1.5.3　USB设备结构 ⋯⋯⋯⋯⋯⋯⋯⋯⋯⋯⋯⋯⋯⋯ 13
1.5.4　设备状态 ⋯⋯⋯⋯⋯⋯⋯⋯⋯⋯⋯⋯⋯⋯⋯⋯ 14
1.5.5　主控制器 ⋯⋯⋯⋯⋯⋯⋯⋯⋯⋯⋯⋯⋯⋯⋯⋯ 15
1.6　USB包 ⋯⋯⋯⋯⋯⋯⋯⋯⋯⋯⋯⋯⋯⋯⋯⋯⋯⋯⋯ 16
1.7　USB包类型 ⋯⋯⋯⋯⋯⋯⋯⋯⋯⋯⋯⋯⋯⋯⋯⋯⋯ 16
1.7.1　令牌包 ⋯⋯⋯⋯⋯⋯⋯⋯⋯⋯⋯⋯⋯⋯⋯⋯⋯ 17
1.7.2　数据包——低速和全速模式 ⋯⋯⋯⋯⋯⋯⋯⋯ 18
1.7.3　数据包——高速模式 ⋯⋯⋯⋯⋯⋯⋯⋯⋯⋯⋯ 19
1.7.4　握手包 ⋯⋯⋯⋯⋯⋯⋯⋯⋯⋯⋯⋯⋯⋯⋯⋯⋯ 19
1.7.5　拆分事务特殊令牌包 ⋯⋯⋯⋯⋯⋯⋯⋯⋯⋯⋯ 20
1.8　数据流模型 ⋯⋯⋯⋯⋯⋯⋯⋯⋯⋯⋯⋯⋯⋯⋯⋯⋯ 21
1.8.1　端　点 ⋯⋯⋯⋯⋯⋯⋯⋯⋯⋯⋯⋯⋯⋯⋯⋯⋯ 21

1.8.2	管　道	22
1.8.3	传　输	22
1.9	事务、传输和帧	24
1.10	帧和微帧	25
1.11	USB 实际吞吐量	26
1.12	枚　举	27
1.13	USB 协议栈	29
1.13.1	设备协议栈	29
1.13.2	主机协议栈	29
1.13.3	USB OTG 协议栈	31
1.14	一致性测试	32
1.14.1	USB 设备测试	32
1.14.2	USB 黄金树	32
1.14.3	USB 主机测试	34

第 2 章　开始工作　35

2.1	准　备	35
2.2	下载源代码	35
2.3	安装文件	36
2.4	构建应用示例	37
2.4.1	理解 Micriμm 示例	38
2.4.2	复制和修改临时文件	39
2.4.3	包含进 USB Device 协议栈源代码	43
2.4.4	修改应用配置文件	44
2.5	运行应用范例	45

第 3 章　主机操作系统　50

3.1	微软 Windows	50
3.2	关于 INF 文件	51
3.3	使用 GUID	54

第 4 章　架　构　56

4.1	模块关系	57
4.1.1	应用程序	57
4.1.2	库	57
4.1.3	USB 类层	57
4.1.4	USB 内核层	58
4.1.5	端点管理层	58
4.1.6	实时操作系统抽象层	58

4.1.7　硬件抽象层 ································ 59
　　4.1.8　CPU 层 ···································· 59
4.2　任务模型 ·· 59
　　4.2.1　发送和接收数据 ···························· 60
　　4.2.2　处理 USB 请求和总线事件 ················ 61
　　4.2.3　处理调试事件 ······························ 62

第 5 章　配　置 64

5.1　静态堆栈配置 ······································ 64
　　5.1.1　基本配置 ···································· 64
　　5.1.2　USB 设备配置 ······························ 65
　　5.1.3　接口配置 ···································· 65
　　5.1.4　字符串配置 ·································· 66
　　5.1.5　调试配置 ···································· 66
　　5.1.6　通信设备类(CDC)配置 ····················· 67
　　5.1.7　CDC 抽象控制模型(ACM)串口类配置 ···· 67
　　5.1.8　人机接口设备(HID)类配置 ················ 67
　　5.1.9　大容量存储设备类(MSC)配置 ············· 68
　　5.1.10　个人健康设备类(PHDC)配置 ············· 69
　　5.1.11　供应商类配置 ······························ 70
5.2　应用相关配置 ······································ 70
　　5.2.1　任务优先级 ·································· 70
　　5.2.2　任务堆栈大小 ································ 71
5.3　设备和设备控制器驱动配置 ······················ 71
5.4　配置范例 ·· 71
　　5.4.1　简单的全速 USB 设备 ····················· 72
　　5.4.2　组合高速 USB 设备 ························ 72
　　5.4.3　复杂的组合高速设备 ······················· 73

第 6 章　设备驱动程序指南 76

6.1　设备驱动程序结构 ································· 76
6.2　设备驱动程序模型 ································· 76
6.3　设备驱动程序 API ································· 77
6.4　中断处理 ·· 79
　　6.4.1　带 ISR 处理参数的单个 USB ISR 向量 ··· 79
　　6.4.2　单个 USB ISR 向量 ························ 79
　　6.4.3　带 ISR 处理参数的多个 USB ISR 向量 ··· 80
　　6.4.4　多个 USB ISR 向量 ························ 80

6.4.5　USBD_DrvISR_HANDLER()……80
6.5　设备配置……81
6.6　内存分配……84
6.7　支持的 CPU 和板子……84
6.8　USB 设备驱动程序函数模型……85
　　6.8.1　设备同步接收……85
　　6.8.2　设备异步接收……86
　　6.8.3　设备同步发送……87
　　6.8.4　设备异步发送……88
　　6.8.5　设置设备地址……90

第7章　USB 类……91
7.1　类实例的概念……91
7.2　类实例的结构……98
7.3　类和内核层通过回调函数的交互……99

第8章　通信设备类……102
8.1　概　述……103
8.2　架　构……104
8.3　配　置……105
8.4　ACM 子类……106
　　8.4.1　概　述……107
　　8.4.2　常规配置……108
　　8.4.3　子类实例配置……108
　　8.4.4　子类通知与管理……110
　　8.4.5　子类实例通信……111
　　8.4.6　使用演示应用程序……112

第9章　人机接口设备类……117
9.1　概　述……117
9.2　架　构……121
9.3　配　置……122
　　9.3.1　常规配置……122
　　9.3.2　类实例配置……123
　　9.3.3　类实例通信……127
　　9.3.4　同步通信……127
　　9.3.5　异步通信……128
9.4　使用演示应用程序……131
　　9.4.1　配置 PC 和设备应用程序……131

  9.4.2 运行演示程序 ··· 132
 9.5 移植 HID 类到 RTOS 层 ··· 135
 9.6 周期输入报告任务 ··· 136

第 10 章 大容量存储类 ·· 139
 10.1 概 述 ··· 139
  10.1.1 大容量存储类协议 ··· 139
  10.1.2 端 点 ··· 140
  10.1.3 大容量类请求 ··· 140
  10.1.4 小型计算机系统接口(SCSI) ··· 141
 10.2 体系结构 ··· 141
  10.2.1 MSC 体系结构 ·· 141
  10.2.2 SCSI 命令 ·· 141
  10.2.3 存储层和存储介质 ··· 143
  10.2.4 多个逻辑单元 ··· 144
 10.3 RTOS 层 ··· 145
 10.4 配 置 ··· 146
  10.4.1 一般配置 ·· 146
  10.4.2 类实例配置 ·· 147
 10.5 使用演示应用 ·· 150
  10.5.1 USB 设备应用 ·· 150
  10.5.2 USB 主机应用 ·· 151
 10.6 MSC 的存储层移植 ·· 153
 10.7 MSC 的 RTOS 移植 ··· 154

第 11 章 个人健康设备类 ··· 155
 11.1 概 述 ··· 155
  11.1.1 数据特性 ·· 155
  11.1.2 操作模型 ·· 156
 11.2 配 置 ··· 158
  11.2.1 一般配置 ·· 158
  11.2.2 类实例配置 ·· 159
 11.3 类实例通信 ··· 161
  11.3.1 使用元数据前文进行通信 ·· 162
  11.3.2 无元数据前文的通信 ·· 164
 11.4 RTOS 基于 QoS 的任务调度程序 ··· 164
 11.5 使用演示应用 ·· 167
  11.5.1 演示应用的配置 ··· 167

11.5.2 运行演示应用 ································· 168
11.6 PHDC 的 RTOS 移植 ································· 170

第 12 章 供应商类 ································· 171
12.1 概　述 ································· 171
12.2 配　置 ································· 172
　12.2.1 通用配置 ································· 172
　12.2.2 类实例配置 ································· 173
　12.2.3 类实例通信 ································· 175
　12.2.4 同步通信 ································· 175
　12.2.5 异步通信 ································· 177
12.3 USBDev_API ································· 179
　12.3.1 设备和管道管理 ································· 179
　12.3.2 设备通信 ································· 182
12.4 运行演示程序 ································· 184
　12.4.1 配置 PC 和设备应用程序 ································· 184
　12.4.2 编辑 INF 文件 ································· 186
　12.4.3 运行演示程序 ································· 187
　12.4.4 GUID ································· 190

第 13 章 调试和跟踪 ································· 192
13.1 使用调试跟踪 ································· 192
　13.1.1 调试配置 ································· 192
　13.1.2 调试跟踪输出 ································· 192
　13.1.3 调试格式 ································· 193
13.2 处理调试事件 ································· 193
　13.2.1 调试事件池 ································· 193
　13.2.2 调试任务 ································· 194
　13.2.3 调试宏 ································· 194

第 14 章 μC/USB 设备的实时操作系统移植 ································· 196
14.1 概　述 ································· 196
14.2 将模块移植到 RTOS ································· 197
14.3 核心层 RTOS 模型 ································· 198
　14.3.1 同步传输完成信号 ································· 198
　14.3.2 核心事件管理 ································· 198
　14.3.3 调试事件管理 ································· 199
14.4 移植核心层到 RTOS ································· 199

目 录

附录 A　核心 API 参考 …………………………………………………… 201
　A.1　设备函数 ………………………………………………………………… 201
　A.2　配置函数 USBD_CfgAdd() ……………………………………………… 208
　A.3　接口函数 ………………………………………………………………… 209
　A.4　端点函数 ………………………………………………………………… 212
　A.5　操作系统内核函数 ……………………………………………………… 232
　A.6　设备驱动回调函数 ……………………………………………………… 240
　A.7　跟踪函数 USBD_Trace() ………………………………………………… 244

附录 B　设备控制器驱动 API 参考手册 ………………………………… 245
　B.1　设备驱动函数 …………………………………………………………… 245
　B.2　设备驱动 BSP 函数 ……………………………………………………… 258

附录 C　CDC API 参考手册 ……………………………………………… 260
　C.1　CDC 函数 ………………………………………………………………… 260
　C.2　CDC ACM 子类函数 …………………………………………………… 268

附录 D　HID API 参考手册 ……………………………………………… 278
　D.1　HID 类函数 ……………………………………………………………… 278
　D.2　HID OS 函数 …………………………………………………………… 285

附录 E　MSC API 参考手册 ……………………………………………… 294
　E.1　大容量存储类函数 ……………………………………………………… 294
　E.2　MSC 操作系统函数 ……………………………………………………… 299
　E.3　MSC 存储层函数 ………………………………………………………… 303

附录 F　PHDC API 参考手册 …………………………………………… 309
　F.1　个人健康设备类函数 …………………………………………………… 309
　F.2　PHDC 操作系统函数 …………………………………………………… 321

附录 G　供应商类 API 参考手册 ………………………………………… 326
　G.1　供应商类函数 …………………………………………………………… 326
　G.2　USBDEV_API 函数 ……………………………………………………… 337

附录 H　错误代码 ………………………………………………………… 353
　H.1　通用错误代码 …………………………………………………………… 353
　H.2　设备错误代码 …………………………………………………………… 354
　H.3　配置错误代码 …………………………………………………………… 354
　H.4　接口错误代码 …………………………………………………………… 354
　H.5　端点错误代码 …………………………………………………………… 354
　H.6　OS 层错误代码 ………………………………………………………… 355
　H.7　URB 错误代码 …………………………………………………………… 355
　H.8　设备控制器驱动程序错误代码 ………………………………………… 355

H.9 MSC 错误代码 …………………………………………………… 355
附录 I 存储器占用 ……………………………………………………… 356
 I.1 通信设备类 …………………………………………………… 356
 I.2 人机接口设备类 ……………………………………………… 357
 I.3 大容量存储器类 ……………………………………………… 358
 I.4 个人健康设备类 ……………………………………………… 359
 I.5 厂商类 ………………………………………………………… 360
附录 J μC/OS-III 和 μC/USB-Device 软件许可政策 ……………… 361
 J.1 μC/USB-DEVICE 维护协议的续签 ………………………… 361
 J.2 μC/USB-DEVICE 源代码升级 ……………………………… 361
 J.3 μC/USB-DEVICE 技术支持 ………………………………… 362
参考文献 …………………………………………………………………… 363

第 1 章

USB 概述

本章概要地介绍了 USB 系统,概述了 USB 规范 2.0 版中的基本概念,探讨了数据流模型,详细介绍了设备相关的操作,最后,描述了 USB 设备的逻辑组织结构。USB 规范 2.0 版完整的协议描述见 http://www.usb.org。

1.1 USB 历史概述

通用串行总线(USB)是由 USB 实施者论坛(USB-IF)维护的一种用于串行总线通信的工业标准。USB 规范包含协议相关的所有信息,如电气信号、连接器的物理尺寸、协议层及其他重要的内容。与其他通信接口相比,USB 提供了更多优势,如易于使用,低成本,低功耗,以及快速、可靠的数据传输。

1. USB 联盟

1994 年,七家公司:Compaq(康柏)、Digital Equipment(美国数字设备公司)、IBM(美国国际商业机器公司)、Intel(英特尔)、NEC(日本电气株式会社)、Microsoft(微软)、Nortel(北方电信公司)联合制定了 USB 标准。每个公司基于不同的原因加入该联盟,但他们具有相同的目标:

- 使用一种通用的结构,从根本上简化用户外围设备与计算机的连接。
- 简化连接到计算机的所有外围设备的软件配置。
- 提高计算机和外围设备之间可用的传输带宽。

USB 1.0 在 1996 年发布,它提出了 1.5 Mb/s 的低速(LS)模式和 12 Mb/s 的全速(FS)模式。1998 年,USB 1.1 发布,修正和澄清了 USB 规范 1.0 的几个要素。

LS 模式仍然用于不需要大量带宽的人机接口设备,例如键盘、鼠标和游戏操作杆。FS 模式广泛应用于大容量存储设备、打印机、扫描仪和音频设备中。

日益增长的更大存储量和更快通信链路的市场需求,促进了 USB 2.0 的开发,USB 2.0 在 2000 年初发布。新的 USB 标准保持了与 LS 和 FS 模式的兼容性,并增加了 480 Mb/s 的高速(HS)模式。

2. 时间表

- 1969 年 开发了串行端口(RS-232C)。
- 1994 年 Compaq、DEC、IBM、Intel、Microsoft、NEC 和 Nortel 联合成立了 USB 联盟。
- 1996 年 USB 1.0 标准发布,支持 1.5 Mb/s(低速带宽)和 12 Mb/s(全速带宽)两种数据速率。
- 1999 年 USB 1.1 发布,修正了发现的 bug。
- 2000 年 USB 2.0 发布,提出了 480 Mb/s 的总线实现。
- 2001 年 增加了 USB On-The-Go(OTG) supplement,允许 USB 设备之间直接相互通信。
- 2005 年 无线 USB 标准发布,它是一个点对点的无线通信链路。
- 2008 年 USB 3.0 发布,实现了高达 5 Gb/s 的传输速度。

本书内容涵盖了 USB 1.1 和 USB 2.0 规范,因为这些都是嵌入式系统中常用的标准。在典型的嵌入式系统中,通常不提供 USB 3.0 所需要的资源,所以本书不会详细讨论 USB 3.0 规范。

1.2 机械规范

本节涵盖了电缆和连接器、电气规范,以及 USB 1.1 和 USB 2.0 总线供电设备相关的内容。

1.2.1 电缆和连接器

USB 电缆由 4 根 28-AWG 规格的导线组成。"D+"和"D−"是一对 USB 双绞线,两根信号线拧在一起形成双螺旋结构,这些信号线被封装在一个屏蔽层中。电缆最大长度为 5 米。

1. A 型和 B 型连接器

A 型和 B 型连接器如图 1-1 所示。电缆引脚如表 1-1 所列。

表 1-1　USB A 型和 B 型电缆引脚

名　称	用　途	颜　色
VBus	电源	红色
Gnd	电源地	黑色
D+	数据	绿色
D−	数据	白色

第 1 章　USB 概述

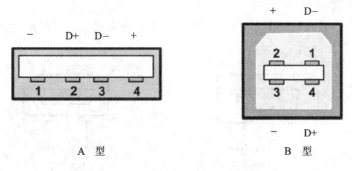

图 1-1　A 型和 B 型连接器插座

A 型连接器连接到主机(上行端口),而 B 型连接器通常用于连接设备(下行端口)。

传输电能的引脚(VBus 和 Gnd)比其他两个引脚长。因此连接设备时,电源引脚先接通,而后再接通数据引脚。当拔出设备时,先断开数据引脚,再断开电源引脚。

2. Mini USB 连接器

在 USB 2.0 中增加了 Mini 连接器。B 型连接器太大不容易集成到这类设备中,Mini-B 连接器可以替代标准的 B 型连接器,用于手持设备和便携式设备。Mini-B 连接器增加了一个引脚,命名为 ID,但这个引脚没有使用。Mini-B 连接器如图 1-2 所示。电缆引脚如表 1-2 所列。

Mini 连接器已经逐渐被淘汰掉,取代它用于小型手持设备开发的是 Micro 连接器。

表 1-2　USB Mini-B 电缆引脚

名　称	用　途	颜　色
VBus	电源	红色
Gnd	电源地	黑色
D+	数据	绿色
D-	数据	白色
外壳	屏蔽线	—
ID	没有使用	—

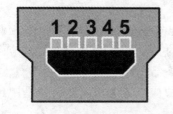

图 1-2　Mini-B USB 连接器插座

3. USB ON-THE-GO(Micro)连接器

USB OTG 设备使用 Micro-USB 连接器。这种连接器较小,使它们更适合手持设备,并且支持通过 ID 引脚确定设备类型。一个 OTG 设备通过检查 ID 引脚的对地电阻是否小于 10 Ω 或大于 100 kΩ 来确定插入的是 Micro-A 或 Micro-B 接口。如果 ID 引脚上的电阻小于 10 Ω,则该引脚被认为是 ID=FALSE;如果电阻值大于 100 kΩ,则被认为是 ID=TRUE。Micro USB 连接器如图 1-3 所示,电缆引脚如表1-3所列。

请参考1.13节"USB协议栈",获取OTG在嵌入式系统中使用的更多信息。

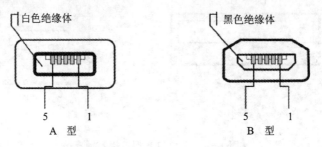

图1-3 Micro USB 连接器插座

表1-3 USB Micro 电缆引脚

触点号	名 称	典型接线配置
1	VBus	红色
2	D—	白色
3	D+	绿色
4	ID	<10 Ω 为 Micro - A >100 kΩ 为 Micro - B
5	GND	黑色
外壳	绝缘体	屏蔽线

1.2.2 电气规范

在大多数嵌入式系统设计中,遵循的USB电气规范是由使用的USB控制器来保证的,控制器可以是外扩的或者是MCU集成的。大多数USB控制器供应商提供了很好的参考资料,用户可以使用这些资料作为产品设计的基础。

因此,如果需要在产品上贴上USB logo,用户应该考虑的主要问题是一致性测试。可参考1.14节"一致性测试"获取更多信息。

一旦检测到设备端配置了上拉电阻的信号线的高电平信号,则表明设备存在,之后主机控制器将接管总线上的所有通信。

一个高速设备首先被连接的主机/集线器识别为全速设备。设备一旦连接,则在复位过程中会发送一个高速chirp信号,如果集线器支持高速设备,设备将与主机建立一个高速连接。如果设备工作在高速模式,则"D+"信号线将拉高以平衡该信号线。

【译者注】chirp信号是KJ信号的组合。KJ信号状态的定义参见1.4节"总线状态"。

如图 1-4 所示为 USB 电缆电气规范。

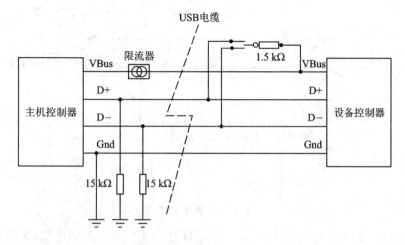

图 1-4 USB 电缆电气规范

注意:高速设备不支持低速模式,而一个遵循 USB 2.0 规范的下行集线器或主机必须支持三种模式:高速、全速和低速。

USB 支持热插拔,可动态加载和移除设备驱动程序。用户只要简单地将设备连接到总线,由主机检测增加的设备,询问新插入的设备,并加载合适的驱动程序(安装为该设备提供的驱动程序)。

USB 电缆电气特性:
- 在 USB 2.0 中,单位负载定义为 100 mA。一个设备最大可驱动 5 个单位负载,从一个端口最大可获取 500 mA 电流。
- "D+"或"D−"信号线将被拉高。如果"D+"为高电平,则设备为全速设备或高速设备。如果"D−"为高电平,则设备为低速设备。
- 高速协商协议在总线复位阶段发生。
- 检测到复位信号后,高速设备将以 480 Mb/s 的速度发送 chirp 信号给主机。

1.2.3 高速模式

在 USB 2.0 协议规范中增加了高速模式,作为对高速 FireWire 技术的回应。高速模式是 USB 2.0 后来增加的,设计保持了向下的兼容性,而不会损害性能。使用与低速/全速 USB 相同的电缆,高速模式提供的理论上的最大吞吐量为 480 Mb/s。

【译者注】FireWire(火线)是 IEEE 1394 的别名,是由苹果公司领导的开发联盟开发的一种高性能串行总线接口。

通过在每个"D+"和"D−"信号线端连接一个 45 Ω 的对地电阻实现链路的高速数据传输。

如图 1-5 所示为高速 USB。

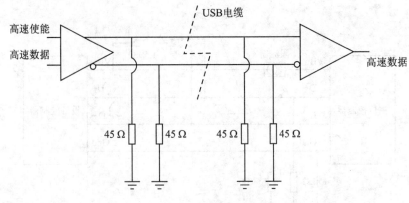

图 1-5　高速 USB

高速收发器的电流源向"D+"或"D-"线注入 17.78 mA 的电流（来自电源正极），在信号线上产生 400 mV 的电压。差分接收器检测线的差分状态。

事实上，45 Ω 的电阻由全速/低速电路在每个链路终端采用单端 0 的方式提供。FS/LS 控制器的设计是为了提供一个尽可能准确的终端电阻。从电路中移除高速收发器电流源，可以重新建立低速/全速 USB 定义的线状态。

1.3　USB 设备供电

本节介绍了总线供电设备和自供电设备。
- 总线供电设备从总线上获取电流。如果主机允许，则设备最大可以获取 500 mA 的电流。
- 自供电设备通过外部电源供电，不需要从总线上提取电流。

任何 USB 设备（或集线器）只能通过它的上行端口从总线上提取电流。
USB 设备类型如表 1-4 所列。

表 1-4　USB 设备类型

设备	设备是实现一个功能的逻辑或物理实体
组合设备	组合设备只有一个地址，但有多个接口或接口联合，每个接口提供一个功能
复合设备	复合设备包含一个集线器，带有一个或多个永久连接的设备。主机将集线器及其功能模块识别为几个独立的物理设备

1.3.1　总线供电设备

USB 总线可为插入端口的设备提供 4.75～5.25 V 的电压，提供最大 500 mA

的电流。
- 提供的电压在设备端最低可降至 4.35 V。
- 当其他设备插入时,可以瞬时将电压降至 0.4 V。
- 设备可以分为总线供电、自供电和混合供电。

USB 设备在配置描述符中指定了其功耗,以 2 mA 为单位。设备的功耗不能超过枚举过程中指定的值。

总线供电的功能设备有两种类型,如表 1-5 所列。

表 1-5　总线供电功能设备

功能设备	电流需求
低电压	最大吸纳 100 mA 电流
高电压	自供电集线器。未配置前,最大吸纳 100 mA 电流。必须提供 500 mA 电流给每个端口

- 低电压功能设备(low-power functions)。从 VBus 获取电源,并且只能驱动一个单位负载。USB 规范定义一个单位负载为 100 mA。设计的低电压设备工作时,在设备的上行插口检测到的 VBus 最大值为 5.25 V,最小值为 4.40 V。对于很多工作电压为 3.3 V 的设备,LDO 稳压器是必须要的。
- 高电压功能设备(high-power functions)。从 VBus 获取电源,在未配置前,只能驱动一个单位负载,配置后可以驱动 5 个单位负载(最大 500 mA),该特性在描述符中指定。在最低 4.40 V 电压时,高电压设备必须能够被检测和枚举。当运行一个全负载单位时,VBus 提供最低 4.75 V、最高 5.25 V 的电压。再次强调,这些测量值在上行插口获取。

设备挂起时,由于没有总线活动,必须降低其电流消耗为 0.5 mA 或更低。如果设备配置为高电压(高达 500 mA 电流)模式,并且其远程唤醒功能使能,则设备挂起时,允许其获取高达 2.5 mA 的电流。

1.3.2　自供电设备

自供电功能设备(self-powered functions)是需要超过 500 mA 电流的设备。这些设备最多可以从总线上获取驱动一个单位负载(100 mA)的电流,其余电压必须从外部电源获取。由于外部电源可能失效,因此设备必须从总线上获取合适的电源驱动一个单位负载。

从总线上获取电流的单位负载允许设备被检测和枚举,而无需外部电压。

供电 USB(Powered USB)也称之为零售 USB、USB Plus 电源和 USB+电源,是一个 USB 属性变体,为 USB 规范增加了新的供电模式。供电 USB 使用标准的 USB 信号,但增加了额外的电源线。通常用于销售终端。IBM 拥有供电 USB 的知识产权,并收取授权费用。

供电 USB 可以提供：
- 每个连接器+5 V DC 和最高 6 A 的电流（功率最高 30 W）。
- 每个连接器+12 V DC 和最高 6 A 的电流（功率最高 72 W）。
- 每个连接器+24 V DC 和最高 6 A 的电流（功率最高 144 W）。

1.4 总线状态

由于 USB 总线有两根数据线，因此可以发布各种不同的信号（见表 1-6）。

表 1-6 总线状态

总线状态	电 平
差分"1"	D+高电平，D-低电平
差分"0"	D-高电平，D+低电平
单端 0（SE0）	D+ 和 D- 都为低电平
单端 1（SE1）	D+ 和 D- 都为高电平
数据 J 状态： 低速 全速	 差分"0" 差分"1"
数据 K 状态： 低速 全速	 差分"1" 差分"0"
空闲状态： 低速 全速	 D-高电平，D+低电平 D+高电平，D-低电平
恢复状态	数据 K 状态
包开始（SOP）	数据线从空闲状态切换到 K 状态
包结束（EOP）	SE0 持续 2 个位的时间，紧随其后的 J 状态持续 1 个位时间
断开连接	SE0 状态持续时间≥2 μs
连接	空闲状态持续 2.5 μs
复位	SE0 持续时间≥2.5 μs

1. 未连接（Detached）状态

如图 1-6 所示为未连接状态。

由于每根数据线分别接了一个 15 kΩ 的下拉电阻，没有设备插入时，输入端被拉低，因此在主机端将看到两根数据线为低电平。

2. 连接(Attached)状态

图 1-7 所示为连接状态。

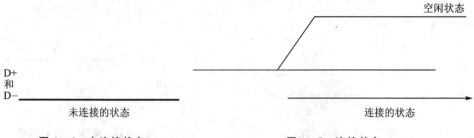

图 1-6　未连接状态　　　　　图 1-7　连接状态

当设备插入主机时,在主机端将看到 D+ 或 D- 变为"1"电平,主机知道有设备插入。D- 为电平"1"时,设备是一个低速设备,D+ 为电平"1"时,设备是一个全速(或高速)设备。

3. 空闲(Idle)状态

图 1-8 所示为空闲状态。

当带上拉电阻的线为高电平,另一根线为低电平时,数据线的状态称为空闲状态。该状态是数据包发送之前和发送之后信号线的状态。

4. J 和 K 状态

J 状态的极性与空闲状态相同(带上拉电阻的线为高电平,另一根线为低电平),但该状态是由主机或设备驱动产生的。

K 状态的极性正好与 J 状态相反。

J 和 K 术语的使用是因为全速和低速连接的极性相反。

5. SE0 状态

SE0 状态如图 1-9 所示。

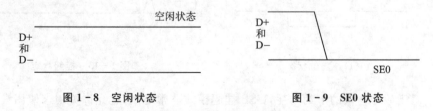

图 1-8　空闲状态　　　　　图 1-9　SE0 状态

单端 0 状态(SE0)是两根数据线同时被拉低时的状态。

6. EOP 状态

EOP 状态如图 1-10 所示。

数据包结束(EOP)是 2 个位时间的 SE0 状态,跟着 1 个位时间的 J 状态。

7. 单端 1(SE1)状态

单端 1(SE1)状态如图 1-11 所示。

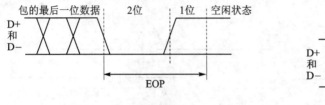

图 1-10　EOP 状态

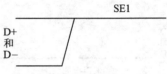

图 1-11　单端 1(SE1)状态

两根数据线都为高电平的状态是一个非法状态。在一个正确的功能链路中,该状态不会出现。

8. 复位(Reset)状态

复位状态如图 1-12 所示。

当主机要启动与设备的通信时,它首先发出一个复位(Reset)信号初始化设备为默认的未配置状态。

复位状态中,主机将两根数据线拉低(SE0),并至少持续 10 ms。设备会在 2.5 μs 之后识别该复位条件。

该"复位"不能与微控制器上电复位混淆。它是一个 USB 协议复位,以确保设备从一个确定的状态开始发送 USB 信号。

9. 挂起(Suspend)状态

挂起状态如图 1-13 所示。

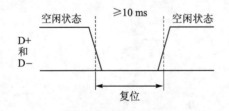

图 1-12　复位状态

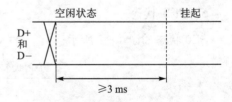

图 1-13　挂起状态

对于如今强调的节约功耗,USB 挂起模式非常有用,它允许关闭未使用设备。

挂起设备通过在 3 ms 时间内不给设备发送任何信息来实现。

主机每隔 1 ms 向设备发送一次帧起始包(全速模式,见 1.6 节"USB 包")或一个保活(Keep Alive)信号(低速模式),以保持设备激活。

挂起的设备必须能够识别恢复(Resume)信号和复位(Reset)信号。

10. 保活(Keep Alive)状态

保活状态如图 1-14 所示。

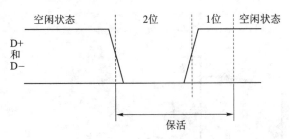

图 1-14 保活状态

它是一个低速连接的 EOP 信号。在低速链路中,该状态至少 1 ms 发送一次,以保持设备不进入挂起状态。

11. 恢复(Resume)状态

恢复状态如图 1-15 所示。

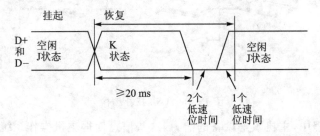

图 1-15 恢复状态

当主机想唤醒挂起的设备时,它反转数据线上的信号极性,并持续 20 ms 以上。该信号以一个低速包结束信号终止。

对于设置了远程唤醒特性的设备,自身也可以发起一个恢复请求。总线空闲状态必须持续 5 ms 以上,唤醒 K 条件必须持续 1~15 ms。主机将在 1 ms 内接管恢复信号的驱动。

1.5 USB 拓扑结构

USB 采用分层的星形拓扑结构连接一系列的设备。USB 拓扑结构中的核心部件是主机(host)、集线器(hub)和设备(devices),如图 1-16 所示。图中的每个节点代表一个 USB 集线器(USB hub)或一个 USB 设备(USB device)。图表的顶部是根集线器(root hub),它包含在主机中。系统中只有一个主机,规范允许最多 7 层 USB 集线器,在主机和设备之间的任何路径上,最多有 5 个非根集线器。除了最后一层只有设备外,每层必须包含至少一个集线器。系统中的每个 USB 设备拥有唯一的地址,该地址由主机通过枚举(enumeration)过程(关于枚举的更多细节,见 1.12 节)分配。

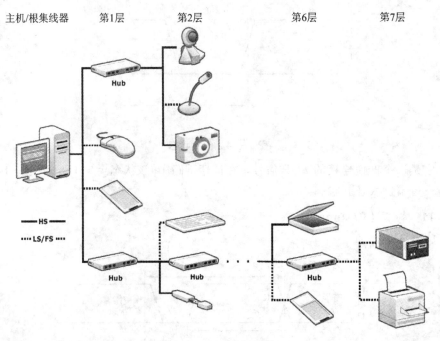

图 1-16 USB 拓扑结构

在枚举过程中,主机了解设备的能力,这些信息使得主机操作系统可以为特定的 USB 设备加载相应的驱动程序。可以连接到主机的最大外围设备数为 127 个,包括根集线器。

USB 特性:
- 星形网络结构。
- 只有一个主机。
- 最多 7 层,通过集线器扩展。
- 主机和集线器为设备提供电源。
- 每根电缆最长为 5 m。
- 最多连接 127 个设备(包括集线器和根集线器)。
- 主机调度和启动数据传输。

1.5.1 USB 主机

USB 主机通过一个 USB 主控制器(host controller)与设备进行通信。主机负责检测和使能设备、管理总线访问、执行错误检查、提供和管理电源、与设备交换数据。

由于 USB 设备不负责这些任务,所以设计一个 USB 设备是一项非常简单的工作。

主机与设备的通信主要由查询组成。例如,上电时或设备连接到主机时,主机通过枚举过程(见 1.12 节)查询设备的能力。

1.5.2　USB 设备

一个 USB 设备实现一个或多个 USB 功能部件(functions),其中每个功能部件为系统提供一种特定的能力。USB 功能部件有键盘、摄像头、扬声器或鼠标。每个 USB 功能的需求在相应的 USB 类规范中描述,例如,键盘和鼠标使用人机接口设备(HID)规范实现。

一个设备不能启动一个事务(transaction),两个设备之间也不能直接通信,这些活动都是主机主导的。数据传输使用了各种各样的事务方法(见"传输模式"),并且使用了一个基于令牌的协议(见 1.6 节)。当主机识别到总线上有设备存在时,主机主动传输帧给设备(见"帧")。

ⓘ 值得强调的是,主机总是负责调度和启动数据传输;设备从不启动通信。设备必须等待主机的询问以发送数据。

1.5.3　USB 设备结构

从主机的角度来看,USB 设备本质上是由配置、接口和端点组成的。

1. 配　置

USB 配置定义了一个设备的能力。一个配置由一系列的 USB 接口组成,这些接口实现了一个或多个 USB 功能。通常一个给定的设备仅需要一个配置,然而,USB 规范允许设备最多有 255 个不同的配置。在枚举过程中,主机选择一个配置,一次仅有一个配置有效。设备使用配置描述符(configuration descriptor)来通知主机一个特定配置的能力。

2. 接　口

一个 USB 接口或一组接口提供了设备实现的一个功能或类的信息。一个接口可以包含多个互斥的设置,称之为备用设置(alternate settings)。设备使用一个接口描述符(interface descriptor)来通知主机一个特定接口的能力。每个接口描述符包含接口使用的类、子类和 USB-IF 定义的协议代码,以及一个特定类的实现需要的端点数量。

3. 备用设置

设备使用备用设置为每个接口指定互斥设置。默认的备用设置包含设备的默认设置。设备也可以使用一个接口描述符来通知主机接口的备用设置。

4. 端点

接口需要一组端点与来主机通信。每个接口对端点数、传输类型、传输方向、最大包尺寸和最大轮询间隔有不同的要求。设备发送一个端点描述符(endpoint descriptor)来通知主机端点的能力。

图 1-17 展示了一个 USB 设备的层次组织。配置基于设备的速度来分组。一个高速设备可能有一个同时位于高速模式和低速/全速模式的特定配置。

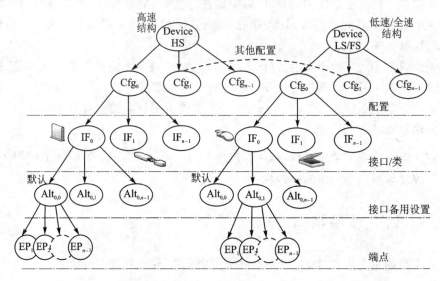

图 1-17 USB 设备结构

1.5.4 设备状态

USB 2.0 规范定义了 6 种设备状态,如表 1-7 所列。

表 1-7 USB 设备状态

设备状态	描 述
连接	当设备连接到主机或一个集线器端口时,处于连接状态。该集线器必须连接到主机或另一个集线器
供电	当设备开始从总线上消耗电流时,认为设备处于供电状态。仅总线供电的设备可以使用主机的电源。自供电设备在连接端口后,即处于供电状态
默认	设备供电后,不会响应任何请求和事务,直到其收到主机的复位信号。收到主机的复位信号后,设备进入默认状态下。在默认状态下,设备响应发往默认地址 0 的标准请求
地址	在枚举过程中,主机为设备分配一个唯一的地址。当该过程发生时,设备从默认状态进入地址状态

续表 1-7

设备状态	描述
配置	主机分配地址给设备后,主机必须选择一个配置。之后,设备进入配置状态。在该状态,设备可以与主机通信
挂起	在一段指定的时间内,如果总线上没有通信,则设备进入挂起状态。在挂起状态下,设备保留主机分配的地址。总线上有通信后,设备返回之前的状态

1.5.5 主控制器

目前,在典型的桌面/笔记本电脑上,通常可以找到多个 USB 端口。这些端口由 USB 主控制器驱动,如表 1-8 所列。

表 1-8 主控制器速度

速 度	控制器接口类型
LS 和 FS	OHCI(Open Host Controller Interface)或 UHCI(Universal Host Controller Interface)
HS	EHCI(Enhanced Host Controller Interface)

每个主控制器自身可以驱动一个总线(在一个主机端口连接多达 127 个设备)。在 5 V 电压下,可以提供高达 500 mA 的电流。主控制器负责所有的总线管理。当主控制器不能识别一个设备时,它可以复位该设备。控制器可以关闭 USB 端口以节电。

在认可总线上的一个设备之前,主机需要检查下列三项:
- 是否可以提供设备需要的电压?
- 枚举过程中,是否有相应的驱动匹配设备提供的配置需求?
- 总线是否有足够的带宽来满足设备的需求?

如果这三个要素不满足,则主机不会使能总线上的设备。

当主机传输数据包时,包发送给连接到给定端口的所有设备,实际上仅有一个被寻址的设备接收该数据。并且一次只有一个设备能够给主机发送数据,以响应来自主机的直接请求。数据链上的每个集线器重发和重新同步它传递的数据。

如上所述,USB 最多可以连接 127 个设备(包括集线器),这是因为,包中的地址字段长度为 7 位,并且地址 0 不能使用,因为它有特殊的意义。事实上,在很多系统中,在达到 127 个设备之前,总线的带宽或其他资源已被耗尽。

ⓘ 尽管在桌面电脑和笔记本电脑中,遵循 OHCI、UHCI 和 EHCI 标准的主控制器非常常见,但很多集成了 USB 主控制器的 MCU 并不遵循这些标准。有些主控制器不包含标准定义的某些硬件管理操作,或增加了额外的硬件到 MCU 中用于定

制的自动化,结果使标准的 USB 主机驱动程序不能用于这类 MCU,使得产品开发复杂化。

1.6 USB 包

通信的基本要素是包(packet)。USB 包如图 1-18 所示。

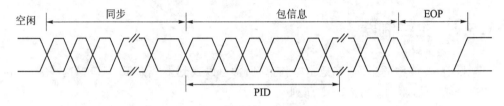

图 1-18 USB 包

一个包由三部分组成:同步(SYNC)域、信息域、和包结束符(EOP)。

1. 同 步

在低速和全速设备中,同步域长度为 8 位;在高速设备中,同步域长度为 32 位。它用来同步接收器和发送器的时钟。同步模式是一个 8 位(全速/低速)或 32 位(高速)的 chirp 信号,其中每一位是一个 J 或 K 状态:

KJKJKJKJKJKJKJKJKJKJKJKJKJKJKJKJKK

最后两位表示 PID 域开始。

2. 信 息

信息域长度从 1 字节到 1 024 字节。
- 包标识符(PID):4 位+取反值。
- 有效负载和 CRC:在握手包中没有。

3. EOP

包结束。D+和 D-同时拉低 3 个位宽(全速/低速设备)或 8 个位宽(高速设备)的时间来指示 EOP 域。

【译者注】"包"(packet),在其他章节也有译成"报文"的情况。

1.7 USB 包类型

USB 有四种不同的包类型,如表 1-9 所列。

每个包的第一个字节是包标识符(PID),该字节需要被 USB 控制器快速识别,

第 1 章 USB 概述

因此它不包含任何 CRC 校验,它有自己的验证方式。

表 1-9 USB 包的类型

包类型	包 ID 值	包标识符
令牌类	0001	OUT
	1001	IN
	0101	SOF
	1101	SETUP
数据类	0011	DATA0
	1011	DATA1
	0111	DATA2
	1111	MDATA
握手类	0010	ACK
	1010	NAK
	1110	STALL
	0110	NYET
特殊类(拆分事务)	1100	PRE
	1100	ERR
	1000	Split
	0100	Ping

PID 有 4 位。校验方式是使用 4 位 PID 和其值取反,形成一个 8 位 PID 域,如图 1-19 所示。

| PID_0 | PID_1 | PID_2 | PID_3 | $nPID_0$ | $nPID_1$ | $nPID_2$ | $nPID_3$ |

图 1-19 按发送顺序展示 PID,首先是最低位(LSB)

1.7.1 令牌包

令牌包表明后续事务的类型。它总是事务的第一个包,用于识别目标端点,和事务的目的。

有四种类型的令牌包,如表 1-10 所列,SOF 令牌包(左)和 IN/OUT/SETUP 令牌包(右)见图 1-20。

表 1-10 令牌包

包类型	描述
SOF	帧起始。包含一个 11 位的帧号(frame nubmer),在全速总线中,主机每 1 ms±500 ns 发送一次帧号,而高速总线中,每(125±0.062 5)μs 发送一次。一个 SOF 包允许端点识别帧的开始,并同步内部端点时钟到主机

· 17 ·

续表 1-10

包类型	描述
IN	通知 USB 设备主机希望读取数据
OUT	通知 USB 设备主机希望发送数据
SETUP	用于控制传输

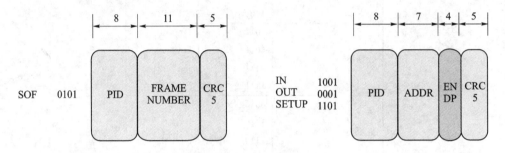

图 1-20　SOF 令牌包(左)和 IN/OUT/SETUP 令牌包(右)

1.7.2　数据包——低速和全速模式

数据包包含有效负载，在低速和全速连接中，使用两种类型的数据包：DATA0 和 DATA1，每一种能够传输高达 1 024 字节的数据，如图 1-21 所示为低速和全速数据包。

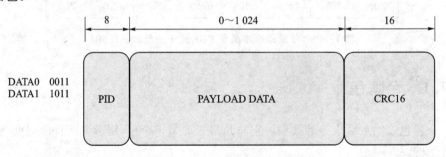

图 1-21　低速和全速数据包

DATA0 和 DATA1 的 PID 一起使用，作为错误校验系统的一部分。一个特定端点上的所有数据包采用 DATA0/DATA1 切换机制，因此，端点可以知道接收到的包是否是其期望的。如果不是期望的包，由于它已正确接收包，它还是会应答(ACK)包，但随后会丢弃该数据，并假设该包已经重新发送，因为主机不会看到之前发送数据包的 ACK 信号。

1.7.3 数据包——高速模式

高速模式定义了两种额外的数据 PID：DATA2 和 MDATA。高速数据包见表 1-11 和图 1-22。

表 1-11　高速数据包

包 ID	描　述
DATA2	该数据包标记的是一个微帧(microframe)中，控制多个同步 IN 包系统的部分。对每个请求的同步 IN 包，DATAx PID 的后缀表示当前微帧中需要传输的剩余包的数量
MDATA	该数据包标记的是在高速微帧中，控制多个同步 OUT 包系统的部分。在微帧中，除了最后一个包外，所有包都使用 MDATA PID，最后一个包使用 DATA0、DATA1 或 DATA2 发送，取决于有一个、两个或三个包发送

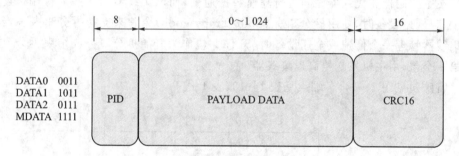

图 1-22　高速数据包

1.7.4 握手包

握手包用来确认数据接收或报告错误。有四类握手包，这些包由简单的 PID 组成，见表 1-12 和图 1-23。

表 1-12　握手包

包 ID	描　述
ACK	确认数据包已成功接收
NAK	报告设备临时不能发送或接收数据。还用于中断事务中，用来通知主机没有数据需要返回
STALL	设备处于需要主机干预的状态(端点挂起或不支持控制管道请求)
NYET	没有应答。设备没有准备好应答(仅用于高速模式)

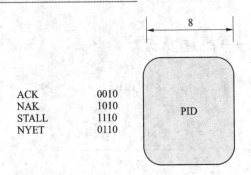

图 1-23　握手包

1.7.5　拆分事务特殊令牌包

在主控制器和集线器之间进行高速数据通信,而该集线器的一些下行端口连接了全速/低速设备时,使用拆分事务(Split Transaction)令牌来支持拆分事务。当高速集线器管理一个低速或全速设备时,SPLIT 包作为开始拆分事务或结束拆分事务的第一个包,由主机发送给高速集线器。

特殊包见图 1-24,各端点见表 1-13、表 1-14。

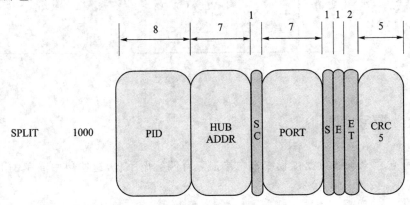

图 1-24　特殊包

表 1-13　控制、中断或批量端点

SC	开始/结束	0＝开始,1＝结束
S	速度	0＝全速,1＝低速
E	没有使用	0
ET	端点类型	00＝控制端点 01＝同步端点 10＝批量端点 11＝中断端点

第 1 章　USB 概述

表 1-14　同步端点

SC	开始/结束	0=开始,1=完成
S 和 E	开始和结束	00=FS 数据负载的中间数据是 HS 数据 01=FS 数据负载的尾部数据是 HS 数据 10=FS 数据负载的首部数据是 HS 数据 11=FS 数据负载的全部数据是 HS 数据
ET	端点类型	00=控制端点 01=同步端点 10=批量端点 11=中断端点

1.8　数据流模型

本节定义了参与 USB 数据传输过程中的几个要素。

1.8.1　端　点

端点(Endpoint)作为数据的起始点或接收点。端点是一个逻辑实体,使用端点地址进行识别。与设备地址相反,一个设备的端点地址是固定的,在设备设计时分配,而设备地址在枚举过程中由主机动态分配。端点地址包含一个端点号字段(0~15)和一个方向位,方向位用来指示端点是发送数据给主机(IN)还是从主机接收数据(OUT)。单个设备上允许的最大端点号是 32。

💡 因为需要为每个端点分配内存(RAM),作为缓冲区(buffer),在 MCU 上的 USB 控制器通常没有实现 32 个端点,你会发现 USB 控制器只有 4 个端点。

端点包含了定义一个 USB 设备行为的可配置特性:
- 总线访问需求。
- 带宽需求。
- 错误处理。
- 端点可以发送或接收的最大包尺寸。
- 传输类型。
- 端点的方向,数据发送给主机和从主机接收。

端点 0(也称之为默认端点)是一个双向传输的端点,USB 主机系统使用该端点来获取信息,并通过标准请求配置设备。所有的设备必须实现一个端点 0,用于控制传输(更多信息见 1.8.3 小节中的"控制传输")。

1.8.2 管道

一个 USB 管道(pipe)是一个端点和 USB 主机软件系统上的软件结构之间的一个逻辑联系。USB 管道被用来从主机软件发送数据给设备的端点。一个 USB 管道关联一个唯一的端点地址、传输类型、最大包尺寸和传输间隔。

基于通信模式,USB 规范定义了两种类型的管道:
- 流(Stream)管道:通过管道的数据没有格式。
- 消息(Message)管道:通过管道的数据具有规定的格式。

USB 规范要求每个设备有一个默认的控制管道,默认的控制管道使用端点 0,默认的控制管道是一个双向的消息管道。

1.8.3 传 输

USB 规范定义了四种传输类型,以匹配主机和使用特定管道的设备应用对带宽和服务的要求。每个 USB 传输包含从端点发送和接收数据的一个或多个事务。事务的概念与每个端点类型定义的最大负载的大小相关,当一个传输超出该最大值时,它被分为一个或多个事务来完成该动作。

1. 控制传输

控制传输用来配置设备和获取设备能力相关的信息。在枚举过程中和枚举之后,主机使用控制传输来发送标准请求。标准请求允许主机了解设备的能力,例如,设备包含几个功能和当前的功能。控制传输还用于类指定的(class - specific)和供应商指定的(vendor - specific)请求。

控制传输包含三个阶段:建立(Setup)阶段、数据(Data)阶段和状态(Status)阶段。这三个阶段在表 1-15 中列出。

表 1-15 控制传输阶段

阶 段	描 述
建立	建立阶段包含请求相关的信息。建立阶段使用一个事务
数据	数据阶段包含请求相关的数据。一些标准请求和类指定的请求可能不需要一个数据阶段。这个阶段是一个 IN 或 OUT 方向的传输,完整的数据阶段使用一个或多个事务
状态	状态阶段,使用一个事务,用于报告传输成功或失败。状态阶段的方向与数据阶段的传输方向相反。如果控制传输没有数据阶段,则状态阶段总是来自设备(IN)

2. 批量传输

设备使用批量传输来交换大批量的数据,该传输可以利用所有可用的总线带宽。

批量传输是可靠的,因为硬件中实现了错误检测和重传机制来保证数据的完整性。然而,批量传输不能保证时间。打印机和大容量存储设备是使用批量传输的设备实例。

3. 中断传输

中断传输用来支持带延时限制的设备。使用中断传输的设备可以在任何时间安排数据。使用中断传输的设备提供了一个查询间隔,该间隔决定了什么时候在总线上传输计划的数据。中断传输通常用于事件通知。

4. 同步传输

以具有一定错误容忍度的恒定速率传输数据的设备使用同步传输。同步传输不支持重传。音频和视频设备使用同步传输。

5. USB 数据流模型

图 1-25 展示了一个图形方式表示的数据流模型。

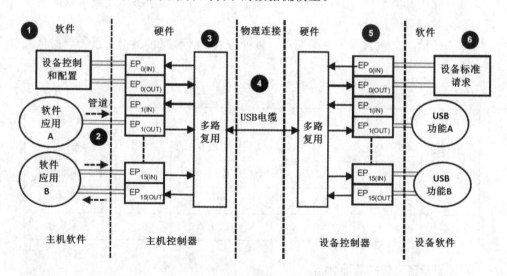

图 1-25　USB 数据流

F1-25(1):主机通过默认管道,使用标准请求来询问和配置设备。默认管道使用端点 0(EP0)。

F1-25(2):USB 管道允许主机应用和设备的端点关联。主机应用通过 USB 管道发送和接收数据。

F1-25(3):主机控制器负责总线上数据的发送、接收、封装和解析。

F1-25(4):数据通过物理介质传输。

F1-25(5):设备控制器负责总线上数据的发送、接收、封装和解析。USB 控制器将事件通知 USB 设备软件,例如总线事件和传输事件。

F1-25(6)：设备软件层应答标准请求，并实现 USB 类文档中指定的一个或多个 USB 功能。

6. 传输完成

因为同步传输连续和定期的特性，传输完成的概念仅与控制传输、批量传输和中断传输相关。通常，控制端点、批量端点和中断端点传输的数据负载大小必须小于或等于该端点的最大数据负载大小。当一次传输的数据负载大于数据负载的最大值时，传输被分为多个事务，除了最后一个事务包含剩余数据外，其余事务的负载是其最大值。当下列情况发生时，认为一次传输完成：

- 端点传输了期望的数据量。
- 端点传输了一个短包，该包的负载值小于规定的最大值。
- 端点传输了一个零长度的包。

7. 数据包大小、类型和速度

端点除了其类型外，还有多个属性，其中之一是在单个事务中端点可以提供或消耗的最大数据量。

单个传输可以包含少于一个端点可以处理的最大数量的数据。最大数据包大小见表 1-16。

表 1-16 最大数据包大小

传输类型	属性	高速	全速	低速	用途
控制	质量+时间	64 字节	8、16、32 或 64 字节	8 字节	系统控制
批量	质量	<512 字节	8、16、32 或 64 字节	无	打印机、扫描仪
中断	质量+时间	<1 024 字节	<64 字节	8 字节	鼠标、键盘
同步	时间	<3 072 字节	<1 023 字节	无	音频、视频

1.9 事务、传输和帧

传输（transfer）是 USB 中最大的通信单元，它包含一个或多个事务（transaction），事务可以从端点输出数据或传送数据给端点。一个事务由三个包按顺序组成：令牌、数据和握手包（大多数情况下），如图 1-26 所示。

用于同步传输的 IN 和 OUT 事务，只有两个包，最后的握手包被省略。这是因为对于 IN 和 OUT 事务不需要错误检查。

第 1 章 USB 概述

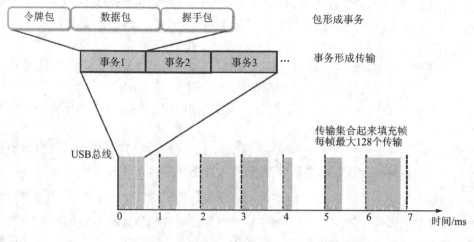

图 1-26 包、事务和传输

1.10 帧和微帧

为了保证主机和设备保持同步,总线时间被划分为固定周期的片段。对于低速和全速总线,总线时间划分为 1 ms 的单元,称之为帧(frame);对于高速总线,总线时间被分为 125 μs 的单元,称之为微帧(microframe),见图 1-27。

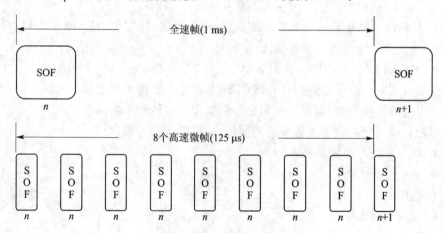

图 1-27 每个微帧的包

每帧的第一个包是帧起始包(SOF)。在低速和全速模式下,每 1 ms 发送一个帧。

在高速模式中,1 ms 的帧被分为 8 个微帧。SOF 包在 8 个微帧中每次的开始处发送,具有相同的帧号,该帧号每 1 ms 增加一次。

在低速链路中,为保存带宽,每毫秒发送一个保活(keep alive)信号,来代替帧起始包。事实上,在低速链路中,当集线器看到一个全速令牌包时,集线器发送保活(Keep Alive)信号。

在高速模式中,每个微帧可以指定三次同步或中断传输;而全速模式中,每个帧仅包含一次传输。可能的最大同步或中断传输速率为 192 Mb/s。

在全速总线中,最多分配 90% 的帧时间用于周期性(中断和同步传输)传输(在高速总线中为 80% 的微帧时间)。

在总线高度饱和的周期性传输中,剩余的 10% 带宽用于控制传输,一旦周期性传输和控制传输的带宽要求满足后,批量传输才能使用剩余的时间片。

 当设计一个嵌入式系统时,确定其使用的传输模式非常重要,因为它对产品的性能有很大影响。例如,使用中断传输可以保证有效的带宽利用率,还允许供应商将通用操作系统(GPOS)中的 HID 驱动用于其产品。在 GPOS 上使用批量传输需要定制的驱动程序。

所有 USB 事务在 1 ms 帧(LS 和 FS 模式)或 125 μs 帧(HS 模式)中传输,传输由主机发起。使用时分复用技术来区分每帧中不同来源的包或事务。

1.11 USB 实际吞吐量

总线的实际吞吐量是一个应变量,取决于以下因素:
- 目标设备发送或接收数据的能力(处理器时钟,是否支持 DMA)。
- 总线上其他设备的带宽消耗。
- 主机端 USB 软件协议栈的效率。

假设仅有一个设备端点消耗总线带宽,并且设备和主机都能够以 USB 可以传输的速度发送或接收数据,则最大带宽是传输类型和信号速率的函数。

每种传输类型决定了通信流的不同特性,包括下列方面:
- 加在总线上的数据格式。
- 通信流的方向。
- 包的大小限制。
- 总线访问限制。
- 延迟限制。
- 需要的数据序列。
- 错误处理。

一个设备的端点能力由设备的设计者决定。

各种情况下可以达到的带宽在 USB 规范第五章中定义和描述。通过多个表提供了计算所需的数据,可以确定不同的总线速度和传输类型可以达到的带宽。每个表显示了特定的传输类型(和速度)所需的协议开销和抽样数据负载大小。表1-17是一个例子。

表1-17 高速批量事务限制(来源:USB规范)

协议开销 (55字节)		(3×4个SYNC字节,3个PID字节,2个EP/ADDR+CRC字节,2个CRC16,和3×(1+11)字节的包间延时(EOP等))				
数据负载	最大带宽/ (字节·秒$^{-1}$)	微帧带宽传输/%	最大传输次数	剩余字节数	字节/微帧有效数据	
1	1 064 000	1	133	52	133	
2	2 096 000	1	131	33	262	
4	4 064 000	1	127	7	508	
8	7 616 000	1	119	3	952	
16	13 440 000	1	105	45	1 680	
32	22 016 000	1	86	18	2 752	
64	32 256 000	2	63	3	4 032	
128	40 960 000	2	40	180	5 120	
256	49 152 000	4	24	36	6 144	
512	53 248 000	8	13	129	6 656	
最大值	60 000 000				7 500	

一个特定传输类型的事务通常需要多个包。每个包的协议开销包括:
- 8位(FS/LS)或32位(HS)SYNC域。
- 一个PID字节。
- 3位(FS/LS)或8位(HS)的EOP。
- 令牌包中:端点号+设备地址+CRC5=16位。
- 数据包中:16位CRC16+数据域(每个字节8位)。
- 包含多个包的事务中,需要包间间隔和总线反转时间。

这些统计结果是在假设不需要位填充的情况下得出的。

1.12 枚 举

枚举是主机配置设备并了解设备能力的过程。设备连接到主机USB端口后,主机开始枚举过程。设备枚举过程如下:

(1) 设备连接。
(2) 复位设备。

(3) 获取设备描述符。

(4) 再次复位设备。

(5) 分配地址。

(6) 获取配置及其他描述符。

(7) 选择设备驱动。

(8) 选择配置。

1．设备连接

当主机或集线器检测到设备插入后,主机或集线器首先等待 100 ms,确保连接完成,设备电源不再波动。

2．复位设备

然后,主机发送一个 USB 复位包给设备,以确保设备处于一个可知的状态。在该状态下,设备响应发送给默认地址 0 的请求。由于 USB 协议的主/从特性,收到复位请求后,设备响应地址 0 的请求。

3．获取设备描述符

下一步,主机向地址为 0 的设备的端点 0 发送获取设备描述符(Get Descriptor)的请求,以获取设备的最大包长度。有多个获取描述符类似的请求,当使用地址 0 访问设备时,设备必须响应这些请求。

4．再次复位设备

主机对设备再一次复位。

5．分配地址

该阶段,主机使用设置地址(set address)请求为设备分配一个唯一的地址。

6．获取配置及其他描述符

主机通过标准请求获取设备的所有信息,以配置设备,使用的标准请求:

● 获取设备描述符(get device descriptor)。

● 获取配置描述符(get configuration descriptor)。

● 获取字符串描述符(get string descriptor)。

7．选择设备驱动

主机已经了解了所需的设备信息,它将通过合适的设备驱动程序与设备通信。

8．选择配置

主机通过设备驱动程序发送配置请求(set configuration)给设备。虽然此刻设备已配置完成,并可以执行其功能(类),但它仍然需要响应标准请求。

ⓘ 当为连接到 Windows 主机的 USB 设备写驱动程序时,需要注意,主机发送给设备的第一个请求的 wLength 字段长度可能超过 64 个字节。然后,主机发送一个输入(IN)请求包,在收到一个数据包后,不管是否还有剩余数据,应立即复位设备。该事务的目的是为主机提供控制传输的包尺寸,包尺寸的值包含在输入包的前 8 个字节中。因此,Windows 系统中,在输入包中接收到前 8 个字节之后复位设备,系统可以正常工作。

标准设备描述符有 18 个字节,第一次复位时,由于设备协议栈没有传输完整的描述符信息,设备处于不确定状态,所以第二次复位获取了全部 18 个字节的设备描述符,使设备处于一个可知的状态。

9. 枚举失败

按照 USB 协议栈规范,如果读取的描述符错误,主机会再尝试 3 次。3 次读取请求之间会有较长的间隔。如果 3 次尝试都失败,主机将报告设备枚举错误。

主机确定不再枚举设备的情况有:
- 主机没有合适的设备驱动程序。
- 主机不支持设备的功能描述。

在这些情况下,主机将复位总线,甚至停止端口(连接器)的供电。

1.13 USB 协议栈

1.13.1 设备协议栈

USB 设备协议栈的尺寸远远小于主机协议栈。实现一个功能的典型的 USB 设备协议栈代码占用 5~10 KB 的 ROM、1~2 KB 的 RAM。USB 协议栈如图 1-28 所示。

设备协议栈通常由三层组成:用于硬件访问的驱动层、设备协议栈层和至少包含一个 USB 类或批量通信组件的类驱动层。

1.13.2 主机协议栈

由于主机需要管理根集线器和所有带宽,因此 USB 主机协议栈比设备协议栈复杂得多。

USB 主机协议栈典型的存储空间占用为 35~45 KB 的 ROM,RAM 的需求取决于使用的 USB 类,因为一些类(如 HID 和 MSC)可能需要内存(memory)池来处理大批量的数据。USB 主机协议栈如图 1-29 所示。

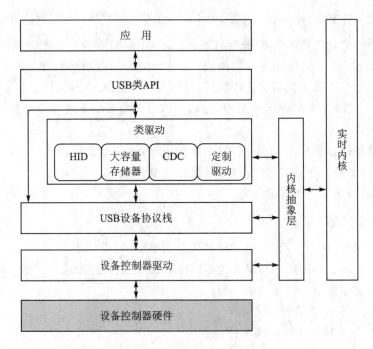

图 1-28 USB 设备协议栈

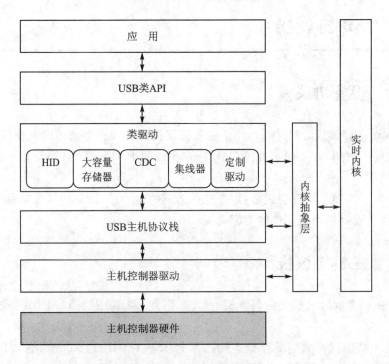

图 1-29 USB 主机协议栈

【译者注】memory 这里翻译成内存，部分章节也翻译成存储器。

1.13.3　USB OTG 协议栈

个人数字助理(PDA)、移动电话及智能手机的出现，引发了设备与设备之间交换数据的需求，设备既可以作主机，也可以作设备。而在通用的 USB 规范中，不允许将总线配置为多主机模式。在 USB 2.0 的补充版中，定义了主机协商协议(HNP)，允许两个设备协商决定谁作为主机。

USB OTG 允许设备既可以作主机，也可以作外设。OTG 设备通过一个更小的连接器连接到 PC 或便携式设备，该连接器增加了一个引脚 ID。OTG 协议栈还定义了会话请求协议(SRP)，实现主机和设备角色的动态切换。

当两个 OTG 设备通过相应的 OTG 电缆连接在一起时，OTG 根据电缆的连接方式来决定设备的初始角色是主设备还是外设。如果软件应用需要进行角色转换，可以通过 HNP 协议实现。

关于 USB OTG 的详细信息，可以访问 USB-IF 网站的 OTG 开发者页面：www.usb.org/developers/onthego/。USB OTG 协议栈如图 1-30 所示。

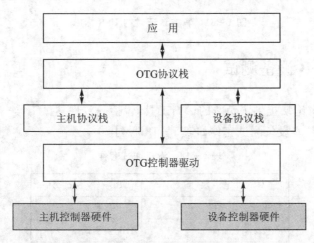

图 1-30　USB OTG 协议栈

如图 1-30 所示，USB OTG 协议栈是 USB 设备协议栈、USB 主机协议栈、USB 设备驱动程序、USB 主机驱动程序和一些 OTG 软件(HNP、SRP 和交换器驱动)的组合。这意味着 USB OTG 协议栈的价格比 USB 设备协议栈加 USB 主机协议栈的组合更贵。很多嵌入式开发人员在审查产品设计目标时，如果产品需要实现 OTG 功能，他们会选择采用两个独立的协议栈，使用两个物理连接(主机和设备)实现，而不是一个 OTG 连接器的方式。有一个例外是移动设备，例如 PDA 和智能手机，它们对空间有严格要求，所以使用了一个 OTG 连接实现主从功能。

OTG 刚发布时非常流行,但现在其部署已经大大放缓。目前,设计了 OTG 功能的设备(PAD 和智能手机)都使用无线协议来实现相同的目标。

1.14 一致性测试

当制造商想在其产品上打上 USB 标志时,其产品必须通过 USB 组织的认证,因此,USB 组织制定了一个一致性程序。该程序包括两个主要部分:产品清单(checklist)和一致性测试程序,清单包含产品及其行为相关的问题。支付很少的会员费即可获取 USB-IF 的一致性测试程序,如图 1-31 所示。

图 1-31 官方认证过的 USB 标志

1.14.1 USB 设备测试

USB 实施者论坛提供了免费的诊断工具,包括一致性测试工具——USB 命令验证工具(USBCV)。设备测试套件如表 1-18 所列。

表 1-18 设备测试套件

模　块	USB-CV 测试套件
USB 设备协议栈	第 9 章测试
人机接口设备类	HID 类测试
大容量存储类	MSC 测试
个人健康设备类	PHDC 测试

Micriµm 提供的所有的驱动程序全部经过 USB-CV 测试套件的测试。

1.14.2 USB 黄金树

为了验证 USB 设备的功能和互用性,USB-IF 组织使用已知的、好的 USB 设备组织了一个 USB 装置。当所有的设备连接在一起时,称之为黄金树(Gold-tree)

（见图1-32）。

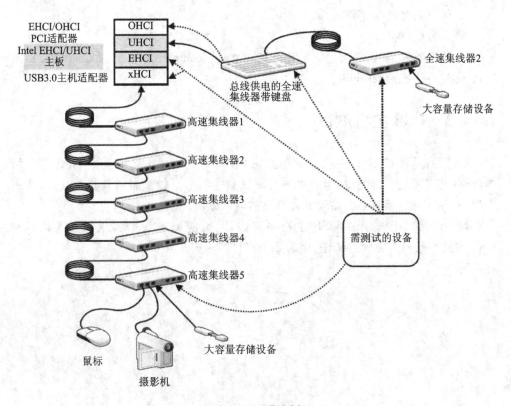

图1-32 黄金树

最初,规定黄金树包含USB-IF组织认证过的消费类设备,这些设备在市场上随处可见。不幸的是,消费类产品受保质期限制,随着时间的推移,一些设备很难再找到,因此,USB-IF组织不再为黄金树指定具体的产品和型号。消费类产品的保质期和实用性非常短,难以维护。除了通过USB认证外,黄金树没有指定外设和集线器,仅指定了产品类及类型。

黄金树组件列表:
- 一台拥有多个USB控制器的PC主机。
  - EHCI。
  - OHCI。
  - UHCI。
  - xHCI(USB 3.0)。
  - 5个高速自供电的集线器。
- 一个全速自供电的集线器。
- 一个全速键盘/集线器。
- 五根5 m长的USB电缆。

- 一个鼠标。
- 两个大容量存储设备。
- 一台摄影机。

关于黄金树的更多信息,可以访问:http://compliance.usb.org/index.asp?UpdateFile=Interoperability。

1.14.3　USB 主机测试

遗憾的是,没有 USB 主机相关的测试标准。由于 USB 总线是主/从式总线结构,设备可以通过主机测试,但主机不能测试其他主机。如果制造商想验证 USB 主机相关产品的操作和性能,需要开发自己的测试方法。

如果产品采用商用的 USB 主机协议栈,其供应商将帮助实现软件验证。但 USB 主机产品相关的硬件验证,则需要用户自己实现。

第 2 章 开始工作

这一章告诉你如何安装和使用 μC/USB-Device 协议栈,本章将讨论以下内容:
- 准备。
- 下载源代码。
- 安装文件。
- 构建应用示例。
- 运行应用示例。

阅读本章之后,你就可以构建和运行使用 μC/USB-Device 协议栈的一个应用了。

2.1 准　备

在运行第一个应用之前,一定要确保有下面必需的工具和软件模块:
- 某一种 MCU(微控制器)的开发工具链。
- 一种开发板。
- μC/USB-Device 协议栈的源代码,至少有一种 Micriμm 的 USB 类。
- 硬件的 USB 设备控制器要与 μC/USB-Device 协议栈驱动兼容。
- 开发板的板支持包(BSP)。
- 你选择的 RTOS(比如 μC/OS-II 或者 μC/OS-III)的工程示例。

如果 Micriμm 不支持用户的 USB 设备控制器,或者没有开发版的 BSP,则需要自己写设备驱动,请参考第 6 章"设备驱动程序指南"获取更多关于如何写 USB 驱动的信息。

2.2 下载源代码

μC/USB-Device 的代码可以从 Micriμm 用户页面上下载得到,软件包中包含了所有的源代码和文档。可以从下面的地址登录 Micriμm 用户页面,然后开始下载(注意,必须有一个合法授权才能获取这些文件):

http://micrium.com/login

在构建一个基于 μC/USB-Device 应用的时候,需要安装一些其他的模块,这取决于硬件平台、移植的代码和驱动程序是什么,有些模块可能在用户下载页面可以找到,有些可能找不到。表 2-1 给出了所有 μC/USB-Device 需要的模块。

表 2-1 μC/USB-Device 所需的各种模块

模块名	是否需要	解释
μC/USB-Device Core	需要	与硬件无关的 USB 协议栈
μC/USB-Device Driver	需要	如果 Micriμm 支持 USB 控制器,那么 USB 协议有驱动程序;如果不支持,则需要自己写驱动程序
μC/USB-Device Vendor Class	可选	如果购买了供应商类,就有这个模块
μC/USB-Device MSC	可选	如果购买了大容量存储器(MSC)类,就有这个模块
μC/USB-Device HID Class	可选	如果购买了人机接口设备(HID)类,就有这个模块
μC/USB-Device CDC ACM	可选	如果购买了带有抽象控制模块(ACM)子类的通信设备(CDC)类,就有这个模块
μC/USB-Device PHDC	可选	如果购买了个人健康设备(PHDC)类,就有这个模块
μC/CPU Core	需要	—
μC/CPU Port	需要	如果 Micriμm 支持处理器架构,就有这个模块
μC/LIB Core	需要	Micriμm 的运行库
μC/LIB Port	可选	如果 Micriμm 支持处理器架构,就有这个模块
μC/OS-II Core	可选	如果用户的应用使用的是 μC/OS-II,就需要这个模块
μC/OS-II Port	可选	如果 Micriμm 支持处理器架构,就有这个模块
μC/OS-III Core	可选	如果应用使用的是 μC/OS-III,就需要这个模块
μC/OS-III Port	可选	如果 Micriμm 支持处理器架构,就有这个模块

表格 2-1 可看出所有 μC/USB-Device 类都是可选的,因为购买 μC/USB-Device Core 和 Driver 的时候并没有要求强制购买类库,到底要购买哪些类库是根据用户应用的需要。但要注意的是,要构建一个完整的 USB 项目,至少需要有一个类库。此外,表格中还可看出 μC/OS-II Core、μC/OS-II Port、μC/OS-III Core 和 μC/OS-III Port 都是可选的,这是因为并没有要求用户使用哪个特定版本的嵌入式操作系统,但是一定有一个。

2.3 安装文件

首先确定所有的发行包都已经下载到计算机上,然后在 C 盘下展开所有的文件。当所有的目录文件展开以后,目录结构如图 2-1 所示。在这个例子中 Micriμm

产品是安装在"C:\Micriμm\Software\"目录下。

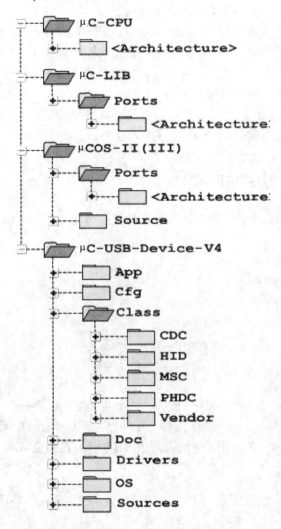

图 2-1　μC/USB-Device 目录树

2.4　构建应用示例

　　本节描述了构建一个基于 USB 应用的所有步骤。本节的指导并没有指定某一个工具链，通用的说明方式可以让用户采用任何一种工具链。

　　构建一个基于 USB 的应用项目最好的方式是从一个已经有的项目开始。如果你正在使用 μC/OS-II 或者 μC/OS-III，那么 Micriμm 为多种开发板和编译器提供了示例项目；如果你的目标板不在 Micriμm 网站的支持列表中，你可以找到一个类似的开发板或者微控制器下载一个示例项目。

范例项目可以让主机枚举(识别)你的设备，你可以增加一个 USB 类示例的全速和高速两种配置(如果你的控制器支持两种方式)。参考 7.1 节"类实例的概念"中关于类的实例概念的更多的信息。在你已经成功完成和运行这个示例项目之后，再以此为起点运行其他购买类的演示范例。

μC/USB-Device 需要一个嵌入式实时多任务操作系统，下面假设你的工作示例项目是运行在 μC/OS-II 或者 μC/OS-III 基础上。

2.4.1 理解 Micriμm 示例

Micriμm 的示例项目一般是放在下面的目录结构中。

```
\Micriμm
    \Software
        \EvalBoards
            \<manufacturer>
                \<board_name>
                    \<compiler>
                        \<project name>
                            \*.*
```

注意，Micriμm 在 μC/USB-Device 发行包中并不提供一个示例项目。在某种特殊的情况下，Micriμm 会提供这种示例项目。以上示出的目录结构是保留给 Micriμm 使用的，你需要使用另外的目录结构保留你自己的应用和工具链的项目文件。

1. **\Micriμm**

这里 Micriμm 放置了所有的软件模块和项目文件，这个目录一般是在根目录下。

2. **\Software**

这个子目录下包含了所有的软件模块和项目文件。

3. **\EvalBoards**

这个子目录下包含了与 Micriμm 支持的评估板相关的所有项目。

4. **\<manufacturer>**

这是评估板的公司的名字，在某些情况下它也是微控制器芯片公司的名字。

5. **\<board name>**

这是评估板的名字。

第 2 章 开始工作

6. \\<compiler>

这是编译器或者编译器公司的名字,它用于构建针对该评估板的软件代码。

7. \\<project name>

这是要演示的项目名称,比如一个包含 μC/OS‐III、简单的 μC/USB‐Device 的项目名称可能是 μC/OS‐III‐USB。

8. *.*

这个目录是项目的源文件目录。目录下有配置文件 app_cfg.h、os_cfg.h、os_cfg_app.h、cpu_cfg.h,以及其他项目需要的源文件。

os_cfg.h 是一个用于配置 μC/OS‐III 或者 μC/OS‐II 参数的配置文件,比如 μC/OS‐III 最大的任务、事件和目标的数目,目标是指 μC/OS‐III 提供的内核服务(信号量、邮箱和队列等)。os_cfg.h 是任何一个 μC/OS‐III 应用需要的文件,更多关于 μC/OS‐III 的信息,请参考相关的手册和已经出版的图书。

【译者注】可参考北京航空航天大学出版社出版的《嵌入式实时操作系统 μC/OS‐III》、《嵌入式实时操作系统 μC/OS‐III 应用开发:基于 STM32 微控制器》、《嵌入式实时操作系统 μC/OS‐II》等相关图书。

app.c 包含了示例项目的应用代码,代码主要是 C 语言程序,程序从 main()开始。至少 app.c 要完成 μC/OS‐III 的初始化,创建一个起始任务并初始化 Micriμm 的其他模块。

app_cfg.h 是应用的配置文件,文件包括用 #defines 配置应用任务的优先级和堆栈的大小,以及 Micriμm 其他模块的任务。

app_<module>.c 和 app_<module>.h 是可选的文件,包含了 Micriμm 自己的模块(μC/TCP‐IP、μC/FS、μC/USB‐Host 等)的初始化代码,根据你获得的授权情况,它们可能有也可能没有。

2.4.2 复制和修改临时文件

从应用的模板和配置文件夹里将文件复制到你指定的目标板应用目录下面,如图 2‐2 所示。

app_usbd.* 是 USB 应用指定的初始化代码的主模板文件,文件包含了 App_USBD_Init()的功能函数,这个函数初始化 USB 协议栈和类的演示。

app_usbd_<class>.c 包含了初始化和使用某一个类的模板,这个文件包含了类的演示应用代码。一般的过程是这样的,类的应用先要初始化类,建立一个类的实例,然后再将这个实例添加成全速或者高速的配置。参见第 7 章"USB 类",你将会获得更多关于 USB 类演示应用的信息。

嵌入式协议栈 μC/USB – Device

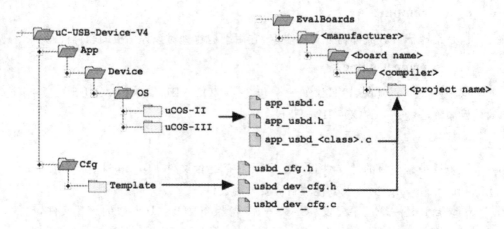

图 2-2　复制模板文件

usbd_cfg.h 是一个配置文件,用来建立 μC/USB – Device 协议的参数,比如配置、接口和类相关参数的数值。

usbd_dev_cfg.c 和 usbd_dev_cfg.h 也是配置文件,用来建立设备参数,比如厂商的 ID、产品 ID 和设备版本信息。文件还可以配置 USB 设备控制器的参数,比如基址、存储器指定基址和大小、控制器的速度和端点(endpoint)容量。

1. 修改设备配置

如果你的应用需要,请参考下面的代码清单,了解修改设备配置文件(usbd_cfg.c)的细节。

```
USBD_DEV_CFG USBD_DevCfg_Template = {                    (1)
    0xFFFE,                                              (2)
    0x1234
    0x0100,
    "OEM MANUFACTURER",                                  (3)
    "OEM PRODUCT",
    "1234567890ABCDEF",
    USBD_LANG_ID_ENGLISH_US                              (4)
};
```

清单 2-1　设备配置模板

L2-1(1):给你的设备起一个有意义的名字,替换原来的"模板(Template)"。

L2-1(2):给厂商的 ID、产品 ID 和设备版本号赋值。开发阶段,你可以使用缺省的数值,但是一旦你决定要发布产品的时候,必须要联系 USB 实施者论坛(USB – IF,www.usb.org)获得一个有效的 ID。USB – IF

是一个非营利组织,与其他组织一起共同维护所有的 USB 厂商 ID 和产品 ID 信息。

L2-1(3):定义一个人们可读的厂商 ID、产品 ID 和设备版本信息字符串。

L2-1(4):USB 设备存储的字符串可以是多种语言,这里需要你指定你使用的语言。如果使用其他语言,在文件 usbd_core.h 中的语言定义部分可以使用♯define 指定。

2. 修改驱动配置

如果你的 USB 控制器不能与协议栈适配,那么就需要修改驱动的配置(usbd_dev_cfg.c),清单 2-2 给出了详细的信息。

```
USBD_DEV_CFG  USBD_DevCfg_Template = {                    (1)
    0x00000000,                                           (2)
    0x00000000,                                           (3)
        0u,
    USBD_DEV_SPD_FULL,                                    (4)
    USBD_DrvEP_InfoTbl_Template                           (5)
};
```

清单 2-2　驱动配置的模板文件

L2-2(1):替代原来的"Template"文字,给你的设备配置文件起一个有意义的名字。

L2-2(2):定义 USB 控制器的基地址。

L2-2(3):如果你的目标系统的 USB 控制器有专用的存储器,你可以在这里定义它的基地址和大小。专门的存储器可用来分配驱动程序的缓冲和 DMA 的描述符。

L2-2(4):定义 USB 控制器的速度,USBD_DEV_SPD_HIGH:USB 设备控制器支持高速运行,USBD_DEV_SPD_FULL:USB 设备控制器支持全速运行。

L2-2(5):定义端点信息表。端点信息表应该在你的 USB 控制器的 BSP 文件里面定义好,更多信息请参见 6.5.1 小节关于端点信息表的更多说明。

3. 修改 USB 应用的初始化代码

清单 2-3 显示了你需要修改的代码,黑体字的部分是你需要修改的。该代码片段是从 App_usbd.c 中的函数 App_USBD_Init()提取出来的。完全的初始化过程由 App_USBD_Init()完成,该段代码将在清单 2-5 展示出来。

```
#include <usbd_bs_template.h>                                    (1)

CPU_BOOLEAN App_USBD_Init (void)
{
    CPU_INT08U  dev_nbr;
    CPU_INT08U  cfg_fs_nbr;
    USBD_ERR    err;


    USBD_Init(&err);                                              (2)

    dev_nbr = USBD_DevAdd(&USBD_Devcfg_Template,                  (3)
                          &App_USBD_BusFncts,
                          &USBD_DrvAPI_Template,                  (4)
                          &USBD_DrvCfg_Template,                  (5)
                          &USBD_DrvBSP_Template,                  (6)
                          &err);

    if (USBD_DrvCfg_Template.Spd == USBD_DEV_SPD_HIGH) {          (7)
        cfg_hs_nbr = USBD_CfgAdd( dev_nbr,
                                  USBD_DEV_ATTRIB_SELF_POWERED,
                                  100u,
                                  USBD_DEV_SPD_HIGH,
                                  "HS configuration",
                                  &err);
    }
    ....
}
```

清单 2 - 3 app_usbd.c 中的 App_USBD_Init( )

L2 - 3(1)：包含了定义了你的板子的 USB 驱动的 BSP 头文件，该文件可以在下面的文件夹里面找到：\Micriμm\Software\uC - USB - Device\Drivers\ <controller> \BSP\ <board name> 。

L2 - 3(2)：初始化 USB 设备协议栈的内部变量、数据结构和 RTOS 内核移植。

L2 - 3(3)：定义了设备配置数据结构的地址，该结构的修改在"修改设备配置"部分已经作了说明。

L2 - 3(4)：定义驱动程序 API 数据结构的地址，该数据结构是在驱动程序的头文件 usbd_drv_ <controller>.h 中定义的。

L2 - 3(5)：定义驱动配置数据结构的地址，该数据结构在"修改驱动配置"部分中已经作了说明。

L2-3(6):定义端点信息表,端点信息表的定义应该在 USB 设备的 BSP 文件中可以找到。

L2-3(7):如果设备控制器支持高速模式,则建立一个针对特定设备的高速配置文件。

2.4.3 包含进 USB Device 协议栈源代码

首先,将厂家提供的 μC/USB-Device 源代码包含到下面工程项目的文件中,如图 2-3 所示。

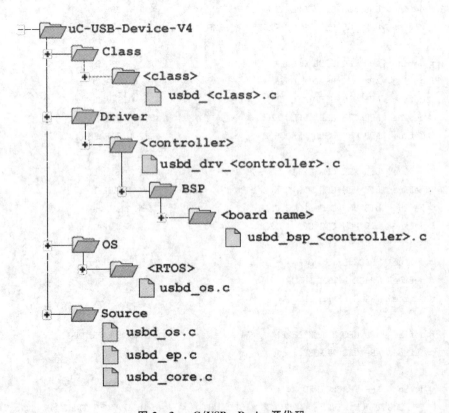

图 2-3 μC/USB-Device 源代码

接下来,在你项目的 C 语言编译器设置中增加下面包含路径:

\Micriμm\Software\uC-USB-Device\Source\

\Micriμm\Software\uC-USB-Device\Class\ <class> \

\Micriμm\Software\uC-USB-Device\Drivers\ <controller>

\Micriμm\Software\uC-USB-Device\Drivers\ <controller>\BSP\ <board name>

2.4.4 修改应用配置文件

USB 初始化的代码假设现在的配置临时文件是 app_cfg.h，下面的 #defines 语句必须要在 app_cfg.h 中，这样才能正确地构建应用示例。

```
#define  APP_CFG_USBD_EN                        DEF_ENABLED         (1)

#define  USBD_OS_CFG_CORE_TASK_PRIO             6u                  (2)
#define  USBD_OS_CFG_TRACE_TASK_PRIO            7u
#define  USBD_OS_CFG_CORE_TASK_STK_SIZE         256u
#define  USBD_OS_CFG_TRACE_TASK_STK_SIZE        256u

#define  APP_CFG_USBD_CDC_EN                    DEF_ENABLED         (3)
#define  APP_CFG_USBD_HID_EN                    DEF_DISABLED
#define  APP_CFG_USBD_MSC_EN                    DEF_DISABLED
#define  APP_CFG_USBD_PHDC_EN                   DEF_DISABLED
#define  APP_CFG_USBD_VENDOR_EN                 DEF_DISABLED

#define  LIB_MEM_CFG_OPTIMIZE_ASM_EN            DEF_DISABLED        (4)
#define  LIB_MEM_CFG_ARG_CHK_EXT_EN             DEF_ENABLED
#define  LIB_MEM_CFG_ALLOC_EN                   DEF_ENABLED
#define  LIB_MEM_CFG_HEAP_SIZE                  1024u

#define  TRACE_LEVEL_OFF                        0u                  (5)
#define  TRACE_LEVEL_INFO                       1u
#define  TRACE_LEVEL_DBG                        2u

#define  APP_CFG_TRACE_LEVEL                    TRACE_LEVEL_DBG     (6)
#define  APP_CFG_TRACE                          printf              (7)

#define  APP_TRACE_INFO(X)  \
         ((APP_CFG_TRACE_LEVEL >= TRACE_LEVEL_INFO) ? (void)(APP_CFG_TRACE x) : (void)0)
#define  APP_TRACE_DBG(x)   \
         ((APP_CFG_TRACE_LEVEL >= TRACE_LEVEL_DBG)  ? (void)(APP_CFG_TRACE x) : (void)0)
```

清单 2-4 应用配置 #defines

L2-4(1)：APP_CFG_USBD_EN 允许或者禁止 USB 应用初始化代码。

L2-4(2)：这些 #defines 与 μC/USB-Device OS 移植有关，μC/USB-Device 的内核需要一个任务管理控制请求和异步传输，另外一个任务是可

第 2 章 开始工作

选择的,它输出跟踪事件(如果支持跟踪功能)。如何正确的设置内核和调试任务的优先级,请参考 5.2.1 节"任务优先级"部分。

L2-4(3):这些 #defines 允许 USB 类定义的应用,你可以允许一个或者多个 USB 类的应用,如果你的 USB 设备支持几个 USB 类应用,那你的设备就是复合设备。

L2-4(4):配置堆存储器所期望的尺寸,它仅仅供 μC/USB-Device 驱动程序使用,堆存储器是使用运行时候分配的内部缓冲区和 DMA 描述符。请参考 μC/LIB 文档获得更多的细节信息。

L2-4(5):多数 Micriμm 的示例都包含了应用跟踪的宏,这样可以输出可读调试信息。支持两个级别的跟踪:INFO 和 DBG。INFO 跟踪高层的操作,DBG 跟踪支持高层操作并返回错误信息。应用级别的跟踪与 μC/USB-Device 跟踪不一样,更多的细节请参考第 13 章"调试和跟踪"部分。

L2-4(6):定义了应用跟踪的级别。

L2-4(7):定义了在重定向应用跟踪输出的可读信息要使用的那个具体功能,比如你可以使用标准的 printf(),还可以使用目标系统的串口输出文本信息。

每一种 USB 类都需要定义一系列实例以确保正常工作,表 2-2 列出了可以在本书参考的部分。

表 2-2 USB 类配置参考

类	参 考
通信设备类(CDC)	见 8.3 节"配置"
人机设备类(HID)	见 9.3.1 小节"常规配置"
大容量存储类(MSC)	见 10.4.1 小节"一般配置"
个人健康设备类(PHDC)	见 11.2.1 小节"一般配置"
厂商类	见 12.2.1 小节"通用配置"

2.5 运行应用范例

在应用代码中集成 USB 示例的第一步是调用 App_USBD_Init(),该函数完成下面的步骤:

- 初始化 USB 设备协议栈。
- 建立并增加一个设备实例。
- 建立并增加配置。

- 调用 USB 类的应用代码。
- 启动 USB 设备协议。

App_USBD_Init() 函数的说明见清单 2-5。

```c
CPU_BOOLEAN    App_USBD_Init (void)
{
    CPU_INT08U    dev_nbr;
    CPU_INT08U    cfg_hs_nbr;
    CPU_INT08U    cfg_fs_nbr;
    CPU_BOOLEAN   ok
    USBD_ERR      err;

    USBD_Init(&err);                                                    (1)
    if (err != USBD_ERR_NONE) {
        /* $$$$ Handle error. */
        return (DEF_FAIL);
    }


    dev_nbr = USBD_DevAdd(&USBD_DevCfg_<controller>,                    (2)
                          &App_USBD_BusFncts,
                          &USBD_DrvAPI_<controller>,
                          &USBD_DrvCfg_<controller>,
                          &USBD_DrvBSP_<board name>,
                          &err);
    if(err != USBD_ERR_NONE) {
        /* $$$$ Handle error. */
        return (DEF_FAIL);
    }


    cfg_hs_nbr = USBD_CFG_NBR_NONE;
    cfg_fs_nbr = USBD_CFG_NBR_NONE;

    if (USBD_DrvCfg_<controller>.Spd == USBD_DEV_SPD_HIHG) {

        cfg_hs_nbr = USBD_CfgAdd( dev_nbr,                              (3)
                                  USBD_DEV_ATTRIB_SELF_POWERED,
                                  100u,
                                  USBD_DEV_SPD_HIGH,
                                  "HS configuration",
                                  &err);
        if(err != USBD_ERR_NONE) {
```

```
            /* $$$$ Handle error. */
            return (DEF_FAIL);
        }
    }


    cfg_fs_nbr = USBD_CfgAdd( dev_nbr,                              (4)
                              USBD_DEV_ATTRIB_SELF_POWERED,
                              100u,
                              USBD_DEV_SPD_FULL,
                              "FS configuration",
                              &err);
    if(err != USBD_ERR_NONE) {
        /* $$$$ Handle error. */
        return (DEF_FAIL);
    }


    if  ((cfg_fs_nbr != USBD_CFG_NBR_NONE) &&
         (cfg_hs_nbr != USBD_CFG_NBR_NONE)) {
        USBD_CfgOtherSpeed(dev_nbr,                                 (5)
                           cfg_hs_nbr,
                           cfg_fs_nbr,
                           &err);
        if(err != USBD_ERR_NONE) {
            /* $$$$ Handle error. */
            return (DEF_FAIL);
        }
    }


#if (APP_CFG_USBD_XXXX_EN == DEF_ENABLED)                           (6)
    ok = App_USBD_XXXX_Init(dev_nbr,
                            cfg_hs_nbr,
                            cfg_fs_nbr);
    if (ok != DEF_OK) {
        /* $$$$ Handle error. */
        return (DEF_FAIL);
    }
#endif

if (APP_CFG_USBD_XXXX_EN == DEF_ENABLED)                            (6)
    ⋮
#endif
```

```
        USBD_DevStart(dev_nbr, &err);                               (7)

        (void)ok;
        return (DEF_OK);
}
```

清单 2-5 App_USBD_Init( )函数

L2-5(1):USBD_Init()初始化 USB 设备的协议栈,这一定要是你的应用初始化代码中的第一个 USB 函数调用。如果 μC/USB-Device 使用的是 μC/OS-Ⅱ 或者 μC/OS-Ⅲ 内核,则初始化内核的服务 OSInit()函数一定要在 USBD_Init()之前调用。

L2-5(2):USBD_DevAdd()建立和增加了一个 USB 实例,指定的 USB 设备的实例是与某一个 USB 控制器相关的。μC/USB-Device 可以同时支持多个 USB 控制器,如果你的目标系统支持多个 USB 控制器,那么你可以针对这些控制器建立 USB 设备的实例。函数 USBD_DevAdd()返回设备实例编号,这个编号用作后续操作的参数。

L2-5(3):为你的设备增加一个高速配置文件。USBD_CfgAdd()为 USB 设备协议栈建立和增加一个配置文件。如果你的设备是一个高速设备,你的 USB 设备应用至少需要一个全速或者高速的配置。你有几个应用就可以建立几个配置,可以把这些配置与多个 USB 类的实例关联起来。比如可以建立一个配置包含一个大容量存储设备,另外一个配置是人机接口设备,比如键盘,再有配置是一个厂商定义的设备。

L2-5(4):为你的设备建立和增加一个高速的设备。

L2-5(5):将一个高速配置文件与对应的全速的 USB 端口关联起来,配置会通知协议栈两种配置与数据传输速率无关,在功能上是兼容的。这对建立"其他速率配置描述符"是有帮助的。

L2-5(6):调用函数 App_USBD_XXXX_Init()初始化类指定的应用范例,这里的 XXXX 可能是 CDC、HID、MSC、PHDC 或者 VENDOR。类指定的应用范例可以通过 APP_CFG_USB_XXXX_EN 的定义允许和禁止。

L2-5(7):所有类的实例建立和添加到配置文件之后,应调用 USBD_DevStart(),该函数启用 D+线上拉电阻,然后通过主机连接设备。

表 2-3 列出了所有 App_USBD_XXXX_Init()功能的说明。

构建并下载应用到目标板之后,你应该能够通过 USB 成功地将目标板与 PC 主机连接起来。当 USB 应用范例运行之后,主机将检测到该设备并开始枚举过程。如果你使用的是一台 Windows PC,系统将自动加载驱动程序管理该设备。如果系统

第 2 章 开始工作

没有发现你的设备驱动程序,Windows 将显示"发现新的硬件"的对话框,然后你指定一个驱动程序加载到 Windows 系统中。当驱动程序加载完成时,你的 USB 设备的通信准备工作也完成了。表 2-4 列出了每种不同类的演示范例的更多细节可以参考的部分。

表 2-3　USB 类的演示参考

类	功　能	说　明
CDC ACM	App_USBD_CDC_Init()	详见 8.3 节"配置"
HID	App_USBD_HID_Init()	详见 9.3.2 小节"类实例配置"
MSC	App_USBD_MSC_Init()	详见 10.4.2 小节"类实例配置"
PHDC	App_USBD_PHDC_Init()	详见 11.2.2 小节"类实例配置"
Vendor	App_USBD_Vendor_Init()	详见 12.2.2 小节"类实例配置"

表 2-4　USB 类的演示范例参考

类	参　考
CDC ACM	参考 8.4.6 小节"使用演示应用程序"
HID	参考 9.4 节"使用演示应用程序"
MSC	参考 10.5 节"使用演示应用"
PHDC	参考 11.5 节"使用演示应用"
Vendor	参考 12.4 节"运行演示程序"

第 3 章

主机操作系统

主要的几种主机操作系统(OS),比如微软 Windows、Apple Mac OS 和 Linux 可以识别许多由 USB 实施者论坛(USB Implementers Forum)定义的标准类的 USB 设备。当 USB 设备与主机连接上后,主机将完成下面的步骤:

(1) 枚举 USB 设备,了解设备的特性。

(2) 分析了设备的特性之后,加载设备驱动管理设备。

(3) 与设备进行通信。

在步骤(2)中,每一种主机操作系统加载驱动程序和处理设备的方式都不一样,每个操作系统都会遵循标准的 USB 类(比如音频、HID、MSC 和视频)管理该设备并提供一个本机驱动程序。在这种情况下,本机驱动程序加载对用户是透明的。一般来讲,OS 在程序加载过程中,并不会向用户提出什么问题;另外,如果是厂商定义的设备,那么就需要设备厂商自己提供驱动程序。厂商定义的设备一般与标准类不兼容,或者说它们不使用标准的协议,在这种情况下,OS 在加载驱动程序的时候,会明确地要求用户介入去解决这个问题。

【译者注】这里的设备厂商一般是指 USB 芯片的公司。

在步骤(3)中,应用程序在与 USB 设备通信之前一定要找到该设备,然后与 OS 绑定。每一种 OS 都使用不同的方式找到指定的设备。

本章将给你一些需要了解的信息,但是需要声明的是,本章仅仅针对微软 Windows 操作系统。

3.1 微软 Windows

微软提供一系列标准的 USB 类驱动程序,这些类驱动称为本机驱动。本机驱动的完整清单可以在 MSDN 在线文档的网站上"支持 USB 类的驱动程序"页面(http://msdn.microsoft.com/en-us/library/ff538820(VS.85).aspx)找到。如果本机驱动程序支持连接设备所属的 USB 类,那么 Windows 就自动加载和运行驱动

第 3 章 主机操作系统

程序,你不需要做任何的事情。如果设备需要的是一个厂家的驱动程序,那么厂商的 INF 文件给 Windows 一个指令,要求加载厂商的驱动程序,在某些情况下,厂商的 INF 文件还要求加载本机的驱动程序。

一旦 Windows 识别了这个 USB 设备,它们之间的通信就准备好了。你的应用程序需要使用一个全局唯一标识符(GUID)检索设备句柄,让应用程序与设备通信。

本章下面的部分介绍如何使用 INF 文件和 GUID,表 3-1 列出了下面各节中 USB 类的相关信息。

表 3-1 Windows USB 设备管理器连接的 Micriμm USB 类

章 节	Micriμm USB 类
3.2 节 "关于 INF 文件"	CDC、PHDC 和厂家
3.3 节 "使用 GUID"	HID、PHDC 和厂家

3.2 关于 INF 文件

INF 文件是一个初始化信息文件,它包含了 Windows 针对一个或者更多设备安装软件和驱动程序所需的信息。INF 文件还包含需要存储在 Windows 注册表中的信息。每一种驱动程序都提供本机与操作系统关联的 INF 文件,该文件存储在 C:\WINDOWS\inf 目录下。比如,当 HID 或者 MSC 设备连接到你的 PC 上,Windows 枚举该设备并找到与该设备类关联的 INF 文件,然后加载相应的驱动程序。针对本地设备的 INF 文件称为系统 INF 文件。某个厂商针对自己定义设备的 INF 文件也同样被复制到 C:\WINDOWS\inf 目录下,这些 INF 文件被称为厂商 INF 文件。一个 INF 文件支持 Windows 针对某种设备加载一个或者多个驱动程序,驱动程序可能在本机,也可能是由厂商提供。表 3-2 列出了针对每一个 Micriμm USB 类加载的 Windows 驱动程序。

表 3-2 针对每一个 Micriμm USB 类加载的 Windows 驱动程序

Micriμm 类	Windows 驱动程序	驱动程序类型	INF 文件类型
CDC ACM	usbser.sys	本机	厂商定义的 INF 文件
HID	Hidclass.sys/Hidusb.sys	本机	系统 INF 文件
MSC	Usbstor.sys	本机	系统 INF 文件
PHDC	winusb.sys(初学者使用)	本机	厂商定义的 INF 文件
厂商	winusb.sys	本机	厂商定义的 INF 文件

如果设备是第一次连接,则 Windows 在系统的 INF 文件和设备描述符的检索

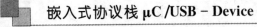

信息之间寻找匹配的信息。如果没有找到匹配的信息，则 Windows 要求你提供所连接设备的 INF 文件。

一个 INF 文件分为若干部分，名字在方括号[]中。每一部分中有若干项目，如果项目有一个前置关键字，比如"类(Class)"、"签名(Signature)"，则这种项目被称为指令。清单 3-1 给出一个 INF 文件结构的例子。

```
; ============= Version section =============                    (1)
[Version]
Signature = "SWindows NTS"
Class     = Ports
ClassGuid = {4D36E978-E325-11CE_BFC1-08002BE10318}

Provider = %ProviderName%
DriverVer = 01/01/2012,1.0.0.0

; ========= Manufacture/Models sections =============

[Manufacturer]                                                    (2)
%ProviderName% = DeviceList, NTx86, NTamd64

[DeviceList.NTx86]                                                (3)
%PROVIDER_CDC% = DriverInstall, USB\VID_fffe%PID_1234&MI_00

[DeviceList.NTamd64]                                              (3)
%PROVIDER_CDC% = DriverInstall, USB\VID_fffe%PID_1234&MI_00

; ============= Installation sections =============               (4)

[DriverInstall]
include   = mdmcpq.inf
CopyFiles = FakeModemCopyFileSection
AddReg    = LowerFilterAddReg, SerialPropPageAddReg

[DriverInstall.Services]
include    = mdmcpq.inf
AddService = usbser, 0x00000002, LowerFilter_Service_Inst

[SerialPropPageAddReg]
HKR,,EnumPropPages32,,"MsPorts.dll,SerialPortPropPageProvider"
```

```
; = = = = = = = = = = = = = = Strings section = = = = = = = = = = = = =

[Strings]                                                                    (5)
ProviderName = "Micriμm"
PROVIDER_CDC = "Micriμm CDC Device"
```

清单 3 - 1　INF 文件结构的例子

L3 - 1(1)：版本(version)部分是强制要求的,它通知 Windows 供应商是什么版本和驱动程序包的其他描述信息。

L3 - 1(2)：制造商(manufacture)部分也是强制的,它确定了设备的制造商。

L3 - 1(3)：这个部分称为型号(model)部分,它们基于每一个制造商而定义。它们给出了要安装的驱动程序更详细的信息,这部分的名字可以指定操作系统或者 CPU 的扩展作为项目的名称,比如.NTx86 和.NT-amd64 表示驱动程序可以分别安装在 x86 或者 x64 的 PC 上,运行的是基于 NT 的 Windows(即 Windows 2000 以上版本)的操作系统。

L3 - 1(4)：安装部分实际完成安装型号指定设备的驱动程序,驱动程序安装过程包括读取 Windows 注册表中的信息、修改注册表中某些项目或者新的项目。

L3 - 1(5)：字符串[String]部分也是强制要求的,它用来定义每一个在 INF 文件里面由％string name％ 指定的关键标示(Key Token)。

请参考 MSDN 在线文档,阅读以下网页部分就可以了解更多 INF 文件的信息：http://msdn.microsoft.com/en - us/library/ff549520.aspx。

为了将 INF 文件与设备特性匹配,某些部分是可以修改的,比如厂商 ID、产品 ID 和设备中可读的字符串。这些部分是：

- 型号部分。
- 字符串部分。

Windows 在型号部分查找由设备标示符生成的匹配的字符串,然后确定该设备的驱动程序。每一个 USB 设备都有一个设备 ID,这是一个由 Windows USB 主机协议从设备描述符所包含的信息生成出来的硬件 ID,设备 ID 是以下形式：

USB\Vid_xxxx&Pid_yyyy

xxxx、yyyy 分别代表设备描述符的项目 idVendor 和 idProduct(参考 Universal Serial Bus Specification, revision 2.0)。

这个字符串支持 Windows 加载一个针对该设备的驱动程序,可以修改 xxxx、yyyy 以匹配你的设备厂商和产品 ID。在清单 2 - 1 中硬件 ID 定义了厂家 ID0xFFFE,产品 ID 是 0x1234。

支持多种功能的复合设备可以为每一种功能指定一个驱动程序。在这种情况

下,代表每种功能的每一个接口都有自己的设备 ID,针对一个接口的设备 ID 是下面的形式:

USB\Vid_xxxx&Pid_yyyy&MI_ww

ww 等于接口描述符的项目 bInterfaceNumber,参考(Universal Serial Bus Specification,revision 2.0)。你可以修改 ww 数值,以匹配其在配置描述符的位置。如果在配置描述符里接口的位置标识是♯2,那么 ww 就等于 02。

字符串部分包含了设备描述信息。在清单 3-1 中,字符串定义了设备驱动程序的名字、包的提供者和设备名,在 Windows 设备管理器(Device Manager)上可以看到这些信息。图 3-1 展示了一个清单 3-1 的 INF 文件生成的虚拟 COM 的例子。字符串 Micriµm 在设备属性的设备提供者上出现,字符串 MicriµmCDC Device 出现在设备属性对话框的"端口"组上。

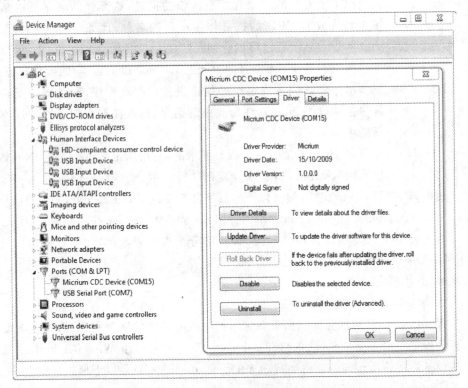

图 3-1 Windows 设备管理器的 CDC 设备示例

3.3 使用 GUID

全局唯一标示符(GUID)是一个 128 位数值,它唯一标示了一个类或者其他项目,Windows 使用 GUID 标示了两种类型的设备类：
- 设备设置类。
- 设备接口类。

设备设置 GUID 类包含了使用相同方式的 Windows 安装程序并使用同一个类安装程序或者共同安装 USB 类。类安装程序和共同安装的 DLL 文件提供相关设备的安装功能。与每个设备设置类有一个相关联的 GUID,系统定义设置类的 GUID 是在 devguid.h 中定义。设备设置类的定义在..\CurrentControlSet\Control\Class\ClassGuid 的注册表中,在其下可为标准的设备设置类的某种特殊的设备建立一个子项。微软 Windows 提供的完整的系统设备设置类定义可在 MSDN 在线文档中找到：

http://msdn.microsoft.com/en-us/library/windows/hardware/ff553426(v=vs.85).aspx

设备接口类 GUID 提供应用程序与一个类指定设备驱动程序通信机制。一个类或者设备驱动程序可以注册一个或者多个设备接口类,这样可以允许应用程序了解这个设备并使用这个设备驱动程序与此设备进行通信。每一个设备接口类都有一个设备接口 GUID。当设备第一次与 Windows 连接的时候,Windows I/O 管理器就会将设备与设备接口类 GUID 与一个符号连接名或者称为设备路径关联起来,这个设备路径是存储在 Windows 注册表里面并在系统重新启动以后还继续存在的。应用程序可以检索到设备接口类中的所有连接的设备,如果应用程序得到了连接的设备路径,该设备路径可以被传递给一个函数并将返回句柄,该句柄将传递给其他函数并与相应的设备通信。

Micriμm 公司提供三个 Visual Studio2010 项目的 USB 类,使用 Visual Studio 项目可以构建与 USB 设备进行通信的应用。项目使用一个 USB 接口类 GUID 检测属于该类的所有连接设备。表 3-3 列出了 Micriμm USB 类和与其对应的在 Visual Studio 项目使用的设备接口类 GUID。

表 3-3 Micriμm 类和设备接口类 GUID

Micriμm USB 类	设备接口类 GUID	定义在哪个文件中
HID	{4d1e55b2-f16f-11cf-88cb-001111000030}	app_hid_common.h
PHDC	{143f20bd-7bd2-4ca6-9465-8882f2156bd6}	usbdev_guid.h
厂商	{143f20bd-7bd2-4ca6-9465-8882f2156bd6}	usbdev_guid.h

HID 接口类 GUID 是由微软作为系统定义的接口类而提供的,PHDC 和厂商的接口类 GUID 是使用 Visual Studio2010 工具 guidgen.exe 生成的,该工具可以通过菜单找到选项,再生成 GUID,也可以通过菜单选择命令行,在 Visual Studio 命令提示下键入 guidgen。

第 4 章

架 构

μC/USB-Device 是模块化设计,很容易与各种中央处理器(CPU)、实时多任务操作系统(RTOS)、USB 设备控制器和编译器适配。

图 4-1 为所有 μC/USB-Device 模块和它们之间关系的简化框图。

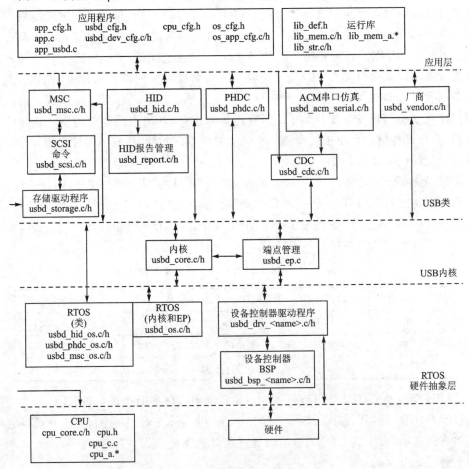

图 4-1 μC/USB-Device 架构框图

第4章 架构

4.1 模块关系

4.1.1 应用程序

应用程序层需要给 μC/USB-Device 提供配置信息,形成 4 个 c 文件:app_cfg.h、usbd_cfg.h、usbd_dev_cfg.c 和 usbd_dev_cfg.h。

- app_cfg.h 是应用定义的配置文件,它定义(使用♯define)了任务优先级和每一个应用和 μC/USB-Device 需要任务的堆栈尺寸大小。一些小的 Micriμm 软件模块,比如 μC/LIB(运行库),也使用 app_cfg.h 配置,比如堆尺寸(heap size)这样的参数。
- usbd_cfg.h 配置数据包括了以下的内容:协议栈支持的设备数量、最大的配置数量、接口和备用接口最大数量、每个设备开放的端点的最大数量、类定义的参数等,总共有大约 20 个定义(使用♯define)需要设置。
- 最后是 usbd_dev_cfg.c 和 usbd_dev_cfg.h,它们包含了设备相关配置参数,比如厂商 ID、产品 ID、设备版本号和对应的字符串。它还包括了设备控制器的配置信息,比如基地址、专用存储器基地址和大小以及端点管理表。

请参考第 5 章"配置"中关于如何配置 μC/USB-Device 的更多信息。

4.1.2 库

μC/USB-Device 的设计是可以使用在关键应用场合的,一些标准的库函数,比如 strcpy() 和 memset() 等是重写的,以遵循与 μC/USB-Device 协议栈其他部分一样的质量标准。所有这些函数库都是 Micriμm 的一个独立产品——μC/LIB 的一部分。此外,USB 设备控制器中的某些数据对象是在运行的时候创建的,它们使用了堆函数 Mem_HeapAlloc() 分配存储器。

4.1.3 USB 类层

应用程序使用类层的 API 与 μC/USB-Device 接口,在这一层中定义了 4 个类并由 USB-IF 实现。你需要自己实现厂商定义类,即第 5 类——厂商类,这个类提供与端点之间简单通信的功能。μC/USB-Device 支持以下的类:
- 通信设备类(CDC)。
- CDC 抽象控制模型(ACM)子集。
- 人机接口设备类(HID)。

- 大容量存储类(MSC)。
- 个人健康设备类(PHDC)。
- 厂商类。

你还可以创建 USB-IF 定义的其他类,请参考第 7 章"USB 类"中关于 USB 类如何与内核层交互的更详细信息。

4.1.4　USB 内核层

USB 内核层负责创建并维护一个 USB 设备的逻辑结构。内核层管理 USB 配置、接口、备用接口,并基于应用或者 USB 类的请求以及 USB 控制器端点的可用情况分配端点。标准请求、总线事件(复位、挂起、连接和断开)和枚举处理也是由内核层完成。

4.1.5　端点管理层

端点管理层负责使用端点发送和接收数据,控制、中断和批量传输也是在这一层完成的。这一层为控制、批量和中断的 I/O 操作提供同步的 API,为批量和中断的 I/O 操作提供异步的 API。

4.1.6　实时操作系统抽象层

μC/USB-Device 假设存在一个实时操作系统(RTOS)、一个 RTOS 的抽象层可以让 μC/USB-Device 独立于某一个特定的 RTOS。操作系统的抽象层是几种 RTOS 移植、内核层的移植和几个类层移植的集合。

1. 内核层移植

操作系统的内核层具备的最基本功能为:
- 为内核操作创建一个任务,为调试更新特性创建一个可选的任务。
- 提供信号量(Semaphore)管理(或相同的功能),信号量可以用于指示同步操作的完成或者出错,以及用来跟踪事件。
- 提供 I/O 和总线事件的队列(Queue)管理。

μC/USB-Device 软件提供的时候已经完成了针对 μC/OS-II 和 μC/OS-III 的移植。如果你使用的是其他 RTOS,则可以使用 μC/OS-II 和 μC/OS-III 的移植文件作为样板与你选择的 RTOS 接口。请参考第 14 章"μC/USB 设备的实时操作系统移植"中关于如何移植 μC/USB-Device 的部分,获得更详细的信息。

2. 类层的移植

有些 USB 类需要 RTOS 移植(比如 MSC、PHDC 和 HID),请参见表 14-2 的参考信息。

4.1.7 硬件抽象层

μC/USB-Device 可以支持几乎所有的 USB 设备控制器。这一层要处理一些与硬件相关的细节,比如如何初始化设备,如何打开和配置一个端点,如何开始接收和传送 USB 包,如何读写 USB 包,如何向内核模块报告一个 USB 事件等。所有 USB 设备驱动程序的功能都在 usbd_drv_<controller>.c 封装和实现。

为了让时钟顿、中断控制器和通用 I/O 有一个独立的配置,USB 设备驱动程序需要另外一个文件,这个文件称为板级支持包(BSP),文件名称是 usbd_bsp_<controller>.c,文件包含了与产品使用的硬件相关的所有的细节。文件还定义了端点信息表(endpoints information table),内核层也使用这个表格根据硬件的能力分配端点。

4.1.8 CPU 层

μC/USB-Device 可以支持 8、16、32 甚至 64 位 CPU,但是必须要有这些 CPU 的信息。CPU 层定义这样的信息,比如与 16 位/32 位变量对应的 C 的数据类型,CPU 的存储器架构是否支持大端和小端(little & big endian),CPU 是如何打开和关闭中断的等等。

CPU 定义文件可以在\uC-CPU 目录下找到,该文件支持 μC/USB-Device 协议栈适配不同的 CPU。

4.2 任务模型

μC/USB-Device 需要两个任务,一个是内核任务,一个是可选的跟踪调试事件的任务。内核任务有三个主要的工作:

- 处理 USB 总线事件。比如复位、挂起、连接和断开这些总线事件,都是由内核任务来处理的。基于总线事件的类型,内核任务设置设备的状态。
- 处理总线请求。USB 请求是由主机通过缺省的控制端点送出的,内核任务处理所有的 USB 请求。某些请求是由 USB 类的驱动程序处理的,针对这些请求,内核任务调用制定类的处理程序。
- 处理 I/O 异步传输。异步 I/O 传输是由内核任务处理的,传输完成之后,内核任务调用相应的回调函数。

图 4-2 展示了带有应用任务的 μC/USB-Device 的任务模型。

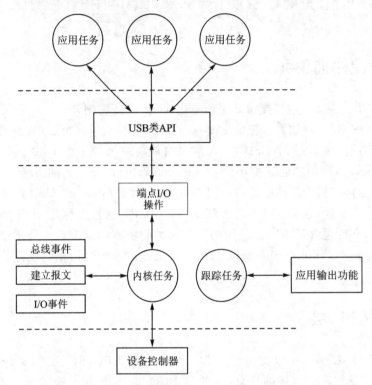

图 4-2 μC/USB-Device 的任务模型

4.2.1 发送和接收数据

图 4-3 展示 μC/USB-Device 通过 USB 设备控制器发送和接收数据时候的任务模型。使用 μC/USB-Device 可以同步或异步地发送数据,在同步操作中,应用程序执行一直阻塞(挂起),直到发送完成或者遇到错误或最后超时了。在异步操作中,应用程序执行不会阻塞,内核任务通过一个回调函数通知应用程序传输操作完成。

F4-3(1):应用程序通过 USB 类 API 与 μC/USB-Device 接口发送和接收数据。内核 API 一面与 USB 类 API 接口,另一面与端点层 API 接口。

F4-3(2):端点层 API 根据端点的特性准备数据。

F4-3(3):当 USB 设备准备之后,驱动程序准备发送或者接收。

F4-3(4):传输完成,USB 控制器产生一个中断,根据发送或者接收操作,USB 设备控制器驱动程序的 ISR(中断处理程序)将从内核调用发送或者接收完成功能函数。

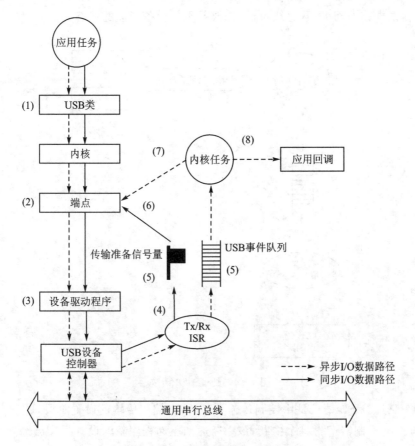

图 4-3 发送和接收一个报文

F4-3(5)：如果操作是同步的，则传输或者接收完成函数将通知发送准备计数信号量。如果操作是异步的，则传输或者接收函数将在 USB 内核的事件队列里放入一个消息，通知内核延迟处理。

F4-3(6)：如果操作是同步的，端点层将等待计数信号量。操作重复步骤(2)～(5)直到传输完成。

F4-3(7)：内核任务在内核事件队列中等待一个事件，如果传输是异步的，内核任务将调用端点层直到操作完成。

F4-3(8)：如果是异步方式，传输结束之后，内核任务还将调用应用完成回调函数，该函数通知 I/O 操作的结束。

4.2.2 处理 USB 请求和总线事件

USB 请求是由内核任务处理的，图 4-4 展示了一个 USB 请求处理的简单任务框图。USB 总线事件，比如复位、解挂、连接、断开和挂起，采用与 USB 请求同样的方式操作。内核处理 USB 总线事件,修改并更新设备当前的状态。

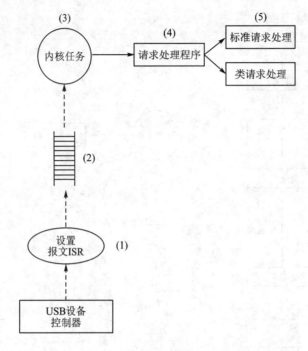

图 4-4 处理 USB 请求

F4-4(1):USB 请求是由控制传输发送的,在控制传输的设置阶段,USB 设备控制器产生一个中断,该中断通知驱动程序新的设置报文已经到达。

F4-4(2):USB 设备控制器驱动程序 ISR 在内核事件队列中推送一个事件以通知内核。

F4-4(3):内核从队列中接收一个信息,然后通过调用请求处理程序解析 USB 请求。

F4-4(4):请求处理程序分析请求类型,确定请求是否是标准的、厂商的,还是请求指定的类。

F4-4(5):标准的请求由内核处理,厂商和指定类请求由类层的驱动程序处理。

4.2.3 处理调试事件

μC/USB-Device 包含一个可选的调试和跟踪功能,调试事件在内核层由一个专门任务管理,图 4-5 展示了内核如何管理调试事件。

F4-5(1):在内核的 USB 调试和跟踪模块包含了 USB 调试事件的空闲列表。调试事件目标包含了许多有用的信息,比如端点编号、接口编号和产生事件层的信息。

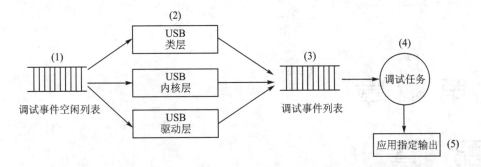

图 4-5 处理 USB 调试事件

F4-5(2)：多个 μC/USB-Device 层采集有用的调试事件目标，然后跟踪 USB 发布的不同信息。

F4-5(3)：调试和跟踪事件被推送到调试事件 list.ggg 文件中。

F4-5(4)：调试任务处于休眠状态，直到一个新的调试事件在调试可用事件列表出现。调试任务将分析调试事件目标包含的信息，并使用应用指定输出跟踪函数 USBD_Trace()，将信息以可读格式输出。

F4-5(5)：应用指定输出函数输出调试跟踪信息。

更多关于调试和跟踪模块的信息，请参见第 13 章"调试和跟踪"。

第 5 章

配　置

在使用 μC/USB‐Device 协议栈之前，必须正确地配置该协议栈，有三部分需要配置的参数：
- 静态堆栈配置。
- 应用程序相关的配置。
- 设备和设备控制器驱动程序的配置。

本章将介绍如何设置这些配置，最后一节还会提供典型应用的配置范例。

5.1　静态堆栈配置

μC/USB‐Device 在编译时可以通过修改应用中拷贝的 usbd_cfg.h 来配置，该文件中包含大约 20 个 #define 宏。μC/USB‐Device 尽可能多地使用 #define 宏，因为这样可以根据使能的特性和配置的 USB 目标数量在编译时裁剪代码和数据的尺寸。这样就可让用户基于应用程序的需求来调整 μC/USB‐Device 占用的 ROM 和 RAM 空间。

推荐用户在刚开始配置时使用默认的配置值，这些默认值在下节会以粗体来体现。

本节内容参照 μC/USB‐Device 的配置文件模板 usb_cfg.h 中的内容按顺序组织。

5.1.1　基本配置

1. USBD_CFG_OPTIMIZE_SPD

通过配置 USBD_CFG_OPTIMIZE_SPD，可以使 μC/USB‐Device 被选择的部分代码获得更好的执行性能或者更小的代码尺寸：
- DEF_ENABLED 优化 μC/USB‐Device 获取更快的执行速度。

- DEF_DISABLED 优化 μC/USB-Device 获取更小的代码尺寸。

2. USBD_CFG_MAX_NBR_DEV

USBD_CFG_MAX_NBR_DEV 用来配置设备的最大数量,这个值应该设置为硬件平台上设备控制器的数量,默认值为 1。

3. USBD_CFG_BUF_ALIGN_OCTETS

USBD_CFG_BUF_ALIGN_OCTETS 设置内部堆栈缓冲需要的字节对齐方式,这个值应该根据平台/硬件的需求来设置。如果你的平台不需要缓冲对齐,那么这个值应当被设置为 CPU 字的大小(sizeof(CPU_DATA)),默认值为 sizeof(CPU_DATA)。

4. USBD_ERR_CFG_ARG_CHK_EXT_EN

USBD_ERR_CFG_ARG_CHK_EXT_EN 允许生成代码来检查用户调用函数的参数,以及需要从用户调用的 API 接收参数的内部函数的参数。USBD_ERR_CFG_ARG_CHK_EXT_EN 可以被设置成 DEF_DISABLED 或者 DEF_ENABLED。

5.1.2 USB 设备配置

1. USB_CFG_MAX_NBR_CFG

USB_CFG_MAX_NBR_CFG 设置设备使用的 USB 配置的最大数量。请记住,如果你使用了一个高速的 USB 设备控制器,那么至少需要两个 USB 配置,一个用于低速和全速模式,另外一个用于高速模式。更多关于 USB 配置的信息可参考 USB 规范 V2.0 的 9.2.3 小节。其默认值为 2。

2. USBD_CFG_HS_EN

μC/USB-Device 用于高速模式的代码,可以通过 USBD_CFG_HS_EN 配置,禁用这部分代码来减小代码尺寸,USBD_CFG_HS_EN 的值为:

- DEF_ENABLED 支持高速操作,代码尺寸更大;
- DEF_DISABLED 不支持高速操作,代码尺寸更小。

5.1.3 接口配置

1. USBD_CFG_MAX_NBR_IF

USBD_CFG_MAX_NBR_IF 配置可用接口的最大数量,这个值至少要等于 USBD_CFG_MAX_NBR_CFG,并且很大程度上取决于使用的 USB 类。每一个类的实例最少需要一个接口,而 CDC-ACM 类需要两个接口。更多关于 USB 接口的信息可参考 USB 规范 V2.0 的 9.2.3 小节。默认值为 2。

2. USBD_CFG_MAX_NBR_IF_ALT

USBD_CFG_MAX_NBR_IF_ALT 定义了可用的备选接口的最大数量，这个值至少要等于 USBD_CFG_MAX_NBR_IF。更多关于备选设置的信息可参考 USB 规范 V2.0 的 9.2.3 小节，默认值为 2。

3. USBD_CFG_MAX_NBR_IF_GRP

USBD_CFG_MAX_NBR_IF_GRP 设置可用的接口组或者关联的最大数量。目前，Micriμm 仅有一个 USB 类（CDC - ACM）是需要接口组的。更多关于接口关联的信息可参考"接口关联描述符 USB 管理更改通知"。默认值为 0（其值应当等于 CDC - ACM 实例的数量）。

4. USBD_CFG_MAX_NBR_EP_DESC

USBD_CFG_MAX_NBR_EP_DESC 设置有效端点描述符的最大数量。这个值极大程度上取决于使用的 USB 类。关于每个类需要多少个端点的信息，请参考具体的"类"一节。请记住控制端点不需要任何端点描述符。默认值为 2。

5. USBD_CFG_MAX_NBR_EP_OPEN

USBD_CFG_MAX_NBR_EP_OPEN 配置每一个设备打开端点的最大数量。如果你使用了不止一个设备，则设置为最坏情况下的这个值。这个值极大程度上取决于使用的 USB 类。关于每个类需要多少个端点的信息，请参考具体的"类"一节。默认值为 4（2 个控制端点加上 2 个其他端点）。

5.1.4 字符串配置

USB_CFG_MAX_NBR_STR 配置支持字符描述符的最大数量，默认值为 3（1 个供应商字符串、1 个产品字符串和 1 个序列号字符串）。如果计划增加接口特定的字符串，则这个值可以增加。

5.1.5 调试配置

只有使用内核调试服务时才需要设置本节中的配置。更多关于此服务的信息，可参考第 13 章"调试和跟踪"。

1. USBD_CFG_DBG_TRACE_EN

USBD_CFG_DBG_TRACE_EN 打开或者关闭内核调试跟踪引擎。
- DEF_ENABLED 打开内核调试跟踪引擎。
- DEF_DISABLED 关闭内核调试跟踪引擎。

2. USBD_CFG_DBG_TRACE_NBR_EVEBTS

USBD_CFG_DBG_TRACE_NBR_EVEBTS 声明内核调试跟踪引擎可以等待的调试跟踪事件的最大数量。默认值为 10。

如果 USBD_CFG_DBG_TRACE_EN 被设置成 DEF_DISABLED，则这个配置常量无效，并且也不会分配任何内存。

5.1.6 通信设备类(CDC)配置

1. USBD_CDC_CFG_MAX_NBR_DEV

配置类实例的最大数量。每一个关联的子类也会定义子类实例的最大数量。所有子类实例的最大数的总和一定不能大于 USBD_CDC_CFG_MAX_NBR_DEV。默认值为 1。

2. USBD_CDC_CFG_MAX_NBR_CFG

配置 CDC 类使用的最大配置数。请记住，如果使用一个高速设备，需要创建两个配置，一个用于全速模式，另一个用于高速模式。默认值为 2。

3. USBD_CDC_CFG_MAX_NBR_DATA_IF

配置数据接口的最大数量，默认值为 1。

5.1.7 CDC 抽象控制模型(ACM)串口类配置

USBD_ACM_SERIAL_CFG_MAX_NBR_DEV 为配置 ACM 子类实例的最大数量。该常量值不能大于 USBD_CDC_CFG_MAX_NBR_DEV，除非你计划有多种配置或者使用不同的类实例的接口，否则该值设置为默认值(1)。

5.1.8 人机接口设备(HID)类配置

1. USB_HID_CFG_MAX_NBR_DEV

配置类实例的最大数量。除非你计划有多个配置或使用不同类实例的多个接口，否则该值设置为默认值 1。

2. USB_HID_CFG_MAX_NBR_CFG

配置 HID 类使用的最大配置数。请记住，如果使用一个高速设备，则两个配置将会被创建，一个用于全速模式，另一个用于高速模式。默认值为 2。

3. USB_HID_CFG_MAX_NBR_REPORT_ID

配置一个报告中允许的报告 ID 的最大数量，应当按照报告中的报告 ID 数值正确的设定该值。最小值是 1。

4. USB_HID_CFG_MAX_NBR_REPORT_PUSHPOP

配置用于报告中的 Push 和 Pop 项的最大数量。如果该常量被设置为 0，则在报告中不存在 Push 和 Pop 项。

HID 类使用一个内部任务来管理周期性的输入报告，接下来的常量在应用程序文件 app_cfg.h 中定义。

5. USBD_HID_OS_CFG_TMR_TASK_PRIO

配置 HID 周期性输入报告任务的优先级。

6. USBD_HID_OS_CFG_TMR_TASK_STK_SIZE

配置 HID 周期性输入报告任务的堆栈大小。

5.1.9　大容量存储设备类(MSC)配置

1. USB_MSC_CFG_MAX_NBR_DEV

配置类实例的最大数量。除非计划有多个配置或使用不同类实例的接口，否则该值设置为 1。

2. USB_MSC_CFG_MAX_NBR_CFG

配置 MSC 类使用的配置的最大数量。请记住，如果你使用一个高速设备，则两个配置将会被创建，一个用于全速模式，另一个用于高速模式。默认值为 2。

3. USBD_MSC_CFG_MAX_LUN

配置逻辑单元的最大数量。最小值为 1。

4. USBD_MSC_CFG_DATA_LEN

配置读/写数据的字节长度。默认值为 2 048。

由于 MSC 设备依靠任务来处理 MSC 协议，因此这个操作系统的任务优先级和堆栈尺寸常量都需要在应用程序文件 app_cfg.h 中配置。

5. USBD_MSC_OS_CFG_TMR_TASK_PRIO

MSC 任务的优先级等级。其优先级等级必须低于(更大的值)启动任务和内核任务的优先级。

6. USBD_MSC_OS_CFG_TMR_TASK_STK_SIZE

MSC任务的堆栈大小。默认值设为256。

5.1.10 个人健康设备类(PHDC)配置

1. USB_PHDC_CFG_MAX_NBR_DEV

配置类实例的最大数量。除非计划有多个配置或使用不同类实例的接口,否则该值设置为1。

2. USB_PHDC_CFG_MAX_NBR_CFG

配置PHDC类使用的配置的最大数量。请记住如果使用一个高速设备,两个配置将会被创建,一个用于全速模式,另一个用于高速模式。默认值为2。

3. USBD_PHDC_CFG_DATA_OPAQUE_MAX_LEN

不透明数据最大字节长度。必须等于或小于MaxPacketSize-21,默认值为43。

4. USBD_PHDC_OS_CFG_SCHED_EN

如果使用μC/OS-Ⅱ或者μC/OS-Ⅲ实时操作系统接口,可通过此选项来打开或关闭调度性能。例如,如果设备仅使用一个QoS等级来发送数据,应当设置为DEF_DISABLED(看11.4节"RTOS基于QoS的任务调度程序"),默认值为DEF_ENABLED。

警告:如果设置该常量为DEF_ENABLED,必须保证调度任务的优先级低于(例如更高优先级的值)任何写PHDC数据任务的优先级。

如果设置USBD_PHDC_OS_CFG_SCHED_EN为DEF_ENABLED,并且使用了μC/OS-Ⅱ或者μC/OS-Ⅲ实时操作系统接口,则PHDC需要一个内部任务实现调度操作。在这种情况下,有两个特定的应用配置一定要设置它们应当在app_cfg.h文件中定义。

5. USBD_PHDC_OS_CFG_SCHED_TASK_PRIO

基于QoS的调度任务的优先级。

必须确保调度任务的优先级低于(例如更高优先级的值)任何写PHDC数据的任务。

6. USBD_PHDC_OS_CFG_SCHED_TASK_STK_SIZE

基于QoS的调度任务的堆栈大小,默认值为512。

5.1.11 供应商类配置

1. USBD_VENDOR_CFG_MAX_NBR_DEV

配置类实例的最大数量。除非计划有多个配置或使用不同类实例的多个接口,否则该值设置为1。

2. USBD_VENDOR_CFG_MAX_NBR_CFG

配置供应商类使用的配置的最大数量。请记住,如果使用一个高速设备,两个配置将会被创建,一个用于全速模式,另一个用于高速模式。默认值为2。

5.2 应用相关配置

本节定义了 μC/USB - Device 与应用相关的配置常量,所有这些配置常量都与操作系统有关。对于大多数操作系统来说,μC/USB - Device 任务优先级和堆栈大小都需要明确配置,更多信息查阅具体的操作系统文档。

这些配置常量应当在应用程序文件 app_cfg.h 中定义。

5.2.1 任务优先级

正如4.2节"任务模型"中所提到的,μC/USB - Device 需要一个内核任务和一个可选择的调试任务才能正常工作。μC/USB - Device 内核任务的优先级极大程度上取决于应用程序的 USB 需求。对于某些应用,最好能设置一个高的优先级,尤其是在应用需要大量 CPU 密集型任务时。在这种情况下,如果内核任务的优先级低,它或许就不能及时地处理总线和控制请求。另一方面,对于某些应用,可能需要给内核任务一个低的优先级,特别是计划使用异步通信或者在回调函数里有大量的代码时。关于内核任务的更多信息,见4.2节"任务模型"。

由于调试任务不是关键的,可以在后台运行,所以它的优先级通常应当是低的。

对于 μC/OS - II 或者 μC/OS - III 实时操作系统接口,接下来的宏命令必须要在 app_cfg.h 配置:

- USBD_OS_CFG_CORE_TASK_PRIO
- USBD_OS_CFG_TRACE_TASK_PRIO

注意:如果 USBD_CFG_DBG_TRACE_EN 设置为 DEF_DISABLED,则 USBD_OS_CFG_TRACE_TASK_PRIO 不需要定义。

5.2.2 任务堆栈大小

对于 μC/OS-II 或者 μC/OS-III 实时操作系统接口,接下来的宏必须在 app_cfg.h 配置,用来设置内部任务堆栈的大小:
- USBD_OS_CFG_CORE_TASK_STK_SIZE   1000
- USBD_OS_CFG_TRACE_TASK_STK_SIZE   1000

注意:如果 USBD_CFG_DBG_TRACE_EN 设置为 DEF_DISABLED,则 USBD_OS_CFG_TRACE_TASK_STK_SIZE 就不应当被定义了。

对于大部分应用来说,堆栈的大小设置为 1000 是个好的起点。唯一能确定任务堆栈大小的方法就是计算每个任务的最大堆栈使用量。很明显,一个任务最大堆栈使用量就是总共的堆栈使用量,也就是最大调用深度的函数路径堆栈加上中断的(最大)堆栈使用量。要注意占用最多堆栈的函数路径不一定是最长或者最深的函数路径。

最容易也是最好的计算任务或者函数的最大堆栈使用量的方法应当是通过编译器或者一个静态分析工具静态地实现,因为可以根据编译器实际生成的代码和优化设置来计算函数或者任务最大的堆栈使用量。所以,对于最理想的任务堆栈配置,推荐购买一个与您的构建工具链兼容的任务堆栈计算工具。

5.3 设备和设备控制器驱动配置

为了完成设备配置,需要声明两个结构体:一个包含设备信息(供应商 ID、产品 ID 等),另外一个包含关于设备控制器驱动程序的有用信息。这两个结构体的引用需要传递给函数 USBD_DevAdd(),该函数分配一个设备控制器。

关于如何修改设备和设备控制器驱动配置的更多信息,请参考 2.4.2 小节"复制和修改临时文件"。

5.4 配置范例

本节提供一些基于 μC/USB-Device 协议栈典型应用的配置范例,仅仅给出静态堆栈的配置范例,因为具体应用程序的配置极大程度上取决于你的应用。另外,设备的配置也与你的产品工作环境有关,并且设备控制器驱动的配置取决于使用的硬件。

典型应用的例子如下:
- 一个简单的全速 USB 设备,此设备使用 Microμm 的供应商类。

- 一个组合高速 USB 设备，此设备使用 Micriµm 的 PHDC 类和 MSC 类。
- 一个复杂的组合高速 USB 设备，这个设备在两个不同配置中用一个 Micriµm 的 HID 类实例再加上一个在每个配置里都不同的 Micriµm CDC - ACM 类实例。这个设备在第二种配置中还使用了一个 Micriµm 的供应商类实例。

5.4.1 简单的全速 USB 设备

表 5-1 展示了前面描述的使用 Micriµm 的供应商类创建了一个全速 USB 设备所需的配置常量值。

表 5-1 一个简单的全速 USB 设备配置范例

配 置	值	说 明
USBD_CFG_MAX_NBR_CFG	1	由于是全速设备，只需要一个配置
USBD_CFG_MAX_NBR_IF	1	由于设备只使用了供应商类，只需要一个接口
USBD_CFG_MAX_NBR_IF_ALT	1	不需要备用接口，但是这个值至少要等于 USBD_CFG_MAX_NBR_IF
USBD_CFG_MAX_NBR_IF_GRP	0	不需要接口连接
USBD_CFG_MAX_NBR_EP_DESC	2 或 4	两个批量端点和两个可选的中断端点
USBD_CFG_MAX_NBR_EP_OPEN	4 或 6	两个用于设备标准请求的控制端点。两个批量端点和两个可选的中断端点
USBD_VENDOR_CFG_MAX_NBR_DEV	1	只需要一个供应商类实例
USBD_VENDOR_CFG_MAX_NBR_CFG	1	供应商类实例只能用于一个配置

5.4.2 组合高速 USB 设备

表 5-2 展示了前面描述的使用 Micriµm 的 PHDC 类和 MSC 类创建一个组合高速 USB 设备所需的常量配置值。这个设备的架构见图 5-1。

表 5-2 组合高速 USB 设备配置范例

配 置	值	说 明
USBD_CFG_MAX_NBR_CFG	2	一个配置用于全速/低速模式，另一个用于高速模式
USBD_CFG_MAX_NBR_IF	4	一个 PHDC 接口，一个 MSC 接口。每一个配置还需要一个不同的接口

续表 5-2

配 置	值	说 明
USBD_CFG_MAX_NBR_IF_ALT	4	不需要备用接口，但是这个值至少要等于 USBD_CFG_MAX_NBR_IF
USBD_CFG_MAX_NBR_IF_GRP	0	不需要接口连接
USBD_CFG_MAX_NBR_EP_DESC	4 或 5	两个批量端点用于 MSC。两个批量端点加上一个可选的中断端点用于 PHDC
USBD_CFG_MAX_NBR_EP_OPEN	6 或 7	两个用于设备标准请求的控制端点。两个批量端点用于 MSC。两个批量端点加上一个可选的中断端点用于 PHDC
USBD_PHDC_CFG_MAX_NBR_DEV	1	只需要一个 PHDC 实例，所有配置共享该实例
USBD_PHDC_CFG_MAX_NBR_CFG	2	PHDC 实例在两个设备的配置里都可以用
USBD_MSC_CFG_MAX_NBR_DEV	1	只需要一个 MSC 实例，所有配置共享
USBD_MSC_CFG_MAX_NBR_CFG	2	MSC 实例两个配置都可以用

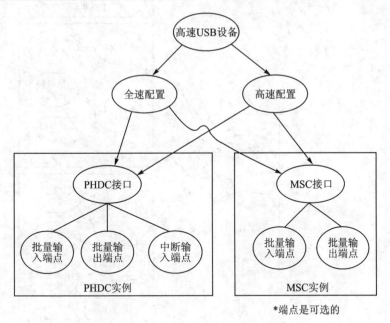

图 5-1 组合高速 USB 设备架构

5.4.3 复杂的组合高速设备

表 5-3 展示了在两个不同的配置中用一个 Micriμm 的 HID 类实例加上一个在每个配置里都不同的 MicriμmCDC-ACM 类实例创建一个组合高速 USB 设备所需

的常量配置值。设备在它的第二种配置里还使用了 Micriμm 供应商类实例。这个设备的图解见图 5-2。

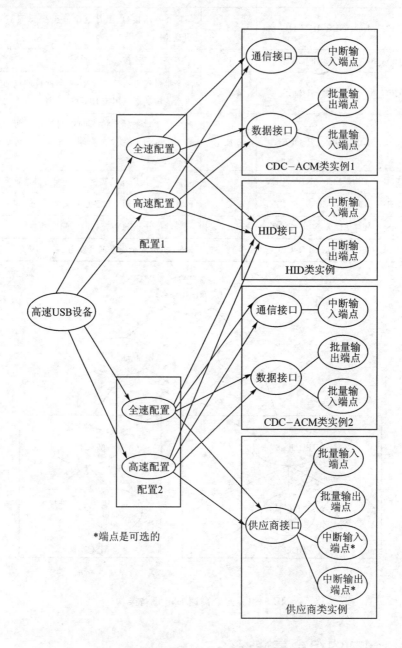

图 5-2 复杂的组合高速 USB 设备架构

表 5-3 一个复杂的组合高速 USB 设备配置范例

配置	值	说明
USBD_CFG_MAX_NBR_CFG	4	两个用于全速/低速模式,另两个用于高速模式
USBD_CFG_MAX_NBR_IF	7	第一个配置: 　　一个 HID 接口 　　两个 CDC-ACM 接口 第二个配置: 　　一个 HID 接口 　　两个 CDC-ACM 接口 　　一个供应商接口
USBD_CFG_MAX_NBR_IF_ALT	7	不需要交替接口,但是这个值至少要等于 USBD_CFG_MAX_NBR_IF
USBD_CFG_MAX_NBR_IF_GRP	2	CDC-ACM 需要把通信和数据接口聚集在一个 USB 功能里,由于有两个 CAC-ACM 类实例,所以有两个接口组
USBD_CFG_MAX_NBR_EP_DESC	9,10,11,12	一个 HID 输入和输出(可选)中断端点; 三个端点用于第一个 CDC-ACM 类实例; 三个端点用于第二个 CDC-ACM 类实例; 两个批量端点加上两个可选的中断端点用于供应商类
USBD_CFG_MAX_NBR_EP_OPEN	8,9,10,11	最坏情况下(主机打开第二配置): 两个控制端点用于设备的标准请求; 一个输入和(可选的)输出中断端点用于 HID; 三个端点用于第二个 CDC-ACM 类实例;两个批量加上两个可选的中断端点用于供应商类
USBD_HID_CFG_MAX_NBR_DEV	1	只需要一个 HID 类实例,所有配置共享
USBD_HID_CFG_MAX_NBR_CFG	4	HID 实例在所有设备的配置里都可以用
USBD_CDC_CFG_MAX_NBR_DEV	2	使用两个基于 CDC 的类实例
USBD_CDC_CFG_MAX_NBR_CFG	2	每一个基于 CDC 的类实例都可以被用在一个全速和一个高速的配置里
USBD_ACM_SERIAL_CFG_MAX_NBR_DEV	2	使用两个 ACM 子类实例
USBD_VENDOR_CFG_MAX_NBR_DEV	1	只使用一个供应商类实例
USBD_VENDOR_CFG_MAX_NBR_CFG	2	供应商类实例可以被用在一个全速和一个高速的配置里

第 6 章

设备驱动程序指南

在市场上有大量可用的 USB 设备控制器,并且每一个在配合 μC/USB-Device 使用时都需要一个驱动。移植 μC/USB-Device 到一个设备上所必需的代码量取决于设备的复杂性。

如果没有可以使用的驱动程序,可以根据本章的描述来开发一个驱动。但是推荐的做法还是修改遵从 Micriμm 代码一致性约定的已有驱动来生成新设备的驱动程序,也可以基于其他的 USB 设备协议栈的驱动程序修改,尤其是在驱动程序非常短,仅实现一些简单的数据复制工作的时候。

6.1 设备驱动程序结构

本节描述 μC/USB-Device 的硬件(设备)驱动程序的结构,包括:
- 设备驱动程序 API 定义。
- 设备配置。
- 内存分配。
- 支持的 CPU 和板子。

Micriμm 提供了一个免费的配置示例代码。但是,根据使用的 CPU、评估板和 USB 设备控制器组合的不同,示例代码很可能是需要修改的。

6.2 设备驱动程序模型

μC/USB-Device 的驱动程序模型不需要特别的内存接口,所以 USB 设备控制器可以使用 DMA 控制器来传输数据或者处理数据直接传输。

6.3 设备驱动程序 API

所有设备驱动程序都必须在源代码中声明一个合适的设备驱动程序 API 结构体的实例作为一个全局变量。当需要设备硬件服务时,API 结构体是一个被 μC/USB-Device 使用的函数指针的有序列表。

一个简单的设备驱动 API 结构体示例如下(见清单 6-1)。

```
const USBD_DRV_API USBD_DrvAPI_<controller> = { USBD_DrvInit,        (1)
                                                 USBD_DrvStart,       (2)
                                                 USBD_DrvStop,        (3)
                                                 USBD_DrvAddrSet,     (4)
                                                 USBD_DrvAddrEn,      (5)
                                                 USBD_DrvCfgSet,      (6)
                                                 USBD_DrvCfgClr,      (7)
                                                 USBD_DrvGetFrameNbr, (8)
                                                 USBD_DrvEP_Open,     (9)
                                                 USBD_DrvEP_Close,    (10)
                                                 USBD_DrvEP_RxStart,  (11)
                                                 USBD_DrvEP_Rx,       (12)
                                                 USBD_DrvEP_RxZLP,    (13)
                                                 USBD_DrvEP_Tx,       (14)
                                                 USBD_DrvEP_TxStart,  (15)
                                                 USBD_DrvEP_TxZLP,    (16)
                                                 USBD_DrvEP_Abort,    (17)
                                                 USBD_DrvEP_Stall,    (18)
                                                 USBD_DrvISR_Handler  (19)
};
```

清单 6-1 设备驱动程序接口 API

注意:设备驱动程序开发者有责任确保 API 内所有列出的函数已正确实现,并且 API 结构体内的函数序列是正确的。不同的函数指针如下:

L6-1(1):设备初始化/添加。

L6-1(2):设备启动。

L6-1(3):设备停止。

L6-1(4):分配设备地址。

L6-1(5):打开设备地址。

L6-1(6):设置设备配置。

L6-1(7):清除设备配置。

L6-1(8):获取帧号。

L6-1(9):打开设备端点。

L6-1(10):关闭设备端点。

L6-1(11):配置设备端点来接收数据。

L6-1(12):从设备端点接收数据。

L6-1(13):从设备端点接收零长度的数据包。

L6-1(14):配置设备端点用来发送数据。

L6-1(15):发送数据给设备端点。

L6-1(16):发送零长度的数据包给数据端点。

L6-1(17):终止设备端点传输。

L6-1(18):停止设备端点。

L6-1(19):设备中断服务(ISR)程序。

设备驱动程序 API 函数的详细信息见附录 B"设备控制器驱动 API 参考手册"。

注意:μC/USB-Device 设备驱动程序 API 函数的名字也许不是唯一的。设备驱动程序之间的名字冲突被非全局性的原型驱动程序函数所避免,并确保驱动内所有函数的引用都通过 API 结构体内的指针获得。只要是在 API 结构体中正确声明的,开发者都可以在源代码文件中任意地给函数命名。除非有特殊需要,用户应用程序不应当调用任何驱动 API 函数,否则,由于函数的可重入性,调用设备驱动函数可能会导致不可预知的结果。

写自己的设备驱动程序时,可以假设每一个驱动程序 API 函数都有一个指向 USB_DRV 类型结构体的指针来作为它的参数。通过这个结构体,可以访问如下字段(见清单 6-2)。

```
typedef struct usbd_drv USBD_DRV;

typedef usb_drv {
    CPU_INT08U          DevNbr;                          (1)
    USBD_DRV_API      * API_Ptr;                         (2)
    USBD_DRV_CFG      * CfgPtr;                          (3)
    void              * DataPtr;                         (4)
    USBD_DRV_BSP_API  * BSP_API_Ptr;                     (5)
}
```

清单 6-2 USB 设备驱动程序数据类型

L6-2(1):识别设备的唯一索引。

L6-2(2):指向 USB 设备控制器驱动程序 API 的指针。

L6-2(3):指向 USB 设备控制器驱动程序配置的指针。

第 6 章 设备驱动程序指南

L6-2(4):指向 USB 设备控制器驱动程序特定数据的指针。
L6-2(5):指向 USB 设备控制器驱动程序 BSP 的指针。

6.4 中断处理

中断处理通过以下多级机制来完成:
- 处理器级接受内核管理的中断服务程序。
- 设备驱动中断服务程序。

在初始化期间,设备驱动程序会将所有必需的中断源注册到 BSP 中断管理代码中,也可以通过在编译时插入中断向量表来完成。一旦配置了全局中断源并且有一个中断发生时,系统会调用第一级的中断服务程序。第一级中断处理程序会在 USB 设备驱动中断服务程序:USB_Drv_Handler()之前调用,它负责执行所有内核必需的步骤。根据处理器架构(内核处理中断的方法)和 USB 设备控制器中断向量,设备驱动中断程序的实现遵循下面的模型。

6.4.1 带 ISR 处理参数的单个 USB ISR 向量

如果平台架构允许参数传递给 ISR 服务程序,并且 USB 设备控制器只有一个 USB 设备中断向量,那么第一级中断服务程序可以像下面这样定义:
原型:
voidUSBD_BSP_<controller>_IntHandler (void * p_arg);
参数:
p_arg 指向 USB 设备驱动程序结构体的指针,必须将其类型转换为一个指向 USB_DEV 的指针。

6.4.2 单个 USB ISR 向量

如果平台架构不允许参数传递给 ISR 服务程序,并且 USB 设备控制器只有一个 USB 设备中断向量,那么第一级中断服务程序可以像这样定义:
原型:
void USBD_BSP_<controller>_IntHandler(void);
参数:
无。
注意:在这个配置中,指向 USB 设备驱动程序结构体的指针在驱动中一定要存储为全局变量。由于指向 USB 设备驱动程序结构体的指针不会被修改,因此 BSP

初始化函数 USBD_BSP_Init()可以保存其地址供以后使用。

6.4.3　带 ISR 处理参数的多个 USB ISR 向量

如果平台架构允许参数传递给 ISR 服务程序,并且 USB 设备控制器有许多 USB 设备中断向量(例如 USB 事件中断、DMA 传输中断),那么第一级中断服务程序需要分成许多子服务程序,每个子服务程序将会负责管理其状态并报告给不同的向量。例如,USB 设备控制器第一级中断服务程序通过重定向 USB 事件指向一个中断向量,DMA 传输状态指向第二个中断向量,定义如下:

原型:
void USBD_BSP_<controller>_EventIntHandler (void *p_arg);
void USBD_BSP_<controller>_DMAIntHandler (void *p_arg);
参数:
p_arg 指向 USB 设备驱动程序结构体的指针,必须转换为指向 USB_DEV 类型。

6.4.4　多个 USB ISR 向量

如果平台架构不允许参数传递给 ISR 服务程序,并且 USB 设备控制器有许多 USB 设备中断向量(例如 USB 事件中断、DMA 传输中断),那么第一级中断服务程序可能需要分成许多子服务程序,每个子服务程序将会管理其状态并报告给不同的向量。例如,USB 设备控制器第一级中断服务程序通过重定向 USB 事件指向一个中断向量,DMA 传输状态指向第二个中断向量,定义如下:

原型:
void USBD_BSP_<controller>_EventIntHandler (void);
void USBD_BSP_<controller>_DMAIntHandler (void);
参数:
无。
注意:在这个配置中,USB 设备驱动程序结构体指针在驱动中一定要存储为全局变量。由于 USB 设备驱动程序结构体指针不会被修改,因此 BSP 初始化函数 USBD_BSP_Init()可以保存其地址供以后使用。

6.4.5　USBD_DrvISR_HANDLER()

设备中断服务程序一定要把各种状态的改变通知给 USB 设备协议栈,表 6-1 显示了每种状态改变的类型和相应的通知函数。

表 6-1 状态通知 API

类 型	通知 API
连接事件	USBD_EventConn()
断开连接事件	USBD_EventDisConn()
复位事件	USBD_EventReset()
挂起事件	USBD_EventSuspend()
恢复事件	USBD_EventResume()
高速握手事件	USBD_EventHS()
设置包	USBD_EventSetup()
接收包完成	USBD_EventRxCmpl()
发送包完成	USBD_EventTxCmpl()

每个状态通知 API 函数将事件类型排队,通知 USB 协议栈的事件处理任务来处理。根据接收到的一个 USB 事件,中断服务程序会在通知协议栈之前,执行一些与事件有关的操作。例如,当一个总线复位的中断请求事件触发时,USB 设备控制器驱动程序会执行总线复位相关的操作。另外,它也一定会通过调用相应的状态通知函数来告诉 USB 设备协议栈发生了总线复位事件。通常来说,设备驱动中断服务程序必须实现下列功能:

- 通过读中断状态寄存器来判断发生的中断事件类型。
- 如果接收事件发生,驱动程序必须在每次接收后,通过调用 USBD_EP_RxCmpl() 将发送成功接收或者错误状态给 USB 设备协议栈。
- 如果发送完成事件发生,那么驱动程序在每次传输之后,必须调用 USBD_EP_TxCmpl() 将发送成功完成或者错误状态给 USB 设备协议栈。
- 如果一个设置包事件发生,那么驱动程序必须调用 USBD_EventSetup(),按照小端格式发送设置包数据给 USB 设备协议栈。
- 其他的事件会通过调用表 6-1 中相应的状态通知 API 函数通知 USB 设备协议栈。这样可以让 USB 设备协议栈广播这些事件通知给类。
- 清除本地中断标志位。

6.5 设备配置

USB 设备的特征必须通过配置参数共享给 USB 设备协议栈。所有的这些参数都是由两个 USBD_DRV_CFG 和 USBD_DEV_CFG 类型的全局结构体提供。这两个结构体在文件 usbd_dev_cfg.h 中声明,在 usbd_dev_cfg.h 文件中定义(关于初始化这些结构体的例子参考 2.4.2 小节"复制和修改临时文件"。这些文件以模板形式分布,应当根据使用的 USB 设备控制器来修改以拥有合适的配置。下面结构体的字段是配置 USB 设备控制器驱动需要的参数(见清单 6-3)。

```
typedef const struct usb_drv_cfg {
    CPU_ADDR            BaseAddr;                           (1)
    CPU_ADDR,           MemAddr;                            (2)
    CPU_ADDR,           MemSize;                            (3)
    USBD_DEV_SPD,       Spd;                                (4)
    USBD_DRV_EP_INFO   *EP_InfoTbl;                         (5)
} USBD_DRV_CFG;
```

清单 6-3　USB 设备控制器驱动程序配置结构体

L6-3(1):USB 设备控制器硬件寄存器基地址。

L6-3(2):USB 设备控制器专用内存基地址。

L6-3(3):USB 设备控制器专用内存的大小。

L6-3(4):USB 设备控制器的速度,可设置为 USBD_DEV_SPD_LOW,USBD_DEV_SPD_FULL 或者 USBD_DEV_SPD_HIGH。

L6-3(5):USB 设备控制器端点信息表(见"端点信息表")。

下面结构体的字段是配置 USB 设备需要的参数(见清单 6-4)。

```
typedef const struct usb_dev_cfg {
        CPU_INT16U    VendorID;                             (1)
        CPU_INT16U    ProductID;                            (2)
        CPU_INT16U    DeviceBCD;                            (3)
  const CPU_CHAR     *ManufacturerStrPtr;                   (4)
  const CPU_CHAR     *ProductStrPtr;                        (5)
  const CPU_CHAR     *SerialNbrStrPtr;                      (6)
        CPU_INT16U    LangID;                               (7)
} USBD_DEV_CFG;
```

清单 6-4　USB 设备配置结构体

L6-4(1):供应商 ID。

L6-4(2):产品 ID。

L6-4(3):设备版本号。

L6-4(4):指向供应商字符串的指针。

L6-4(5):指向产品字符串的指针。

L6-4(6):指向序列号 ID 的指针。

L6-4(7):语言 ID。

端点信息表

端点信息表为 USB 设备协议栈提供了硬件端点的特征。当端点打开时,USB 设备协议栈内核通过端点信息表入口遍历端点,直到端点的类型和方向符合请求端点的特征。匹配的表项向 USB 协议栈提供了物理端点号和最大包尺寸的信息。端点信息表的表项组织如下(见清单 6-5)。

```
typedef const struct usbd_drv_ep_info {
    CPU_INT08U   Attrib;                            (1)
    CPU_INT08U   Nbr;                               (2)
    CPU_INT16U   MaxPktSize;                        (3)
} USBD_DRV_EP_INFO;
```

清单 6-5　端点信息表的表项

L6-5(1):端点 Attrib 是端点类型 USB_EP_INFO_TYPE 和端点方向 USBD_EP_INFO_DIR 属性的组合。端点类型可以被定义为 USB_EP_INFO_TYPE_CTRL、USB_EP_INFO_TYPE_INTR、USB_EP_INFO_TYPE_BULK 或者 USB_EP_INFO_TYPE_ISOC。端点方向可以定义为 USBD_EP_INFO_DIR_IN 或者 USBD_EP_INFO_DIR_OUT。

L6-5(2):端点 Nbr 是 USB 设备控制器使用的逻辑端点号。

L6-5(3):端点 MaxPktSize 定义硬件支持的最大包尺寸。USB 设备协议栈所使用的最大包尺寸是在遵循的 USB 标准下经过验证的。

一个高速设备的端点信息表例子如下(见清单 6-6)。

```
const USBD_DRV_EP_INFO USBD_DrvEP_InfoTbl_<controller>[] = {
    {USBD_EP_INFO_TYPE_CTRL                                | USBD_EP_INFO_DIR_OUT,  0u,   64u}, (1)
    {USBD_EP_INFO_TYPE_CTRL                                | USBD_EP_INFO_DIR_IN,   0u,   64u},
    {USBD_EP_INFO_TYPE_BULK | USBD_EP_INFO_TYPE_INTR | USBD_EP_INFO_DIR_OUT,  1u, 1024u}, (2)
    {USBD_EP_INFO_TYPE_BULK | USBD_EP_INFO_TYPE_INTR | USBD_EP_INFO_DIR_IN,   1u, 1024u},
    {DEF_BIT_NONE                                                                                   ,  0u,    0u}  (3)
};
```

清单 6-6　端点信息表配置

L6-6(1):仅有一个类型和一个方向的专用端点。大部分的设备控制器都会有指定端点用于控制输入和输出。这就是为什么表 USBD_DrvEP_InfoTbl_<controller>在第一次初始化时有两个专用的控制端点。

L6-6(2):一个有几种类型和两个方向的可配置端点。本例中,可以配置成为一个批量端点或者中断输出端点。一个端点按照类型和方向可操作配置的格式为:USBD_EP_INFO_TYPE_CTRL | USB_EP_INFO_TYPE_INTR | USB_EP_INFO_TYPE_BULK | USB_EP_INFO_TYPE_ISOC | USBD_EP_INFO_DIR_IN | USBD_EP_INFO_

DIR_OUT。

L6-6(3)：端点信息表的最后一项必须是空的条目，用来允许 USB 设备协议栈确定表的结束。

6.6 内存分配

驱动程序里的内存分配可以通过使用 Micriμm 的 μC/LIB 模块里的内存分配函数简化地实现。μC/LIB 模块里的内存分配函数分配来自于专用内存空间（例如 USB RAM）或者普通堆的内存。驱动程序可以用 μC/LIB 提供的池功能。内存池使用在应用程序执行期间动态分配和释放的固定大小的块。内存池可以很方便地管理驱动程序需要的对象。例如，对象可以是 DMA 操作必需的实例数据结构体。更多关于使用 μC/LIB 内存分配函数的资料可以查阅 μC/LIB 文档。

6.7 支持的 CPU 和板子

USB 设备协议栈支持大端和小端的 CPU 架构。在控制传输中接收到的设置包，必须以小端格式将设置包的内容传送给协议栈。因此，如果 USB 设备控制器提供大端格式的内容，设备驱动程序必须转换设置包内容的字节顺序。

为了使设备驱动程序独立于硬件平台，必须要提供一个抽象层代码来实现诸如时钟、中断控制器、通用输入/输出（GPIO）引脚和其他硬件模块的配置。使用板级支持包（BSP）代码层，可以使大部分的 USB 协议栈代码与硬件无关，设备驱动程序可以根据不同的架构和总线配置重复利用，而不需要修改协议栈或者驱动程序源代码。这些程序也被称作为一个特定开发板的 USB BSP。

一个简单设备的 BSP 接口 API 结构如下（见清单 6-7）。

```
const USBD_DRV_BSP_API USBD_DrvBSP_<controller> = {USBD_BSP_Init,      (1)
                                                   USBD_BSP_Conn,      (2)
                                                   USBD_BSP_Disconn    (3)
};
```

清单 6-7　设备 BSP 接口 API

L6-7(1)：设备 BSP 初始化函数指针。

L6-7(2)：设备 BSP 连接函数指针。

L6-7(3)：设备 BSP 断开连接函数指针。

每个设备 BSP API 函数的详细信息见附录 B.2"设备驱动 BSP 函数"。

6.8 USB 设备驱动程序函数模型

USB 设备控制器在传输数据时可以工作在不同的模式。本节介绍设备驱动程序里接收和发送 API 函数常用的操作顺序,并重点强调了当控制器工作在 FIFO 或者 DMA 模式时的不同之处。一些控制器必须工作在 FIFO 模式或者 DMA 模式,还有一些控制器根据硬件特征可以在两种模式下工作。对于这种类型的控制器,设备驱动程序将根据端点类型使用相应的操作顺序。

6.8.1 设备同步接收

设备同步接收操作是通过调用 USBD_BulkRx()、USBD_CtrlRx() 和 USBD_IntrRx() 开始的,图 6-1 显示了设备同步接收操作的概况。

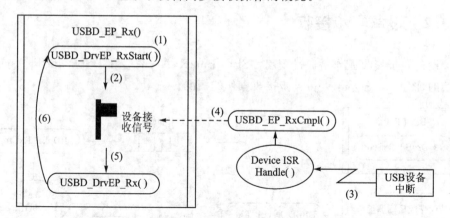

图 6-1 设备同步接收示意图

F6-1(1):上层 APIUSBD_BulkRx、USBD_CtrlRx() 和 USBD_IntrRx() 会调用 USBD_EP_Rx、USBD_EP_Rx(),再调用 USBD_DrcEP_RxStart()。

在 DMA 模式的控制器中,设备驱动程序 API 负责将接收数据传输加入队列,不需要立刻满足队列中所有接收传输请求的传输长度。如果有多个传输加入队列,只需最后一个加入队列的传输请求反馈给 USB 设备协议栈。这是因为接收过程中,USB 设备协议栈循环访问接收程序,直到接收了所有的数据请求或者一个短的数据包。

在 FIFO 模式的控制器中,设备驱动程序 API 负责使能接收数据进入端点 FIFO,包括中断服务程序相关的数据。

F6-1(2):在接收数据时,设备同步接收操作等待设备的接收信号。

F6-1(3):当接收数据完成时,USB 设备控制器触发中断请求。根据架构的不同,该请求会直接或者间接调用 USB 设备驱动中断服务程序。

F6-1(4):在 USB 设备驱动中断服务程序中,根据中断请求的类型认定一个接收中断,系统会调用 USBD_EP_RxCmpl() 函数来开启设备接收信号。

F6-1(5):设备接收操作执行到 USBD_EP_Rx(),它会内部调用 USBD_DrvEP_Rx()。

在 DMA 的控制器中,设备驱动程序 API 负责将完成接收的传输出列,并返回接收数据的数量。由于 DMA 模式的控制器要求在专用的 USB 内存区域放置缓冲数据,因此缓冲数据必须传输到应用程序的缓冲区。

在 FIFO 模式的控制器中,设备驱动程序 API 负责通过复制接收的数据到应用程序缓冲区来读取接收数据的数量,并将数据返回给它的调用者。

F6-1(6):设备接收操作循环访问程序,直到接收数据的数量等于请求数量或者一个短的数据包被接收。

6.8.2 设备异步接收

设备异步接收操作是通过调用 USBD_BulkRxAsync() 和 USBD_IntrRxAsync() 开始的,图 6-2 显示了设备异步接收操作的概况。

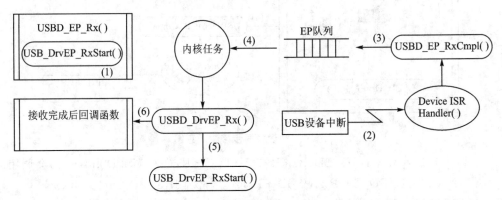

图 6-2 设备异步接收示意图

F6-2(1):上层 APIUSBD_BulkRxAsync() 和 USBD_IntrRxAsync() 通过一个完成接收的回调函数作为参数来调用 USBD_EP_Rx。在这里,USBD_DrvEP_RxStart() 按照同步操作同样的方法被调用。

在 DMA 模式的控制器中,设备驱动程序 API 负责将接收数据传输加入队列,不需要立刻满足队列中所有接收传输请求的传输长度。如果有多个传输排队,只需要将最后一个入列的传输请求反馈给 USB 设备协议栈。这是因为 USB 设备协议栈循环访问接收程序,直到所有的数据请求或者一个短的数据包都被接收。

第 6 章　设备驱动程序指南

在 FIFO 模式的控制器中,设备驱动程序 API 负责使能接收数据进入端点 FIFO,包括中断服务程序的数据。

当数据正在被接收时,调用 USB_EP_Rx() 会立刻返回应用程序(不会阻塞)。

F6-2(2):当接收数据完成时,USB 设备控制器触发中断请求。根据架构的不同,该请求会直接或者间接调用 USB 设备驱动中断服务程序。

F6-2(3):在 USB 设备驱动中断服务程序中,中断请求的类型确定为一个接收中断,调用 USBD_EP_RxCmpl() 来出列已经完成传输的端点。

F6-2(4):内核任务让已完成传输的端点出列并调用 USBD_EP_Process,它内部会调用 USBD_DrvEP_Rx()。

在 DMA 模式的控制器中,设备驱动程序 API 负责完成接收传输的出列并返回接收数据的数量。由于 DMA 模式的控制器要求在专用的 USB 内存区域放置缓冲数据,因此缓冲数据一定要传输到应用程序的缓冲区。

在 FIFO 模式的控制器中,设备驱动程序 API 负责通过复制接收的数据到应用程序缓冲区和返回数据给它的调用者来读取接收数据的数量。

F6-2(5):如果接收的全部数据的数量小于请求数量并且当前传输不是一个短的数据包,则 USBD_DrvEP_RxStart 被调用来请求剩余的数据。

在 DMA 模式的控制器中,这个设备驱动程序 API 负责将接收数据传输入列,入列的接收传输不需要立刻满足所有的请求传输的长度。如果有多个传输入列,只需要将最后一个入列的传输反馈给 USB 设备协议栈。这是由于 USB 设备协议栈循环访问接收程序直到接收了所有的数据请求或者一个短的数据包。

在 FIFO 模式的控制器中,这个设备驱动程序 API 负责使能接收数据到端点 FIFO,包括相关中断服务程序的数据。

F6-2(6):当接收数据数量等于请求数量或者一个短的数据包被接收时,接收操作完成。接收完成的回调函数会被调用来,将接收完成的消息通知给应用程序。

6.8.3　设备同步发送

设备同步发送通过调用 USBD_BulkTx()、USBD_CtrlTx() 和 USBD_IntrTx() 开始,图 6-3 显示了设备同步发送操作的概况。

F6-3(1):上层 APIUSBD_BulkTx、USBD_CtrlTx() 和 USBD_IntrTx() 调用 USBD_EP_Tx(),USBD_EP_Tx 调用 USBD_DrvEP_Tx()。

在 DMA 模式的控制器中,这个设备驱动程序 API 负责准备发送数据传输并返回传输数据的数量。如果 DMA 模式的控制器要求在专用的 USB 内存区域放置缓冲数据,那么应用程序缓冲区的数据必须发送到指定的内存区域。

在 FIFO 模式的控制器中,这个设备驱动程序 API 负责写发送数据的数量到

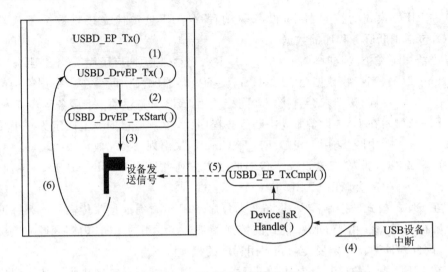

图 6 - 3 设备同步发送示意图

FIFO 并且返回传输数据的数量。

F6 - 3(2)：API USBD_DrvEP_TxStart 开始发送进程。

在 DMA 模式的控制器中，这个设备驱动程序 API 负责排队 DMA 发送描述符入列和打开 DMA 传输完成中断(ISR)。

在 FIFO 模式的控制器中，这个设备驱动程序 API 负责打开传输完成中断(ISR)。

F6 - 3(3)：当数据发送时，设备同步传输操作等待着设备的发送信号。

F6 - 3(4)：当发送数据完成时，USB 设备控制器触发中断请求。根据架构的不同，该请求会直接或者间接调用 USB 设备驱动中断服务程序。

F6 - 3(5)：在 USB 设备驱动中断服务程序内，根据中断请求的类型确定是一个发送中断，调用 USBD_EP_TxCmpl()来打开设备接收信号。在 DMA 模式的控制器中，发送传输从已完成的传输列表中出列。

F6 - 3(6)：设备发送操作循环访问该程序，直到发送数据的数量等于请求数量。

6.8.4 设备异步发送

设备异步发送操作是通过调用 USBD_BulkTxAsync()和 USBD_IntrTxAsync()开始的，图 6 - 4 显示了设备异步发送操作的概况。

F6 - 4(1)：上层 APIUSBD_BulkTxAsync()和 USBD_IntrTxAsync()通过一个完成发送的回调函数作为参数来调用 USBD_EP_Tx()，在 USBD_EP_Tx()中，USBD_DrvEP_Tx()函数按照同步操作一样的方法调用。

第6章 设备驱动程序指南

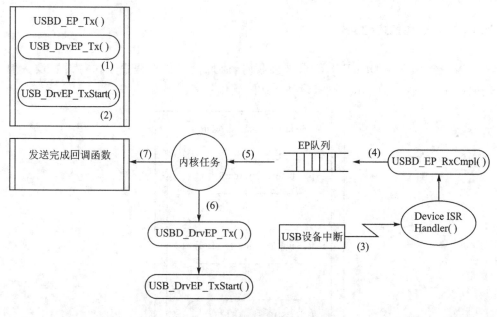

图6-4 设备异步发送示意图

在DMA模式的控制器中,这个设备驱动程序API负责准备发送数据传输并返回传输数据的数量,由于DMA模式控制器要求在专用的USB内存区域放置缓冲数据,因此缓冲区的数据必须发送到专用的内存中。

在FIFO模式控制器中,这个设备驱动程序API负责将发送数据的数量写到FIFO并且返回传输数据的数量。

F6-4(2):API函数USBD_DrvEP_TxStart()开始发送进程。

在DMA模式的控制器中,这个设备驱动程序API负责将DMA发送描述符入列并打开DMA传输完成中断(ISR)。

在FIFO模式控制器中,这个设备驱动程序API负责打开传输完成中断(ISR)。当数据正在被发送时,调用USB_EP_Rx()会立刻返回到应用程序(没有阻碍)。

F6-4(3):当发送数据完成时,USB设备控制器触发中断请求。根据架构的不同,该请求会直接或者间接调用USB设备驱动中断服务程序。

F6-4(4):在USB设备驱动中断服务程序内,中断请求的类型确定为一个发送中断。调用USBD_EP_TxCmpl()来入列已经完成发送的端点。

在DMA模式控制器中,发送传输从完成的传输列表中出列。

F6-4(5):内核任务让已完成发送的端点出列。

F6-4(6):如果发送数据的全部数量小于请求数量,则USBD_DrvEP_Tx()和USBD_DrvEP_TxStart会被调用来发送余下的数据。

F6-4(7):当发送数据数量等于请求数量时,发送操作完成。发送完成的回调函数会被调用,用于将进程完成的消息通知给应用程序。

6.8.5 设置设备地址

当一个 SET_ADDRESS 请求被接收时,通过设置传送程序来执行设置设备地址的操作。图 6-5 显示了设置设备地址的操作的概况。

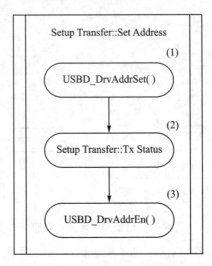

图 6-5 设备设置地址示意图

F6-5(1):一旦设置参数的请求有效,就会调用 USBD_DrvAddrSet() 来通知设备驱动层新的地址。在此状态阶段后,对于有硬件辅助设置设备地址的控制器,这个设备驱动 API 用来配置设备地址,并在状态阶段之后启动新地址。对于一旦配置就激活设备地址的控制器,这个设备驱动层 API 不再执行任何动作。

F6-5(2):设置请求状态阶段被用来确认地址改变。

F6-5(3):在状态阶段之后,调用 USBD_DrvAddrSet() 通知设备驱动层使用新的设备地址。对于一旦配置就激活设备地址的控制器,这个设备驱动层 API 负责设置和打开新的设备地址。在此状态阶段后,对于有硬件辅助设置设备地址的控制器,这个设备驱动层 API 不再执行任何动作,因为函数 USBD_DrvAddrSet() 已经设置了新的设备地址。

第 7 章

USB 类

μC/USB - Device 协议栈支持的 USB 类拥有一些共同的特点,本章将介绍这些特点以及它们与内核层的交互,以便更好地理解类的操作。

7.1 类实例的概念

μC/USB - Device 协议栈支持的 USB 类实现了类实例的概念,一个类实例代表设备的一个功能,功能被一个接口或者一个接口组所描述,并且属于一个确定的类。

每一个 USB 类拥有基于类实例概念的一些共同配置和函数。共同的配置和函数见表 7-1。表中"常量或者函数"列里,占位符 XXXX 可以被类的名字代替,如 CDC、HID、MSC、PHDC 或者 VENDOR(供应商类函数名称)。

表 7-1 与多种类实例的内容相关的常数和函数

常量或者函数	描述
USBD_XXXX_CFG_MAX_NBR_DEV	配置类实例的最大数量
USBD_XXXX_CFG_MAX_NBR_CFG	设置每个设备配置的最大数量,在类初始化期间,一个创建的类实例将会被添加到一个或者多个配置中
USBD_XXXX_Add()	创建一个新的类实例
USBD_XXXX_CfgAdd()	添加一个已存在的类实例到指定的设备配置

在代码实现方面,类会声明一个包含类控制结构的本地全局表。常量 USBD_XXXX_CFG_MAX_NBR_DEV 决定表的大小。这个类控制结构与一个类实例有关,并会包含管理类实例的特定信息。更多关于类控制结构的信息见 7.2 节"类实例的结构"。

图 7-1~7-4 介绍了几种类实例,并给出了代码列表,展示了实例对应的代码。图 7-1 展示了一个典型的 USB 设备。这个设备是全速(FS)设备,并且包含一个单一的配置。设备的功能由一对数据通信端点组成的一个接口来描述。创建一个类实

例,它将会允许你用相应的端点来管理全部的接口。

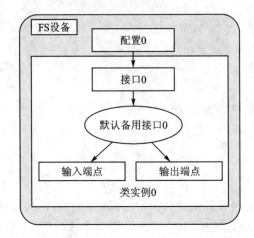

图 7-1 FS 设备(一个配置和一个接口)

图 7-1 对应的代码见清单 7-1。

```
USBD_ERR       err;
CPU_INT08U     class_0;



USBD_XXXX_Init(&err);                                    (1)
if (err != USBD_ERR_NONE) {
    /* $$$$ Handle the error. */
}

class_0 = USBD_XXXX_Add(&err);                           (2)
if (err != USBD_ERR_NONE) {
    /* $$$$ Handle the error. */
}

USBD_XXXX_CfgAdd(class_0, dev_nbr, cfg_0, &err);         (3)
if (err != USBD_ERR_NONE) {
    /* $$$$ Handle the error. */
}
```

清单 7-1 FS 设备(一个配置和一个接口)的代码

L7-1(1):初始化类。内部变量、结构体和类实时操作系统接口都将会被初始化。

L7-1(2):创建类实例 class_0。函数 USBD_XXXX_Add()为 class_0 分配一个相应的类控制结构体。根据类的不同,除了错误代码的参数外,US-

BD_XXXX_Add()还可以有额外代表特定类信息的参数,这些参数存储在类的控制结构体中。

L7-1(3):添加类实例 class_0 到指定的配置 cfg_0。USBD_XXXX_CfgAdd() 将会创建接口 0 和它相应的输入、输出端点。因此,类实例包含接口 0 和它的端点。基于接口 0 的任何通信都需要使用类实例号 class_0。

图 7-2 代表了一个高速设备的例子。这个设备可以支持高速(HS)模式和全速(FS)模式,包括两个配置:一个工作在全速模式时有效,另外一个工作在高速模式时有效。在每一个配置中,接口 0 都是相同的,只是与它相应的端点不同。区别是端点最大数据包的尺寸,其值根据速度改变。

如果是一个高速的主机枚举这个设备,那么默认情况下,设备将会工作在高速模式,因此高速配置将会被激活。主机可以通过 Device_Qualifer 描述符和 Other_Speed_Configuration 描述符得知设备的全速性能。这两个描述符描述了一个可以工作在其他速度的高速设备的配置(关于这两个描述符的详细信息可参考 USB 2.0 规范 V2.0 的 9.6 节)。在我们的例子中,主机可能希望在全速模式下再一次复位和枚举设备。在这种情况下,全速设备配置激活。不管什么样的配置激活,都会使用相同的类实例。实际上,相同的类实例会被添加到不同的配置中。但是,一个类实例不能在相同的配置中被添加很多次。

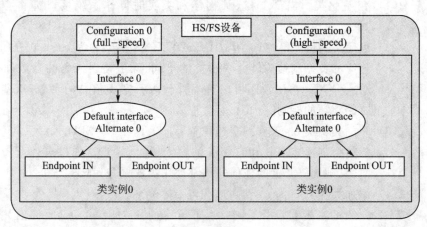

图 7-2 HS/FS 设备(2 个配置和一个接口)

图 7-2 相应的代码见清单 7-2。

```
USBD_ERR      err;
CPU_INT08U    class_0;



USBD_XXXX_Init(&err);                                          (1)
```

```
if (err != USBD_ERR_NONE) {
    /* $$$$ Handle the error. */
}

class_0 = USBD_XXXX_Add(&err);                                    (2)
if (err != USBD_ERR_NONE) {
    /* $$$$ Handle the error. */
}

USBD_XXXX_CfgAdd(class_0, dev_nbr, cfg_0_fs, &err);               (3)
if (err != USBD_ERR_NONE) {
    /* $$$$ Handle the error. */
}

USBD_XXXX_CfgAdd(class_0, dev_nbr, cfg_0_hs, &err);               (4)
if (err != USBD_ERR_NONE) {
    /* $$$$ Handle the error. */
}
```

清单 7-2　HS/FS 设备(2 个配置和一个接口)代码

L7-2(1)：初始化类。内部变量、结构体和类实时操作系统接口都将会被初始化。

L7-2(2)：创建类实例 class_0。函数 USBD_XXXX_Add()为 class_0 分配一个相应的类控制结构体。根据类的不同，除了错误代码的参数外，USBD_XXXX_Add()还可以有额外代表特定类信息的参数，这些参数存储在类的控制结构中。

L7-2(3)：添加类实例 class_0 到全速配置 cfg_0_fs 中。USBD_XXXX_CfgAdd()将会创建接口 0 和它相应的输入、输出端点。如果全速配置是激活的，则接口 0 上的任何通信都使用类实例号 class_0。

L7-2(4)：添加类实例 class_0 到高速配置 cfg_0_hs。

在图 7-2 介绍的高速设备案例中，为了可以使用 Device_Qualifer 描述符和 Other_Speed_Configuration 描述符，函数 USBD_CfgOtherSpeed()应当在 μC/USB-Device 协议栈初始化期间被调用。清单 2-5 介绍了函数 App_USBD_Init()，它在文件 app_usbd.c 中定义，这个函数展示了 μC/USB-Device 协议栈初始化顺序。在 USBD_CfgAdd()创建了一个高速和一个全速配置配置之后，应当调用 USBD_CfgOtherSpeed()。下面的清单 7-3 在代码清单 2-5 的基础上，展示了 USBD_CfgOtherSpeed()的使用。为了清晰起见，忽略了关于错误的处理。

```
CCPU_BOOLEAN App_USBD_Init (void)
{
    CPU_INT08U   dev_nbr;
    CPU_INT08U   cfg_0_fs;
    CPU_INT08U   cfg_0_hs;
    USBD_ERR     err;

    ...                                                         (1)

    if (USBD_DrvCfg_<controller>.Spd == USBD_DEV_SPD_HIGH) {
        cfg_0_hs = USBD_CfgAdd( dev_nbr,                        (2)
                         USBD_DEV_ATTRIB_SELF_POWERED,
                         100u,
                         USBD_DEV_SPD_HIGH,
                         "HS configuration",
                         &err);
    }
    cfg_0_fs = USBD_CfgAdd(   dev_nbr,                          (3)
                         USBD_DEV_ATTRIB_SELF_POWERED,
                         100u,
                         USBD_DEV_SPD_FULL,
                         "FS configuration",
                         &err);

    USBD_CfgOtherSpeed(dev_nbr,                                 (4)
                         cfg_0_hs,
                         cfg_0_fs,
                         &err);

    return (DEF_OK);
}
```

清单 7-3　USBD_CfgOtherSpeed()的使用

L7-3(1)：初始化开始，参考代码清单 2-5。

L7-3(2)：添加高速配置 cfg_0_hs 到高速设备。

L7-3(3)：添加全速配置 cfg_0_fs 到全速设备。

L7-3(4)：关联高速配置 cfg_0_hs 和其他速度配置 cfg_0_fs。

图 7-3 展示了一个更加复杂的例子，一个由两个配置组成的全速设备。设备有属于同一个类的两个功能，每个功能由两个接口描述，每一个接口都有一对双向的端点。在这个例子中，两个类实例被创建，每一个类实例都和一组接口有关，而这与

图 7-1 和 7-2 每个类实例关联一个接口是不同的。

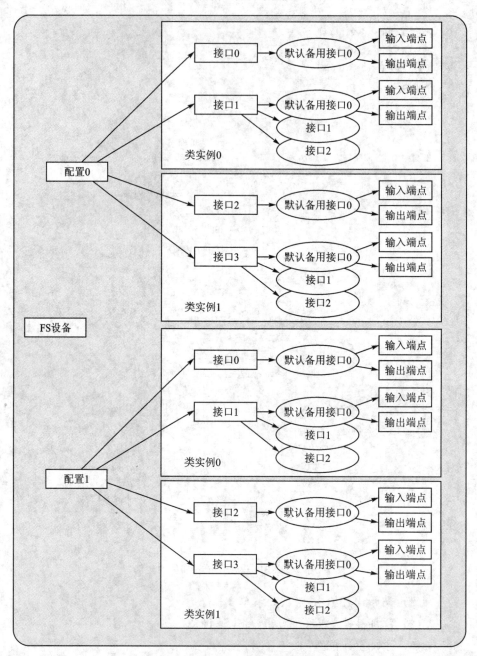

图 7-3 多种类实例 FS 设备(2 个配置和多种接口)

图 7-3 对应的代码见代码清单 7-4,为清晰起见,忽略了关于错误的处理。

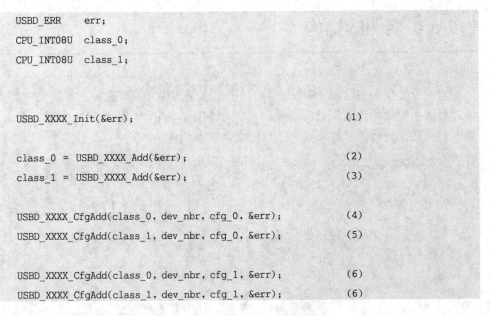

```
USBD_ERR      err;
CPU_INT08U    class_0;
CPU_INT08U    class_1;


USBD_XXXX_Init(&err);                                           (1)

class_0 = USBD_XXXX_Add(&err);                                  (2)
class_1 = USBD_XXXX_Add(&err);                                  (3)

USBD_XXXX_CfgAdd(class_0, dev_nbr, cfg_0, &err);                (4)
USBD_XXXX_CfgAdd(class_1, dev_nbr, cfg_0, &err);                (5)

USBD_XXXX_CfgAdd(class_0, dev_nbr, cfg_1, &err);                (6)
USBD_XXXX_CfgAdd(class_1, dev_nbr, cfg_1, &err);                (6)
```

清单 7-4 多种类实例 FS 设备(2 个配置和多种接口)代码

L7-4(1)：初始化类。内部变量、结构体和类实时操作系统接口都将会被初始化。

L7-4(2)：创建类实例 class_0。函数 USBD_XXXX_Add()为 class_0 分配一个相应的类控制结构体。

L7-4(3)：创建类实例 class_1。函数 USBD_XXXX_Add()为 class_1 分配一个相应的类控制结构体。

L7-4(4)：添加类实例 class_0 到配置 cfg_0。USBD_XXXX_CfgAdd()将会创建接口 0、接口 1、备用接口和它们相应的输入、输出端点。任何在接口 0 或者接口 1 上的数据通信都将会使用类实例 class_0。

L7-4(5)：添加类实例 class_1 到配置 cfg_0。USBD_XXXX_CfgAdd()将会创建接口 2、接口 3 和它们相应的输入、输出端点。任何在接口 2 或者接口 3 上的数据通信都将会使用类实例 class_1。

L7-4(6)：添加相同的类实例 class_0 和 class_1 到另外的配置 cfg_1。

关于应用到组合设备的多种类实例的配置范例，请参考 5.4 节"配置范例"。组合设备至少需要 μC/USB-Device 协议栈提供的两个不同的类。5.4.2 小节"组合高速 USB 设备"给出了一个基于图 7-2 的具体例子，5.4.3 小节"复杂的组合高速设备"给出了一个基于图 7-2 和图 7-3 的混合例子。

7.2 类实例的结构

当一个类实例创建时,系统会分配一个控制结构体并关联到一个指定的类实例,类通过该控制结构体实现其内部操作。所有 Micriµm 的 USB 类都定义了一个类控制结构体数据类型,清单 7-5 展示了这个数据结构体的声明。

```
struct usbd_xxxx_ctrl {
    CPU_INT08U          DevNbr;                     (1)
    CPU_INT08U          ClassNbr;                   (2)
    USBD_XXXX_STATE     state;                      (3)
    USBD_XXXX_COMM      *CommPtr;                   (4)
    ...                                             (5)
};
```

清单 7-5 类实例控制结构体

L7-5(1):与类实例相关的设备号。

L7-5(2):类实例号。

L7-5(3):类实例的状态。

L7-5(4):一个指向类实例通信结构体的指针。这个结构体保存用于数据通信的接口端点的信息。代码清单 7-6 展示了通信结构体内容。

L7-5(5):类指定域。

在通信阶段,类使用类通信结构体实现端点的数据传输。它允许将数据按通道传输到接口内合适的端点。被添加的类实例的每一个配置都会有一个类通信结构体,此结构体见清单 7-6。

```
struct usbd_xxxx_comm {
    USBD_XXXX_CTRL      *CtrlPtr;                   (1)
    CPU_INT08U          ClassEpInAddr;              (2)
    CPU_INT08U          ClassEpOutAdd2;             (2)
    ...                                             (2)
};
```

清单 7-6 类实例通信结构体

L7-6(1):一个指向通信相关的类实例控制结构体的指针。

L7-6(2):类指定域。一般来说,这个结构体存储对应类的端点地址。根据类的不同,这个结构体也可以存储其他类型的信息。例如,大容量存储类的结构体中存储了块命令和封装状态信息。

Micriμm 的 USB 类定义了每个创建的类实例的类状态,类状态的值以下面枚举形式实现:

```
typedef enum usbd_xxxx_state {
    USBD_XXXX_STATE_NONE = 0,
    USBD_XXXX_STATE_INIT,
    USBD_XXXX_STATE_CFG
} USBD_XXXX_STATE;
```

图 7-4 定义了一个所有 Micriμm 类使用的类状态机,有三种类状态被使用。

F7-4(1):一个类实例被添加到一个配置,类实例状态转换 Init 状态,在类端点上还没有数据传输出现。

F7-4(2):主机已经发送 SET_CONFIGURATION 请求来激活某个配置。内核层调用一个关于完成标准枚举的类回调信息。类实例状态转换为 Cfg 状态。这个状态表明了设备已经转换为 USB 2.0 规范定义的"已配置"状态。数据通信可以开始,一些类(例如 MSC 类)可能会在端点上的通信真正开始之前,要求主机发送一些类指定的请求。

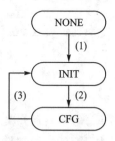

图 7-4 类状态机

F7-4(3):内核层会去调用另外一个类回调信息,通知主机发送一个新的配置号或者一个用来表明是配置复位 0 值的 SET_CONFIGURATION 请求,或者设备与主机断开物理连接。在所有这些情况下,此时激活的配置变为冻结状态。类实例状态转变为 Init 状态,任何类实例管理的端点上正在进行的传输都会被内核层中止。直到主机发送一个非空值的新的 SET_CONFIGURATION 请求,或者直到设备再次挂到主机上之前,将不再会有通信。

7.3 类和内核层通过回调函数的交互

根据接收的标准、指定类或者供应商请求,内核层会通过使用类的回调函数将相关的事件请求通知类层。每一个 Micriμm 类都必须定义一个 USBD_CLASS_DRV 类型的类回调函数结构体,该结构体包括函数指针。每个回调函数允许类执行一个它请求的指定动作,清单 7-7 展现了一个通用的类回调函数结构体范例。在清单中,XXXX 可以用 CDC、HID、MSC、PHDC 或者 Vendor 代替。

```
static USBD_CLASS_DRV USBD_XXXX_Drv = {
    USBD_XXXX_Conn,                             (1)
    USBD_XXXX_Disconn,                          (2)
    USBD_XXXX_UpdataAltSetting,                 (3)
    USBD_XXXX_UpdataEPState,                    (4)
    USBD_XXXX_IFDesc,                           (5)
    USBD_XXXX_IFDecGetSize,                     (6)
    USBD_XXXX_EPDesc,                           (7)
    USBD_XXXX_EPDescGetSize,                    (8)
    USBD_XXXX_IFReq,                            (9)
    USBD_XXXX_ClassReq,                         (10)
    USBD_XXXX_VendorReq                         (11)
};
```

清单 7-7 类回调函数结构体

L7-7(1):通知类一个配置已经被激活。

L7-7(2):通知类一个配置配已经被冻结。

L7-7(3):通知类一个备用接口设置已经被更新。

L7-7(4):通知类一个端点状态已经被主机更新。状态通常是停止态或者工作态。

L7-7(5):请求类去创建接口指定类描述符。

L7-7(6):查询接口指定类描述符总的大小。

L7-7(7):请求类去创建端点指定类描述符。

L7-7(8):查询端点指定类描述符总的大小。

L7-7(9):请求类去处理一个接口接收的标准请求。

L7-7(10):请求类去处理一个指定类的请求。

L7-7(11):请求类去处理一个指定供应商的请求。

  一个类不需要提供所有的回调函数。如果一个类实例没有定义备用接口设置,没有处理任何供应商请求,则相应的函数指针将会为空指针。代码清单7-8介绍了这种情况下回调函数的结构体。

```
static USBD_CLASS_DRV USBD_XXXX_Drv = {
    USBD_XXXX_Conn,
    USBD_XXXX_Disconn,
    0,
    USBD_XXXX_UpdataEPState,
    USBD_XXXX_IFDesc,
    USBD_XXXX_IFDescGetSize,
    USBD_XXXX_EPDesc,
```

第7章 USB类

```
    USBD_XXXX_EPDescGetSize,
    USBD_XXXX_IFReq,
    USBD_XXXX_ClassReq,
    0
};
```

清单7-8 带空函数指针的类回调函数结构体

如果一个类由一个接口组成,那么一个类回调函数结构体是必需的。如果一个类有多个接口组成,那么可以定义多个类回调函数结构体。在那种情况下,一个回调函数结构体可能连接到一个或者多个接口。例如,通信接口类(CDC)由一个通信接口和一个或多个数据接口组成。通信接口将会被连接到一个回调函数结构体,数据接口可能被连接到所有数据传输共用的回调函数结构体。

当内核任务接收到主机控制端点发送的请求时,会调用类回调函数(更多关于内核任务的信息可参考4.2节"任务模型")。表7-2显示了哪些回调函数是必需的,哪些是可选的,以及根据接收的请求,内核任务会去调用哪一个指定的回调函数。

表7-2 类回调函数和请求映射图

请求类型	回调函数	请求	必需/注意
标准	Conn()	SET_CONFIGURATION	是/主机选择一个非空的配置号
标准	Disconn()	SET_CONFIGURATION	是/主机复位当前的配置或者设备与主机断开物理连接
标准	UpdateAltSetting()	SET_INTERFACE	否/如果没有为一个或多个接口定义备用设置,那么回调函数跳过
标准	UpdateEPState()	SET_FEATURE CLEAR_FEATURE	否/如果端点状态没使用,那么回调函数跳过
标准	IFDesc()	GET_DESCRIPTOR	否/如果一个或多个接口没有类指定的描述符,那么回调函数跳过
标准	IFDescGetSize()	GET_DESCRIPTOR	否/如果一个或多个接口没有类指定的描述符,那么回调函数跳过
标准	EPDesc()	GET_DESCRIPTOR	否/如果一个或多个端点没有类指定的描述符,那么回调函数跳过
标准	EPDescGetSize()	GET_DESCRIPTOR	否/如果一个或多个端点没有类指定的描述符,那么回调函数跳过
标准	IFReq()	GET_DESCRIPTOR	否/如果类没有提供标准的描述符,那么回调函数跳过
类	ClassReq()	—	否/如果类规范没有定义类特定请求,那么回调函数跳过
供应商	VendorReq()	—	否/如果没有供应商请求,那么回调函数跳过

第 8 章

通信设备类

本章介绍 μC/USB – Device 支持的通信设备类（CDC）及其相关的子类。μC/USB – Device 目前支持抽象控制模型（ACM）子类，该类多用于串口仿真。

CDC 和相关子类的实例符合以下规范：
- 通用串行总线、通信设备的类定义，版本为 1.2,2010 年 11 月 3 日。
- 通用串行总线、通信、PSTN 设备的子类，版本为 1.2,2007 年 2 月 9 日。

CDC 包含多种远程通信和网络设备。远程通信设备包括模拟调制解调器、模拟和数字电话、ISDN 终端适配器等。网络设备包含宽带调制解调器和有线电视调制解调器、以太网适配器和集线器。CDC 定义一个架构来封装现有的通信服务标准，比如 V.250（用于通过电话网络的调制解调器）和以太网（用于局域网设备），使用 USB 连接。通信设备负责设备管理、必要时的呼叫管理和数据传输。CDC 定义七个主要设备组，每个组从属于一个可能包含若干子类的通信模型。设备的每个组拥有自己的规格说明，包含 CDC 基类在内。这七个组是：

- 公用交换电话网（PSTN）设备，包括音频带宽调制解调器、电话和串行仿真设备。
- 综合业务数字网（ISDN）设备，包括终端适配器和电话。
- 以太网控制模型（ECM）设备，包含支持 IEEE 802 系列的设备（例如电缆和 ADSL 调制解调器、无线适配器）。
- 异步传输模式（ATM）设备，包含 ADLS 调制解调器和其他连接到 ATM 网络的设备（工作站、路由器、局域网交换机）。
- 无线移动通信设备（WMC）设备，包含用于管理语音和数据通信的多功能手持通信设备。
- 以太网仿真模型（EEM）设备，用于以太网帧数据交换。
- 网络控制模型（NCM）设备，包含高速网络设备（高速分组接入调制解调器、线路终端设备）。

第8章 通信设备类

8.1 概 述

一个 CDC 设备由多个接口组成,以实现一个特定功能,即通信功能。它由以下接口组成:
- 通信类接口(CCI)。
- 数据类接口(DCI)。

一个 CCI 负责设备管理和可选的呼叫管理功能。设备管理能够实现一般的配置和设备控制以及主机的事件通知,呼叫管理能够实现呼叫建立和终止。呼叫管理通过一个 DCI 可以实现多路复用。一个 CCI 对所有设备是强制要求的,它通过指定 CDC 设备支持的通信模型,定义了 CDC 的功能。CCI 的接口可以是任意已定义的 USB 类接口,比如音频或者供应商定制接口。供应商定制接口由特定的 DCI 表示。

DCI 负责数据传输,传输(或者接收)的数据不遵从特定格式,数据可以是通信线路上的原始数据或遵从特定格式的数据,以及其他方式。遵从 CCI 的所有 DCI 可被视为从属接口。

一个 CDC 设备必须拥有至少一个 CCI,没有或有多个 DCI。一个 CCI 和任意从属 DCI 一起给主机提供一个功能,这个功能也可以以一个函数的形式提供。在一个 CDC 组合设备中,可以有多个函数。因此,设备会由多个 CCI 和 DCI 组成,如图 8-1 所示。

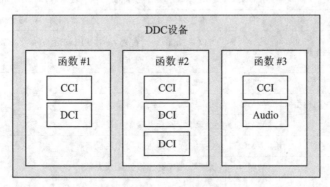

图 8-1 CDC 组合设备

一个 CDC 设备可能会使用下面端点的组合:
- 一对被称为默认端点的控制 IN 和 OUT 端点。
- 一个可选的批量或中断 IN 端点。
- 一对批量或者同步的 IN 和 OUT 端点。

表 8-1 列出了 CDC 接口使用的不同端点的用途。

大多数通信设备使用一个中断端点来通告事件的主机。当一个协议依赖数据重发时,在发生 USB 协议错误的情况下,同步端点不应当被用于数据传送。因为它没有重传的机制,同步通信会丢失数据。

表 8-1　CDC 端点的用法

端　点	方　向	接　口	用　途
控制 IN	设备到主机	CCI	枚举、类特征请求、设备管理和可选的调用管理标准请求
控制 OUT	主机到设备	CCI	枚举、类特征请求、设备管理和可选的调用管理标准请求
中断或批量 IN	设备到主机	CCI	事件通知,比如响铃检测、串行线状态、网络状态
批量或同步 IN	设备到主机	DCI	原始数据或格式化数据通信
批量或同步 OUT	主机到设备	DCI	原始数据或格式化数据通信

七个主要的通信模块包含若干子类。子类描述了设备应该使用 CCI 处理设备管理和调用管理功能的方式。表 8-2 显示出所有可能的子类和它们所属的通信模式。

表 8-2　CDC 子类

子　类	通信模型	使用该子类的设备示例
直线控制模型	PSTN	USB 主设备直接控制的调制解调设备
抽象控制模型	PSTN	通过一个串行命令集控制的串行仿真设备、调制解调设备
电话控制模型	PSTN	语音电话设备
多通道控制模型	ISDN	基本速率终端适配器、初始速率终端速率终端适配器、电话
CAPI 控制模型	ISDN	基本速率终端适配器、初始速率终端速率终端适配器、电话
以太网网络控制模型	ECM	DOC-SIS 线缆适配器,支持 PPPoE 仿真的 ADSL 调制解调器、Wi-Fi 适配器(IEEE 802.11 系列)、IEEE 802.3 适配器
ATM 网络控制模型	ATM	ADSL 调制解调器
无线手持设备控制模型	WMC	便携终端装置连接到无线设备
设备管理	WMC	便携终端装置连接到无线设备
便携直线模型	WMC	便携终端装置连接到无线设备
OBEX	WMC	便携终端装置连接到无线设备
以太网仿真模型	EEM	使用以太网帧作为传输层下一层的设备,不进行路由和互联网联通的设备
网络控制模型	NCM	承载高速网络带宽的 IEEE 802.3 适配器

8.2　架　构

图 8-2 展示了主机和设备之间使用 Micriμm 支持的 CDC 的常规架构。

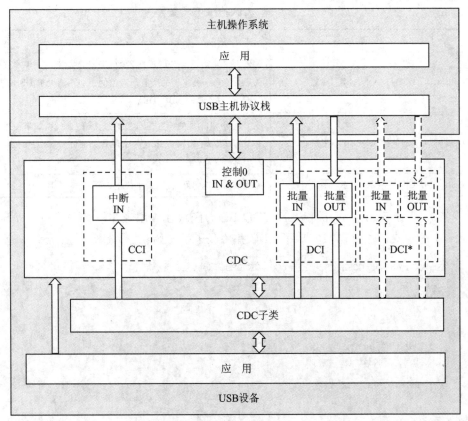

*可选的。

图 8-2 主机和 Micriμm 的 CDC 之间的常规架构

主机操作系统使用控制端点来枚举设备。一旦枚举完成,主机就可以通过控制端点发送类特征请求到通信类接口(CCI)来配置设备。类特征请求根据 CDC 子类的不同而变化。Micriμm 的 CDC 基类依据子类的需求,提供了为事件通知分配一个中断端点的可能。

枚举、配置设备之后,主机通过使用属于数据类接口(DCI)的批量端点开始对设备上的数据进行接收/发送,目前并不支持同步端点。CDC 基类能够让你拥有 CCI 的同时还能拥有一些 DCI。应用程序能够通过使用 CDC 子类提供的通信 API 与主机进行通信。

8.3 配 置

一些常量可用于自定义 CDC 基类,这些常量位于 USB 设备配置文件 usbd_cfg.h 中。表 8-3 列出了它们的描述信息。

表 8-3 CDC 类配置常量

常 量	描 述
USB_CDC_CFG_MAX_NBR_DEV	配置类实例的最大值。每个相关的子类也定义一个子类实例最大值。子类实例的所有最大值的总和不能大于 USBD_CDC_CFG_MAX_NBR_DEV
USB_CDC_CFG_MAX_NBR_CFG	配置使用 CDC 类的配置信息里的最大值。注意，如果使用一个高速设备，则需要建立两个配置信息，一个对应全速，另一个对应高速
USB_CDC_CFG_MAX_NBR_DATA_IF	配置数据接口的最大值，最小值是 1

清单 8-1 列出了 App_USBD_CDC_Init()函数在应用程序模板文件 app_usbd_cdc.c 中的定义。这个函数实现了 CDC 并关联子类初始化。

```
CPU_BOOLEAN App_USBD_CDC_Init (CPU_INT08U   dev_nbr,
                               CPU_INT08U   cfg_hs,
                               CPU_INT08U   cfg_fs)
{
    USBD_ERR   err;

    USBD_CDC_Init(&err);                                      (1)
    ...                                                       (2)
}
```

清单 8-1　CDC 初始化示例

L8-1(1)：初始化 CDC 内部的结构体和变量。这是应该调用的第一个函数，而且只需要做一次。

L8-1(2)：调用所有需要的函数来初始化子类。参考 8.4.2 小节"常规配置"。

8.4 ACM 子类

ACM 子类用于两种通信设备：
- 支持 AT 命令的设备（比如音频带宽调制解调器）。
- 串行仿真设备，也叫作虚拟 COM 端口设备。

Micriμm 的 ACM 子类实现遵守以下规范：
- PSTN 设备的通用串行总线、通信子类，版本为 1.2，2007 年 2 月 9 日。

8.4.1 概述

8.1 节介绍了在通信类接口(CCI)、数据类接口(DCI)以及 CDC 基类的一般特征,这里需要考虑测试 ACM 的 CCI。它将包含一个与管理单元相关的默认端点和一个用于通知单元的中断端点,一对批量端点用于通过 DCI 承载未知的数据。

有若干子类特征请求专用于 ACM 子类。它们允许你去控制和配置设备。所有 ACM 请求的完整清单和描述可参考"通用串口总线,通信,PSTN 设备子类,版本为 1.2,2007 年 2 月 9 日"规范。这个清单中,Micriμm 支持的 ACM 请求见表 8-4。

表 8-4 Micriμm 支持的 ACM 请求

子类请求	描述
SetCommFeature	主机发送这个请求来控制一个特定通信特征的设置。不能用于串行仿真
GetCommFeature	主机发送这个请求来获得一个特定通信特征的设置。不能用于串行仿真
ClearCommFeature	主机发送这个请求来清除一个特定通信特征的设置。不能用于串行仿真
SetLineCoding	主机发送这个请求来配置 ACM 设备的设置,比如波特率、停止位、校验位和数据域的位数。对于串行仿真,每当为一个打开的虚拟串行端口配置串行设置时,串行终端会自动发送这个请求
GetLineCoding	主机发送这个请求以获得当前 ACM 设置(波特率、停止位、校验位和数据域)。对于串行仿真,当虚拟串行端口打开时,串行终端会自动发送这个请求
SetControlLineState	主机发送这个请求来控制半双工调制解调器的载波,并指示数据终端设备(DTE)是否就绪。在串行仿真时,DTE 是一个串行终端。对于串行仿真,确定的串行终端允许发送这个请求和控制设置参数
SetBreak	主机发送这个请求来生成一个 RS-232 类型的间断。对于串行仿真,确定的串行终端允许发送这个请求

Micriμm 的 ACM 子类使用中断 IN 端点来通知主机当前串口线的状态。串口线状态是一个用于告知主机以下信息的位图:

- 超越限度导致的数据丢弃。
- 奇偶校验错误。
- 帧错误。
- 响铃信号检测状态。
- 中断检测机制状态。
- 传送载波状态。
- 接收载波监听状态。

8.4.2 常规配置

表 8-5 列出了可用于自定义 ACM 串行仿真子类的常量。该常量位于 USB 设备配置文件 usbd_cfg.h 中。

表 8-5 ACM 串口仿真子类配置常量

常 量	描 述
USBD_ACM_SERIAL_CFG_MAX_NBR_DEV	配置子类实例的最大值。常量值不能大于 USBD_CDC _CFG_MAX_NBR_DEV。除非计划拥有多个使用不同类实例的配置信息或接口,此值可设置为 1

8.4.3 子类实例配置

开始通信之前,应用程序需要初始化并配置类以满足它的需求。表 8-6 总结出 ACM 子类提供的初始化函数。关于函数参数的更多细节,请参考附录 C.2 "CDC ACM 子类函数"。

表 8-6 ACM 子类初始化 API 总结

函数名	描 述
USBD_ACM_SerialInit()	初始化 ACM 子类的内部结构体和变量
USBD_ACM_SerialAdd()	创建一个新的 ACM 子类实例
USBD_ACM_SerialCfgAdd()	添加一个已存在的 ACM 实例到特定的设备配置中
USBD_ACM_SerialLineCodingReg()	注册线路编码通知回调
USBD_ACM_SerialLineCtrlReg()	注册线路编码通知回调

1. 调用 USBD_ACM_SerialInit()

这个函数初始化了 ACM 子类需要的所有内部结构和变量,即使使用多个类的实例也只能够调用这个函数一次。

2. 调用 USBD_ACM_SerialAdd()

这个函数分配一个 ACM 子类实例,在该函数内部分配一个 CDC 类的实例。它也允许定义线状态的通知间隔是毫秒级。

3. 调用 USBD_ACM_SerialLineCodingReg()

这个函数允许你注册一个回调,ACM 子类用它将串口线上的编码设置告诉应用程序(比如波特率、停止位的数目、奇偶校验位和数据位的长度)。

4. 调用 USBD_ACM_SerialLineCtrlReg( )

这个函数允许你注册一个回调，ACM 子类用它将串口线上的变化告诉应用程序（比如载波控制和一个标志通知数据设备终端是否在线）。

5. 调用 USBD_ACM_SerialCfgAdd( )

最后，一旦 ACM 子类实例已经被创建，那么必须把它添加到一个自定义配置中。

清单 8-2 阐述了用于初始化 ACM 子类的函数的使用。注意，错误处理已经被省略了。

```
                                                               (4)
static void          App_USBD_CDC_SerialLineCtrl (CPU_INT08U    subclas_nbr,
                                                  CPU_INT08U    events,
                                                  CPU_INT08U    events_chngd,
                                                  void         * p_arg);
                                                               (5)
static CPU_BOOLEAN App_USBD_CDC_SerialLineCoding(CPU_INT08U    subclass_nbr,
                                                 USBD_ACM_SERIAL_LINE_CODING
                                                              * p_line_coding,
                                                 void         * p_arg);

CPU_BOOLEAN App_USBD_CDC_Init (CPU_INT08U    dev_nbr,
                               CPU_INT08U    cfg_hs,
                               CPU_INT08U    cfg_fs)
{
    USBD_ERR     err;
    CPU_INT08U   subclass_nbr;

    USBD_CDC_Init(&err);                                       (1)

    USBD_ACM_SerialInit(&err);                                 (2)

    subclass_nbr = USBD_ACM_SerialAdd(100u, &err);             (3)
                                                               (4)
    USBD_ACM_SerialLineCodingReg(   subclass_nbr,
                                    App_USBD_CDC_SerialLineCoding,
                                 (void *)0,
                                    &err);
                                                               (5)
    USBD_ACM_SerialLineCtrlReg(     subclass_nbr,
```

```
                              App_USBD_CDC_SerialLineCtrl,
                    (void *)0,
                              &err);

    if (cfg_hs != USBD_CFG_NBR_NONE) {
        USBD_ACM_SerialCfgAdd(subclass_nbr, dev_nbr, cfg_hs, &err);    (6)
    }
    if (cfg_fs != USBD_CFG_NBR_NONE) {
        USBD_ACM_SerialCfgAdd(subclass_nbr, dev_nbr, cfg_fs, &err);    (7)
    }
}
```

清单 8-2 　 CDC ACM 子类初始化示例

L8-2(1):初始化 CDC 内部结构体和变量。

L8-2(2):初始化 CDC ACM 内部结构体与变量。

L8-2(3):创建一个新的 CDC ACM 子类实例。在这个示例中,线状态通知间隔是 100 ms。在 CCI 中,中断 IN 端点用于向主机异步通知不同信号组成的串口线状态。这个线状态通告间隔与中断端点的轮询间隔一致。

L8-2(4):注册应用程序回调函数——App_USBD_CDC_SerialLineCoding()。当子类特征请求 SET_LINE_CODING 已经被设备接收,ACM 子类就会调用该函数。这个请求允许主机自定义串口线配置(波特率、停止位、奇偶校验位和数据位)。

L8-2(5):注册应用程序回调函数——App_USBD_CDC_SerialLineCtrl()。当子类特有的请求 SET_CONTROL_LINE_STATE 已经被设备接收,ACM 子类就会调用这个函数。

L8-2(6):检查高速配置是否已激活并开始添加 ACM 子类实例到这个配置。

L8-2(7):检查全速配置是否已激活并开始添加 ACM 子类实例到这个配置。

清单 8-2 也阐述了一个多配置的示例。函数 USBD_ACM_SerialAdd()和 USBD_ACM_SerialCfgAdd()允许创建多个配置和多个实例架构。可参考 7.1 节"类实例的概念"有关多个类实例的更多细节。

8.4.4　子类通知与管理

已经接触过一些 ACM 子类提供的函数,这些函数与 8.4.1 节中阐述的 ACM 请求和串口线状态有关。表 8-7 列出了这些函数,可参考附录 C.2"CDC ACM 子类函数"中有关函数参数的更多细节。

表 8-7 与子类请求和通知有关的 ACM 子类函数

函数	涉及…	描述
USBD_ACM_SerialLineCodingGet()	SetLineCoding	应用程序能够获得由主机的 SetLineCoding 请求或 USBD_ACM_SerialLineCodingSet() 设置的当前线路编码设置
USBD_ACM_SerialLineCodingSet()	GetLineCoding	应用程序能够设置线路编码。主机能够使用 GetLindCoding 请求来检索设置
USBD_ACM_SerialLineCodingReg()	SetLineCoding	应用程序注册一个回调。在接收 SetLineCoding 请求时,ACM 子类会调用这个回调。应用程序能够实现任何特定的操作
USBD_ACM_SerialLineCtrlGet()	SetControlLineState	应用程序能够获得主机通过 SetControlLineState 请求设置的当前控制线路状态
USBD_ACM_SerialLineCtrlReg()	SetControlLineState	应用程序注册一个回调,在接收 SetControlLineState 请求时,ACM 子类会调用这个回调。应用程序能够实现任何特定操作
USBD_ACM_SerialLineStateSet()	Serial Line State	应用程序能够设置任何路线状态事件。在设置路线状态时,一个中断 IN 传输会被发送到主机,以通知串行路线状态的改变
USBD_ACM_SerialLineStateCrl()	Serial Line State	应用程序能够消除路线状态的两个事件:发送载波和接收载波检测。其他所有的事件会被 ACM 串行仿真子类自身消除

8.4.5 子类实例通信

Micriμm 的 ACM 子类提供了以下函数用于与主机通信。关于函数参数的更多细节,可参考附录 C.2"CDC ACM 子类函数"。

表 8-8 CDC ACM 通信 API 总结

函数	操作
USBD_ACM_SerialRx()	通过一个批量 OUT 端点从主机接收数据,这个函数处于阻塞状态
USBD_ACM_SerialTx()	通过一个批量 IN 端点向主机发送数据,这个函数处于阻塞状态

USBD_ACM_SerialRx() 和 USBD_ACM_SerialTx() 提供同步通信,同步通信意味着传输是阻塞型。在调用函数时,应用程序一直阻塞,直到传输有错误或无错误地完成。可以自定义一个超时来防止永久的等待。清单 8-3 列出一个使用批量 OUT 端点从主机接收数据和使用批量 IN 端点向主机发送数据的读写示例。

```
CPU_INT08U   rx_buf[2];
CPU_INT08U   tx_buf[2];
USBD_ERR     err;


(void)USBD_ACM_SerialRx(subclass_nbr,                    (1)
                        &rx_buf[0],                      (2)
                         2u,
                         0u,                             (3)
                        &err);
if (err != USBD_ERR_NONE) {
    /* Handle the error. */
}


(void)USBD_ACM_SerialTx(subclass_nbr,                    (1)
                        &tx_buf[0],                      (4)
                         2u,
                         0u,                             (3)
                        &err);
if (err != USBD_ERR_NONE) {
    /* Handle the error. */
}
```

清单 8-3 串行读/写示例

L8-3(1)：USBD_ACM_SerialAdd()创建的类实例编号会在 ACM 子类内部帮助将数据经过路由传送到合适的批量 OUT 或 IN 端点。

L8-3(2)：应用程序必须保证函数的缓冲区足够大，以保证容纳所有的数据。否则就要考虑同步的问题。

L8-3(3)：为了防止永久阻塞的情况发生，可以指定一个毫秒级的超时时限。0 值可以让应用任务永久等待。

L8-3(4)：应用程序初始化发送缓冲区。

8.4.6 使用演示应用程序

Micriμm 提供一个示例应用程序，可以测试和评估类实例，针对该设备，还提供了源码模板文件。

可以使用串口演示程序，通过设备的虚拟 COM 端口，实现串行数据的接收和发送。演示程序在应用程序文件 app_usbd_cdc.c 中，支持 μC/OS-II 和 μC/OS-III。app_usbd_cdc.c 文件在以下两个文件夹中：

- \Micriμm\Software\uC-USB-Device-V4\App\Device\OS\uCOS-II；

第8章 通信设备类

- \Micriμm\Software\uC‑USB‑Device‑V4\App\Device\OS\uCOS‑III

表8‑9列出了app_cfg.h文件中定义的常量,帮助使用串口演示程序。

表8‑9 设备应用配置常量

常 量	描 述
APP_CFG_USBD_CDC_EN	使能 CDC ACM 演示应用程序的一般常量。必须设置为 DEF_ENABLED
APP_CFG_USBD_CDC_SERIAL_TEST_EN	使能串行演示程序的常量。必须设置为 DEF_ENABLED
APP_CFG_USBD_CDC_SERIAL_TASK_PRIO	串行演示程序使用的任务优先级
APP_CFG_USBD_CDC_SERIAL_TASK_STK_SIZE	串行演示程序使用的栈空间。默认值为 256

本节中假设主机操作系统是 Windows。CDC ACM 设备连接之后,Windows 系统会计算出设备数量并加载本地驱动程序 usbser.sys 来处理设备通信。当第一次将设备连接到主机时,必须使用一个 INF 文件来指示 Windows 系统加载驱动程序(更多关于 INF 的细节,请参考 3.2 节"关于 INF 文件")。INF 文件告知 Windows 系统加载 usbser.sys 驱动,指示 Windows 加载 INF 文件只需一次,Windows 就会自动识别 CDC ACM 设备,并为新建连接加载合适的驱动程序。根据 Windows 操作系统的不同,指定 INF 文件的过程可能不同。

- Windows XP 直接打开"发现新硬件向导程序"。它将指示没有发现供应商设备的驱动程序。必须手动向导程序。按照向导的步骤,直到可以指定 INF 文件的路径的页面。
- Windows Vista 和更新的版本不会打开"发现硬件向导程序"。它会直接指示没有适用于厂商设备的驱动程序,必须手动打开向导程序。当打开设备管理器时,CDC ACM 设备会以一个黄色图标的形式出现。点击右键,选择"升级驱动程序…"打开向导程序。按照向导的步骤,直到可以指定 INF 文件的路径的页面。

INF 文件的路径:

\Micriμm\Software\uC‑USB‑Device‑V4\App\Host\OS\Windows\CDC\INF

更多关于如何编辑 INF 文件以匹配厂商 ID(VID)和产品 ID(PID)的细节,请参考 3.2 节"关于 INF 文件"。提供的 INF 文件默认定义 VID 为 0xFFFE,PID 为 0x1234,Windows 创建一个虚拟 COM 端口,如图 8‑3 所示。

图 8‑4 列出了使用演示程序的步骤。

F8‑4(1):打开一个串口终端(比如超级终端)。打开与 CDC ACM 设备希望的串口设置(波特率、停止位、奇偶校验位、数据位)相匹配的 COM 端口。这个操作将会发送一系列 CDC ACM 类特征请求(GET_LINE_CODING、SET_LINE_CODING、SET_CONTROL_LINE_STATE)

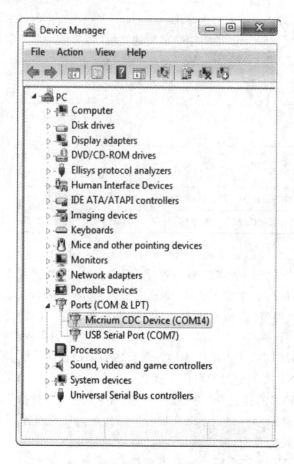

图 8-3 Windows 设备管理和创建虚拟 COM 端口

到你的设备。注意，Windows Vista 及以后的版本不再提供超级终端程序。可以使用其他免费的串口终端程序，比如 TeraTerm(http://ttssh2.sourceforge.jp/)、Hercules(http://www.hw-group.com/products/hercules/index_en.html)、RealTerm(http://realterm.sourceforge.net/)等。

F8-4(2)：为了在设备端能够让串口任务开始通信，数据终端准备(DTR)信号必须设置并发送到设备上。当终端还未准备好接收数据时，DTR 信号会防止串口任务发送字符。发送 DTR 信号根据串口终端的不同而异。比如，当 COM 端口打开时，超级终端自动发送一个合适的 DTR 信号；Hercules 终端允许你通过带复选框的图形用户界面(GUI)发送和消除 DTR 信号；其他终端不允许设置或清除 DTR，或者 DTR 设置与清除功能很难找到和使用。

F8-4(3)：一旦串口任务接收到了 DTR 信号，任务会发送一个带两个选项的菜

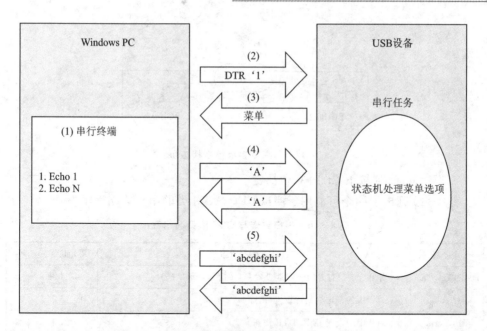

图 8-4 串口演示程序

单到串口终端,如图 8-5 所示。

F8-4(4):菜单选项 #1 Echo 1 demo。它允许向设备发送一个单字符。这个字符被串口任务接收,并回送给主机。

F8-4(5):菜单选项 #2 Echo N demo。它允许发送若干字符到设备。所有的字符被串口任务接收,并回送给主机。这个串口任务最多接收 512 个字符。

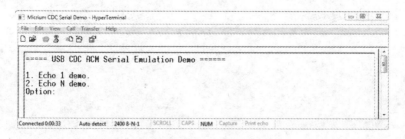

图 8-5 超级终端中的 CDC 串口演示程序

为了支持这两个演示程序,串口任务实现了一个状态机,如图 8-6 所示。基本上,在串口终端的菜单中,状态机有两个与用户选择对应的路径。

F8-6(1):一旦 DTR 信号被接收,串口任务进入菜单状态。

F8-6(2):如果选择菜单选项#1,则串口任务将回显串口终端发送的任何单一字符,直到按下"Ctrl+C"快捷键。

F8-6(3):如果选择菜单选项#2,串口任务将回显串口终端发送的所有字符,

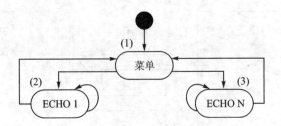

图 8-6 串口演示程序状态机

直到按下 Ctrl+C 快捷键。

表 8-10 列出了四个可能用于测试 CDC ACM 类的串口终端程序。

表 8-10 串口终端与 CDC 串口演示程序

终 端	DTR 设置/消除	可用的菜单选项
HyperTerminal	是(当串行端口打开时恰当地设置 DTR 信号自动发送)	1 和 2
Hercules	是(GUI 中的复选框允许设置/消除 DTR)	1 和 2
RealTerm	是(GUI 中的设置/消除 DTR 按钮)	1 和 2
TeraTerm	是(使用一个宏设置 DTR,GUI 不允许你简单地设置/消除 DTR)	1 和 2

第 9 章

人机接口设备类

本章讲解 μC/USB - Device 支持人机接口设备(HID)类。HID 实现符合以下规范：
- 人机接口设备(HID)设备类定义，版本为 1.11,2001 年 6 月 27 日。
- 通用串行总线 HID 使用表，版本为 1.12,2004 年 10 月 28 日。

HID 类包含人们用于控制计算机运行的设备。键盘、鼠标、定点设备、游戏设备都是 HID 设备的典型例子。HID 类也可能用于诸如旋钮、开关、按键和滚轴控制的组合设备。比如，耳机的 HID 功能用于静音与音量控制，耳机也有音频功能。HID 数据能够只利用控制传输和中断传输来实现任何目的的数据交换。HID 类是最古老和最常用的 USB 类之一，所有主流的操作系统都为管理 HID 设备提供了一个本地驱动程序，这也是多种厂商定制设备可以使用 HID 类的原因。这个类也包含指向用户信息(比如键盘上的 LED)的多种输出类型。

9.1 概　述

一个 HID 设备由以下端点组成：
- 一对称为默认端点的控制 IN 和 OUT 端点。
- 一个中断 IN 端点。
- 一个可选的中断 OUT 端点。

表 9-1 给出了不同端点的使用方法。

一个主机和一个 HID 设备使用报告来交换数据。报告包含提供了关于 HID 设备控制和其他物理实体的格式化数据。控制是用户实施的，并且是操纵设备的一个部分。比如，一个控制可以是鼠标或键盘上的一个按钮、一个开关等。其他实体通知用户指定设备特性的状态。比如，键盘上的 LED 灯告知用户大小写锁定开启或者数字键激活等。

主机可以通过分析报告描述符(report descriptor)的内容来了解数据的格式和

使用情况,分析器实现内容的分析。报告描述符描述了单一设备中每个控制提供的数据,它由多个项目组成。一个项目就是一条关于设备的信息,包含一位前缀和可变长度的数据。更多关于项目格式的细节,请参考人机接口设备(HID)的设备类定义(版本 1.11)。

表 9 - 1　HID 类端点的使用方法

端　点	方　向	用　途
控制 IN	设备到主机	枚举、类特征请求和数据通信的标准请求(带有 GET_REPORT 请求的发送到主机的输入、特征请求)
控制 OUT	主机到设备	枚举、类特征请求和数据通信的标准请求(带有 SET_REPORT 请求的从主机接收到的输出、特征请求)
控制 IN	设备到主机	数据通信(输入和特征报告)
中断 OUT	主机到设备	数据通信(输出和特征报告)

项目的三个主要类型:
- 主项目(main item),定义或集合了数据域的某种类型。
- 全局项目(global item),描述了一个控制的数据特性。
- 局部项目(local item),描述了一个控制的数据特性。

每个项目类型被定义了不同的功能,一个项目的功能可以被另一个项目调用。一个项目可以被视为属于 3 条主要类型之一的子项目。表 9 - 2 提供了针对每种类型项目功能的描述。每个分类中的项目完整描述,请参考人机接口设备(HID)的设备类定义(版本 1.11)。

一个控制数据必须至少定义以下项目:
- 输入、输出或特征主项目。
- 本地使用的项目。
- 使用页全局项目。
- 逻辑最小值全局项目。

表 9 - 2　每个项目类型的功能描述

项目类型	项目功能	描　述
主项目	输入	描述一个或多个物理控制提供的数据信息。
	输出	描述发送到设备的数据
	特征	描述发送到设备或从设备接收到的设备配置信息,该信息会影响设备的全部行为或者其中一个组件的行为
	集合	项目相关的组(输入、输出或特征)
	集合的末尾	关闭一个集合

第9章　人机接口设备类

续表 9-2

项目类型	项目功能	描述
全局项目	使用页	确定设备可实现的功能
	逻辑最小值	定义报告逻辑单位值的最低限度
	逻辑最大值	定义报告逻辑单位值的最高限度
	物理最小值	定义报告物理单位值的最低限度,也就是物理单位的逻辑最小值
	物理最大值	定义报告物理单位值的最高限度,也就是物理单位的逻辑最大值
	单位指数	指出以 10 为基准的单位指数。指定的变化范围是 $-8\sim7$
	单位	指出报告值的单位。比如长度、质量、温度单位等
	报告长度	指出报告域的位长度
	报告 ID	指出添加到指定报告中的前缀
	报告数量	指出一个项目数据域中的数量
	入栈	将全局项目状态表的一个副本旋转到 CPU 栈中
	出栈	利用栈的最后一个结构体替换条目状态表
局部项目	使用	代表一个索引来指定使用页中的一个特定用途。它表明厂商对一个特定控制或控制组的建议用途。使用提供给应用程序开发者一个控制真实测量对象的信息
	使用最小值	定义与一个数组或位图关联的起始使用
	使用最大值	定义与一个数组或位图关联的结束使用
	标识符索引	决定了一个控制的执行体。索引指向物理描述符中的一个标识符
	标识符最小值	定义与一个数组或位图关联的起始标识符的索引
	标识符最大值	定义与一个数组或位图关联的结束标识符的索引
	字符串索引	字符串标识符的字符串索引。它允许一个字符串与一个指定的项目或控制相关联
	字符串最小值	当在一个数组或位图中将一组连续的字符串分配给控制时,指定第一个字符串索引
	字符串最大值	当在一个数组或位图中将一组连续的字符串分配给控制时,指定最后一个字符串索引
	分隔符	定义一个局部项目集合的起始或结束

- 逻辑最大值全局项目。
- 报告大小全局项目。
- 报告数量全局项目。

图 9-1 显示了从一个主机 HID 角度分析的一个鼠标报告描述符内容。鼠标有三个按键(左、右和滚轮)。清单 9-2 中的代码是一个示例实现,该实例与这个鼠标

报告描述符的表示相对应。

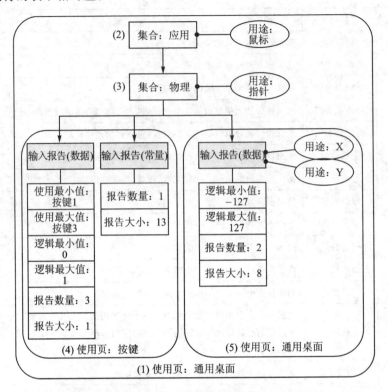

图 9-1　从主机 HID 角度分析的报告描述符内容

F9-1(1)：使用页项目功能指定了设备的一般功能。在这个示例中，HID 设备属于一个常规桌面控制。

F9-1(2)：集合应用组主项目拥有一个共同的目的，并且与应用程序相似。图 9-1 显示，组中包含三个输入主项目。对于这个集合，使用项目建议用于控制的是鼠标。

F9-1(3)：嵌套的集合可能被用于为应用程序提供关于单一控制或成组控制的更多细节。本示例中，物理集合被嵌套在应用集合中，包含了三个相同的输入项目并组成应用集合。物理集合用作一个数据项目集，该项目集代表在同一个几何点中数据点的集合。本示例中，建议将使用项目用作一个指针。这里的指针用途参考了鼠标的位置坐标，系统软件会将鼠标坐标转换为屏幕鼠标的移动。

F9-1(4)：嵌套的使用页也是可能的，它会提供更多关于包含设备常规功能在内的一个确定方面。在这种情况下，两个输入项目形成组，相当于鼠标的按键。根据项目(报告域大小项目)的数据域大小、一个数据域尺寸(报告大小项目)和每个数据域可能的值(用途最小值和最大值，逻辑最大值、最小值项目),一个输入条目定义三个鼠标按键(右、左和滚轮)。其他输入项目是一个13位的常量,可使输入报告数据与一个字节的边界对齐。这个输入项目只用于填充目的。

F9-1(5):另一个关于通用桌面控制的嵌套使用页被定义为鼠标位置坐标。在这个使用页中,输入项目描述了两个对应使用项目指定的x和y坐标的数据域。

分析之前的鼠标报告描述符内容,主机的HID解析程序可以翻译输入报告数据,该数据由带有一个中断IN传输或响应一个GET_REPORT请求的设备发送。表9-3列出了与图9-1中的鼠标报告描述符相对应的输入报告数据。报告数据大小为4字节。不同类型的报告可以通过相同的端点发送。为了实现区分不同类型报告的目的,1位报告ID前缀被加到数据报告中。如果一个报告ID用于鼠标报告,报告数据将一共有5字节。

表9-3 发送到主机的输入报告及其对应的3键鼠标状态

位偏移	倍 数	描 述
0	1	按键1(左键)
1	1	按键2(右键)
2	1	按键3(滚轮)
3	13	未使用
16	8	X轴上的位置
24	8	Y轴上的位置

一个物理描述符指示出一个或多个部分,用于激活一个或多个控制。一个应用程序可以使用这个信息给设备的控制分配一个功能。一个物理描述符是一个可选类的相关描述符,大多数设备只需要添加很少的改变就可使用它。更多关于该描述符的细节,请参考人机接口设备(HID)的设备类定义(版本1.11)。

9.2 架 构

图9-2展示了主机与使用Microμm提供的HID类的设备之间的通用架构。

主机操作系统(OS)使用控制端点枚举设备。一旦枚举完成,主机便使用中断端点开始向设备发送、接收报告。

在设备端,HID类与针对该类的操作系统层进行互动。HID操作系统层(HID OS)提供了特定的用于HID类内部功能的操作系统服务。这个层不假定任何特定的操作系统,默认的是Microμm的μC/OS-II与μC/OS-III,它们提供HID操作系统层。如果需要移植HID类到自己的操作系统,请参考9.5节"移植HID类到

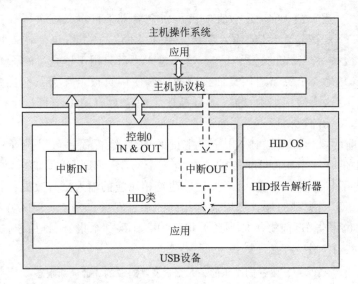

图 9-2 主机与 HID 设备之间的通用架构

RTOS 层"。

在 HID 类初始化阶段,使用报告分析模块程序验证应用程序提供的报告,如果在验证阶段检测到任何错误,则初始化将失败。

9.3 配 置

9.3.1 常规配置

一些常量可用于定制类,这些常量位于 USB 设备配置文件 usbd_cfg.h 文件中。表 9-4 列出了它们的描述信息。

表 9-4 HID 类配置常量

常 量	描 述
USBD_HID_CFG_MAX_NBR_DEV	配置类实例数量的最大值。除非使用不同类实例时,计划拥有多配置或接口,该值可设置为 1
USBD_HID_CFG_MAX_NBR_CFG	配置使用 HID 类的配置数量的最大值。注意,如果使用高速设备,将会构建两个配置,一个用于全速,另一个用于高速
USBD_HID_CFG_MAX_NBR_REPORT_ID	配置在一个报告中允许的报告 ID 数量的最大值。该值应该能够容纳报告中的报告 ID 数量。最小值为 1
USBD_HID_CFG_MAX_NBR_REPORT_PUSHPOP	配置在一个报告中入栈和出栈项目数量的最大值。如果该常量设置为 0,报告中将不会存在入栈和出栈项目

第 9 章 人机接口设备类

HID 类使用一个内部任务来管理周期性的输入报告。表 9-5 列出的任务优先级和堆栈大小在应用配置文件 app_cfg.h 文件中定义。更多关于 HID 内部任务的细节，请参考 9.6 节"周期输入报告任务"。

表 9-5 HID 内部任务的配置常量

常 量	描 述
USBD_HID_OS_CFG_TMR_TASK_PRIO	配置 HID 周期输入报告任务的优先级
USBD_HID_OS_CFG_TMR_TASK_STK_SIZE	配置 HID 周期输入报告任务的栈大小

9.3.2 类实例配置

开始通信之前，应用程序需要初始化和配置类，以适合其需求。表 9-6 摘录了 HID 类提供的初始化函数。更多关于函数参数的细节，请参考附录 D"HID API 参考手册"。

表 9-6 HID 类初始化 API 摘要

函数名	操 作
USBD_HID_Init()	初始化 HID 类内部结构、变量和操作系统层
USBD_HID_Add()	创建一个新的 HID 类实例
USBD_HID_CfgAdd()	添加一个已存在的 HID 实例到指定设备的配置

你需要调用以下列出的这些函数，来成功初始化 HID 类：

1. USBD_HID_Init()

这是需要调用的第一个函数，而且即使使用多个类实例，也只需要调用一次，该函数初始化类和 HID 操作系统层所需的所有内部结构和变量。

2. USBD_HID_Add()

这个函数分配一个 HID 类实例。它也允许指定以下实例特征：

- 本地 HID 硬件的国家代码。
- 报告描述符的内容与大小。
- 物理描述符的内容与大小。
- 中断 IN 端点的内部轮询。
- 中断 OUT 端点的内部轮询。
- 一个打开与关闭控制端点输出报告的标志。当控制端点不再使用时，中断 OUT 端点用于接收输出报告。
- 一个结构。包含 4 个用于类相关请求处理的应用回调。

3. USBD_HID_CfgAdd()

最后,一旦 HID 类实例已经创建,必须把它添加到一个特定配置上。
清单 9-1 举例说明了初始化 HID 类的函数的使用方法。

```
static  USBD_HID_CALLBACK   App_USBD_HID_Callback = {                    (3)
    App_USBD_HID_GetFeatureReport,
    App_USBD_HID_SetFeatureReport,
    App_USBD_HID_GetProtocol,
    App_USBD_HID_SetProtocol,
};

CPU_BOOLEAN App_USBD_HID_Init (CPU_INT08U   dev_nbr,
                               CPU_INT08U   cfg_hs,
                               CPU_INT08U   cfg_fs)
{
    USBD_ERR     err;
    CPU_INT08U   class_nbr;

    USBD_HID_Init(&err);                                                 (1)
    if (err != USBD_ERR_NONE) {
        /* Handle the error. */
    }
                                                                         (2)


    class_nbr = USBD_HID_Add(      USBD_HID_SUBCLASS_BOOT,
                                   USBD_HID_PROTOCOL_MOUSE,
                                   USBD_HID_COUNTRY_CODE_NOT_SUPPORTED,
                                  &App_USBD_HID_ReqportDesc[0],
                                   sizeof(App_USBD_HID_ReportDesc),
                                  (CPU_INT08U * )0,
                                   0u,
                                   2u,
                                   2u,
                                   DEF_YES,
                                  &App_USBD_HID_Callback,                (3)
                                  &err);
    if (err != USBD_ERR_NONE) {
        /* Handle the error. */
    }

    if (cfg_hs != USBD_CFG_NBR_NONE) {
```

第9章 人机接口设备类

```
        USBD_HID_CfgAdd(class_nbr, dev_nbr, cfg_hs, &err);              (4)
        if (err != USBD_ERR_NONE) {
            /* Handle the error. */
        }
    }
    if (cfg_fs != USBD_CFG_NBR_NONE) {
        USBD_HID_CfgAdd(class_nbr, dev_nbr, cfg_hs, &err);              (5)
        if (err != USBD_ERR_NONE) {
            /* Handle the error. */
        }
    }
}
```

清单 9 - 1 HID 类初始化示例

L9 - 1(1):初始化 HID 内部数据结构、变量和操作系统层。

L9 - 1(2):创建一个新的 HID 类实例。在这个示例中,子类是"引导",协议是"鼠标",国家代码未知。一个列表 App_USBD_HID_ReportDesc(),代表传递给函数的报告描述符(参考清单 9 - 2 和 9.1 节关于报告描述符格式的更多细节)。应用程序没有提供物理描述符。中断 IN 端点被使用,并拥有两个帧或微型帧的轮询间隔。使用控制端点接收输出报告是可行的。中断 OUT 端点不会被使用。然而,中断 OUT 轮询间隔被类忽略。结构 App_USBD_HID_Callback 也会被传递,HID 类将会调用它们来处理类相关的请求。

L9 - 1(3):存在 4 个与类相关请求处理的应用回调。以下请求各有一个回调:GET_REPORT、SET_REPORT、GET_PROTOCOL 和 SET_PROTOCOL。更多关于这些类相关的请求,请参考人机接口设备(HID)设备类定义(版本 1.11)。

L9 - 1(4):检测高速配置是否已激活,并在创建这个配置之前添加 HID 实例。

L9 - 1(5):检测全速配置是否已激活,并针对这个配置添加 HID 实例。

清单 9 - 1 也列举了多配置的示例。函数 USBD_HID_Add()和 USBD_HID_CfgAdd()允许创建多个配置和多个实例架构。更多关于多类实例的细节,请参考表 7 - 1 "与多种类实例的内容相关的常量与函数"。

清单 9 - 2 呈现了定义与一个鼠标相对应的一个报告描述符的声明列表示例。

```
static  CPU_INT08U  App_USBD_HID_ReportDesc[] = {                              (1)
    USBD_HID_GLOBAL_USAGE_PAGE        + 1, USBD_HID_USAGE_PAGE_GENERIC_DESKTOP_CONTROLS,  (2)
    USBD_HID_LOCAL_USAGE              + 1, USBD_HID_CA_MOUSE,                             (3)
    USBD_HID_MAIN_COLLECTION          + 1, USBD_HID_COLLECTION_APPLICATION,               (4)
        USBD_HID_LOCAL_USAGE          + 1, USBD_HID_CP_POINTER,                           (5)
```

```
            USBD_HID_MAIN_COLLECTION + 1, USBD_HID_COLLECTION_PHYSICAL,          (6)

            USBD_HID_GLOBAL_USAGE_PAGE + 1, USBD_HID_USAGE_PAGE_BUTTON,           (7)
            USBD_HID_LOCAL_USAGE_MIN + 1, 0x01,
            USBD_HID_LOCAL_USAGE_MAX + 1, 0x03,
            USBD_HID_GLOBAL_LOG_MIN + 1, 0x00,
            USBD_HID_GLOBAL_LOG_MAX + 1, 0x01,
            USBD_HID_GLOBAL_REPORT_COUNT + 1, 0x03,
            USBD_HID_GLOBAL_REPORT_SIZE + 1, 0x01,
            USBD_HID_MAIN_INPUT + 1, USBD_HID_MAIN_DATA    |
                                     USBD_HID_MAIN_VARIABLE |
                                     USBD_HID_MAIN_ABSOLUTE,
                                                                                  (8)
            USBD_HID_GLOBAL_REPORT_COUNT + 1, 0x01,
            USBD_HID_GLOBAL_REPORT_SIZE + 1, 0x0D,
            USBD_HID_MAIN_INPUT + 1, USBD_HID_MAIN_CONSTANT,
                                                                                  (9)
            USBD_HID_GLOBAL_USAGE_PAGE + 1, USBD_HID_USAGE_PAGE_GENERIC_DESKTOP_
                                            CONTROLS,
            USBD_HID_LOCAL_USAGE + 1, USBD_HID_DV_X,
            USBD_HID_LOCAL_USAGE + 1, USBD_HID_DV_Y,
            USBD_HID_GLOBAL_LOG_MIN + 1, 0x81,
            USBD_HID_GLOBAL_LOG_MAX + 1, 0x7F,
            USBD_HID_GLOBAL_REPORT_SIZE + 1, 0x08,
            USBD_HID_GLOBAL_REPORT_COUNT + 1, 0x02,
            USBD_HID_MAIN_INPUT + 1, USBD_HID_MAIN_DATA    |
                                     USBD_HID_MAIN_VARIABLE |
                                     USBD_HID_MAIN_RELATIVE,
        USBD_HID_MAIN_ENDCOLLECTION,                                             (10)
    USBD_HID_MAIN_ENDCOLLECTION                                                  (11)
};
```

清单 9-2 鼠标报告描述符示例

L9-2(1):代表一个鼠标报告描述符的列表以这样的方式初始化:每行对应一个短项目,后者由一个字节的前缀和一个字节的数据组成。更多关于短项目格式细节,请参考人机接口设备(HID)的设备类定义(版本1.11)。这个列表中的内容对应图 9-1 中被一个主机 HID 分析程序查看到的鼠标执行描述符内容。

L9-2(2):使用了通用桌面使用页面。

L9－2(3)：包括通用桌面使用页面在内,使用标签建议用控制组来控制一个鼠标。一个鼠标集合通常由两个坐标(X 和 Y)和一个、两个或三个按键组成。

L9－2(4)：鼠标集合开始。

L9－2(5)：包括鼠标集合在内,一个使用标签推荐将鼠标控制归类到指针集合。一个指针集合是坐标轴生成的一个值,用于指示方向或表明用户对一个应用程序的意图。

L9－2(6)：指针集合开始。

L9－2(7)：按键使用页面定义一个包含三个位的域的输入项目。每个位域分别代表鼠标按键的 1、2 和 3,并且返回 0 和 1 值。

L9－2(8)：按键使用页的输入项目由另外 13 个位填充。

L9－2(9)：另一个通用桌面使用页通过坐标 X 和坐标 Y 指出,用于描述鼠标位置。输入项目由两个 8 位的域组成,该域的取值范围是－127～127。

L9－2(10)：指针集合关闭。

L9－2(11)：鼠标集合关闭。

9.3.3 类实例通信

HID 类提供了表 9－7 函数用于与主机进行通信。更多关于函数参数的细节,请参考附录 D"HID API 参考手册"。

表 9－7 HID 通信 API 概述

函数名	操　作
USBD_HID_Rd()	从主机通过中断 OUT 端点接收数据,该函数为阻塞型
USBD_HID_Wr()	通过中断 IN 端点向主机发送数据,该函数为阻塞型
USBD_HID_RdAsync()	从主机通过中断 OUT 端点接收数据,该函数为非阻塞型
USBD_HID_WrAsync()	通过中断 IN 端点向主机发送数据,该函数为非阻塞型

9.3.4 同步通信

同步通信意味着传输是阻塞型的。函数调用时,应用程序会一直阻塞,直到传输有错或无错地完成。可以自定义一个超时时限,以防止永久地等待。

清单 9－3 列出了使用中断 OUT 端点从主机接收数据和使用中断 IN 端点发送数据到主机的读写示例。

```
CPU_INT08U    rx_buf[2];
CPU_INT08U    tx_buf[2];
USBD_ERR      err;

(void)USBD_HID_Rd(      class_nbr,                              (1)
                        (void *)&rx_buf[0],                     (2)
                        2u,
                        0u,                                     (3)
                        &err);
if (err != USBD_ERR_NONE) {
    /* $$$$ Handle the error. */
}

(void)USBD_HID_Wr(      class_nbr,                              (1)
                        (void *)&tx_buf[0],                     (4)
                        2u,
                        0u,                                     (3)
                        &err);
if (err != USBD_ERR_NONE) {
    /* $$$$ Handle the error. */
}
```

清单 9 - 3　同步批量读写示例

L9-3(1)：从 USBD_HID_Add() 创建的类实例数将会作为 HID 类的内部服务，用于路由传输到合适的中断 IN 或 OUT 端点。

L9-3(2)：应用程序必须确保提供给函数的缓冲区足够大，以容纳所有的数据，否则，可能会发生同步问题。在内部，当调用 USBD_HID_Add() 时，根据控制读标志设置的情况，读操作会在控制端点或中断端点完成。

L9-3(3)：为了防止一个无限阻塞状况的发生，可以自定义一个毫秒级的超时时限。0 值使应用任务永久等待。

L9-3(4)：应用程序提供已初始化的发送缓冲区。

9.3.5　异步通信

异步通信意味着转移是非阻塞的。函数调用时，应用程序传输转移信息到设备栈，而且不会阻塞。当转移正在 USB 总线中进行时，其他应用程序进程就可以完成。一旦传输完成，设备协议栈会调用一个回调来告知应用程序转移完成。

清单 9 - 4 列出了异步读/写的示例。

```
void App_USBD_HID_Comm (CPU_INT08U    class_nbr)
{
    CPU_INT08U   rx_buf[2];
    CPU_INT08U   tx_buf[2];
    USBD_ERR     err;

    USBD_HID_RdAsync(       class_nbr,                          (1)
                     (void *)&rx_buf[0],                        (2)
                            2u,
                            App_USBD_HID_RxCmpl,                (3)
                     (void *)0u,                                (4)
                            &err);
    if (err != USBD_ERR_NONE) {
        /* $$$$ Handle the error. */
    }

    USBD_HID_WrAsync(       class_nbr,                          (1)
                     (void *)&tx_buf[0],                        (5)
                            2u,
                            App_USBD_HID_RxCmpl,                (3)
                     (void *)0u,                                (4)
                            &err);
    if (err != USBD_ERR_NONE) {
        /* $$$$ Handle the error. */
    }
}                                                               (3)

static void App_USBD_HID_RxCmpl (CPU_INT08U    class_nbr,
                                 void         *p_buf,
                                 CPU_INT32U    buf_len,
                                 CPU_INT32U    xfer_len,
                                 void         *p_callback_arg,
                                 USBD_ERR      err)
{
    (void)class_nbr;
    (void)p_buf;
    (void)buf_len;
    (void)xfer_len;
    (void)p_callback_arg;                                       (4)

    if (err != USBD_ERR_NONE) {
```

```
        /* $$$$ Do some processing. */
    } else {
        /* $$$$ Handle the error. */
    }
}                                                                          (3)

static void App_USBD_HID_TxCmpl (CPU_INT08U    class_nbr,
                                 void          *p_buf,
                                 CPU_INT32U    buf_len,
                                 CPU_INT32U    xfer_len,
                                 void          *p_callback_arg,
                                 USBD_ERR      err)
{
    (void)class_nbr;
    (void)p_buf;
    (void)buf_len;
    (void)xfer_len;
    (void)p_callback_arg;                                                   (4)

    if (err != USBD_ERR_NONE) {
        /* $$$$ Do some processing. */
    } else {
        /* $$$$ Handle the error. */
    }
}
```

清单 9-4 异步批量读/写示例

L9-4(1):类实例数将会作为 HID 类的内部服务,用于路由传输到合适的中断 IN 或 OUT 端点。

L9-4(2):应用程序必须确保函数提供的缓冲区足够大,以容纳所有的数据。否则,可能会发生同步问题。在内部,当调用 USBD_HID_Add()时,根据控制读标志设置的情况,读操作会在控制端点或中断端点完成。

L9-4(3):应用程序提供一个回调作为一个参数传递。转移完成之后,设备栈调用这个回调,以使应用程序可以通过分析转移结果来完成转移。例如,读操作完成后,应用程序可能对接收到的数据执行一个特定的处理。写操作完成后,应用程序可以指出写操作是否完成,而且有多少个字节被发送。

L9-4(4):与回调关联的一个变量也可以被传递。而且在回调的上下文中,一些私有的信息可以被检索到。

第9章 人机接口设备类

L9-4(5):应用程序提供已初始化的发送缓冲区。

9.4 使用演示应用程序

Micriμm 提供一个演示应用程序测试和评估类实现,也提供了设备的源码模板文件,以及针对 Windows 主机 PC 可执行程序的源码文件。

9.4.1 配置 PC 和设备应用程序

HID 类提供两个演示程序:
- 鼠标演示程序使用输入报告发送到主机。每个报告周期性地提供模拟鼠标的当前状态。
- 供应商定制的演示程序使用输入和输出报告。主机根据选择发送输出报告或接收一个输入报告。

在设备端,演示应用程序文件 add_usbd_hid.c 提供两个针对 μC/OS-II 和 μC/OS-III 的 HID 演示程序,位于以下两个文件夹中:
- \Micriμm\Software\uC-USB-Device-V4\App\Device\OS\uCOS-II;
- \Micriμm\Software\uC-USB-Device-V4\App\Device\OS\uCOS-III。

使用 app_cfg.h 文件中定义的常量可以使用 HID 演示程序中的一个,设备应用程序常量配置如表 9-8 所列。

表 9-8 设备应用程序常量配置

常量	描述
APP_CFG_USBD_HID_EN	使能供应商演示应用程序的一般常量。必须设置为 DEF_ENABLED
APP_CFG_USBD_HID_TEST_MOUSE_EN	使能或禁止鼠标演示程序。可能的值是 DEF_ENABLED 或 DEF_DISABLED。如果常量被设置为 DEF_DISABLED,则供应商定制的演示程序设为使能
APP_CFG_USBD_HID_MOUSE_TASK_PRIO	用于鼠标演示程序的任务优先级
APP_CFG_USBD_HID_READ_TASK_PRIO	用于供应商定制演示程序的读任务优先级
APP_CFG_USBD_HID_WRITE_TASK_PRIO	用于供应商定制演示程序的写任务优先级
APP_CFG_USBD_HID_TASK_STK_SIZE	用于鼠标或供应商演示程序的任务栈空间。默认值为 256

在 Windows 端,鼠标演示程序可以直接控制显示器上的光标,然而供应商特定的演示程序需要一个定制的应用程序,该应用程序以 Visual Studio 解决方案文件的

形式提供，位于下面的文件夹中：

\Micriμm\Software\uC-USB-Device-V4\App\Host\OS\Windows\HID\Visual Studio 2010

解决方案文件 HID.sln 中包含以下两个项目工程：

- HID-Control 测试了通过控制端点传输的输入和输出报告。类特征请求 GET_REPORT 和 SET_REPORT 允许主机单独地接收输入报告和发送输出报告。
- HID-Interrupt 测试了通过中断 IN 和 OUT 端点传输的输入和输出报告。

一个 HID 设备通过一个供应商 ID(VID)和产品 ID(PID)来定义。VID 和 PID 将会在枚举时被主机检索，以构建一个标识 HID 设备的字符串。HID-Control 和 HID-Interrupt 项目都包含一个名为 app_hid_common.c 的文件。这个文件声明了以下局部常量(见清单 9-5)。

```
static const TCHAR App_DevPathStr[] = _TEXT("hid#vid_fffe&pid_1234");        (1)
```

清单 9-5　用于检测特定 HID 设备的 Windows 应用程序和字符串

L9-5(1)：这个常量允许应用程序检测与主机相连的特定 HID 设备。App_DevPathStr 变量提供的 VID 和 PID 必须与设备端的值匹配。usbd_dev_cfg.c 文件中 USBD_DEV_VFG 结构中定义了设备端的 VID 和 PID。在这个示例中，VID = 0xfffe，PID = 0x1234。更多关于 USBD_DEV_CFG 结构的细节，请参考 2.4.2 小节中的"修改设备配置"。

9.4.2　运行演示程序

鼠标演示程序在 Windows 端没有任何其他要求。只需要将运行鼠标演示程序的 HID 设备插入 PC，然后查看屏幕上指针的移动。

图 9-3 呈现了鼠标演示程序与主机和设备的交互。

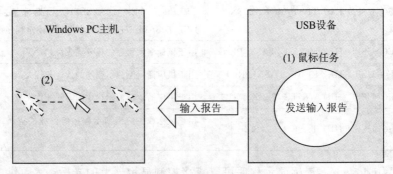

图 9-3　HID 鼠标演示程序

F9-3(1):在设备端,任务 App_USBD_HID_MouseTask()通过给 X 和 Y 轴方向设置确定值并发送包含这些坐标值的输入报告,模拟了鼠标的移动。通过调用 USBD_HID_Wr()函数输入报告从中断 IN 端点发送出去。鼠标演示程序没有模拟任何按键点击,只有鼠标移动。

F9-3(2):Windows 主机 PC 根据中断 IN 端点的轮询间隔周期性地轮询 HID 设备,轮询间隔在与中断 IN 端点匹配的端点中定义了。主机接收并转化输入报告内容。模拟的鼠标移动被转化为屏幕指针的移动。当设备端应用程序执行时,屏幕指针会不断地移动。

供应商定制的演示程序需要启动一个 Windows 可执行应用。两个可执行应用位于以下文件夹中:

\Micriμm\Software\uC-USB-Device-V4\App\Host\OS\Windows\HID\Visual Studio 2010\exe\

两个可执行程序已经在\Micriμm\Software\uC-USB-Device-V4\App\Host\OS\Windows\HID\Visual Studio 2010\目录下的 Visual Studio 2010 项目中生成。

- HID-Control.exe。供应商定制演示程序利用控制端点来发送输出报告或接收输入报告。
- HID-Interrupt.exe。供应商定制演示程序利用中断端点来发送输出报告或接收输入报告。

图 9-4 呈现了主机与设备交互的供应商定制演示程序:

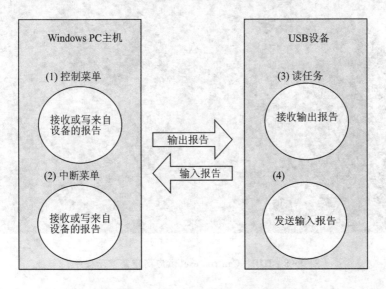

图 9-4 HID 供应商演示程序

F9-4(1):启动 HID-Control.exe 之后,将会出现一个菜单。有三个选择:"1. 发送获取报告","2. 发送设置报告","3. 退出"。选项 1 将会发送一个 GET_REPORT 请求,从设备端获取一个输入报告,输入报告的内容将会在终端中显示出来。选项 2 将发送一个 SET_REPORT 请求向设备发送一个输出报告。

F9-4(2):启动 HID-Interrupt.exe 之后,将会出现一个菜单。有三个选择:"1.从设备读","2.从设备写","3.退出"。选项 1 将会初始化一个中断 IN 传输,从设备获取一个输入报告,输入报告的内容将会在终端中显示出来。选项 2 将会初始化一个中断 OUT 传输,向设备发送一个输出报告。

F9-4(3):在设备端,任务 App_USBD_HID_ReadTask()用于从主机接收输出报告。同步 HID 读函数 USBD_HID_Rd()将会接收输出报告数据。接收到的数据不作任何处理。输出报告的大小为 4 字节。

F9-4(4):另一个任务 App_USBD_HID_WriteTask(),将会利用同步 HID 写函数 USBD_HID_Wr()向主机发送输入报告。输入报告的大小为 4 字节。

图 9-5 和图 9-6 分别呈现了 HID-Control.exe 和 HID-Interrupt.exe 对应的屏幕截图示例。

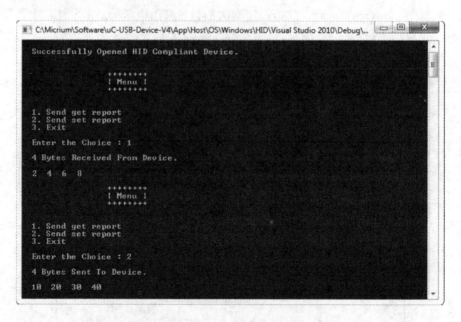

图 9-5 HID-Control.exe(供应商定制演示程序)

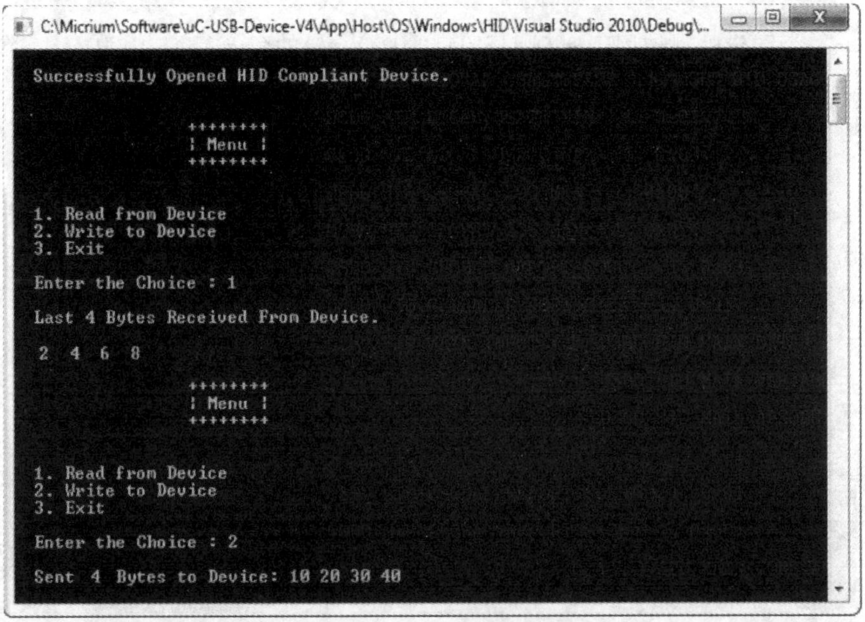

第 9 章 人机接口设备类

图 9-6 HID-Interrupt.exe(供应商定制演示程序)

9.5 移植 HID 类到 RTOS 层

HID 类使用自己的 RTOS 层以满足不同目的：

- 一个加锁系统用于保护一个给定的输入报告。主机可以通过使用控制端点或一个中断 IN 传输,给设备发送一个 GET_REPORT 请求而得到一个输入报告。当应用程序完成中断 IN 传输,设备协议栈会处理 GET_REPORT 请求。当应用程序执行中断 IN 传输,输入报告会在内部存储。当 GET_REPORT 被接收,这个存储的报告数据会通过一个控制传递发送出去。加锁系统确保在应用程序任务中完成的输入报告数据存储操作和在设备协议栈内部任务中完成的 GET_REPORT 请求处理的数据完整性。
- 当使用控制端点时,一个加锁系统用于保护应用程序任务和设备协议栈内部任务之间的输出报告处理过程。应用程序提供给 HID 类一个接收缓冲区,用于生成应用任务上下文中的输出报告。这个接收缓冲区将会被设备协议栈内部任务在接收 SET_REPORT 请求时使用。加锁系统确保接收缓冲区和相关变量的完整性。
- 一个加锁系统可以用于保护从多应用任务访问中断 IN 端点。
- 当使用控制端点时,一个同步机制被用于实现 USBD_HID_Rd()的阻塞行为。
- 一个同步机制被用于实现 USBD_HID_Wr() 的阻塞行为,因为 HID 类内部使用异步中断 API 实现写 HID。
- 一个任务被用于处理周期输入报告。更多关于这个任务的细节,请参考 9.6 节"周期输入报告任务"。

默认情况下,Micriμm 将会提供一个基于 μC/OS-II 和 μC/OS-III 的 RTOS 层。但是,你也可能需要自己创建属于你的 RTOS 层。你的层将需要实现表 9-9 中的函数。完整的 API 描述可参考附录 D"HID API 参考手册"。

表 9-9 HID OS 层 API 摘要

函数名	操作
USBD_HID_OS_Init()	创建并初始化任务和信号量
USBD_HID_OS_InputLock()	输入报告加锁
USBD_HID_OS_InputUnlock()	输入报告解锁
USBD_HID_OS_InputDataPend()	等待输入报告数据写操作完成
USBD_HID_OS_InputDataPendAbort()	中止等待输入报告写操作完成
USBD_HID_OS_InputDataPost()	标志输入报告数量已经发送到主机
USBD_HID_OS_OutputLock()	输出报告加锁
USBD_HID_OS_OutputUnlock()	输出报告解锁
USBD_HID_OS_OutputDataPend()	等待输出报告数据读操作完成
USBD_HID_OS_OutputDataPendAbort()	中止等待输出报告数据读操作完成
USBD_HID_OS_OutputDataPost()	标志来自主机的输出报告数据已经被接收
USBD_HID_OS_TxLock()	类传送加锁
USBD_HID_OS_TxUnlock()	类传送解锁
USBD_HID_OS_TmrTask()	任务处理周期输入报告

9.6 周期输入报告任务

为了节省带宽,主机具备能够在一个中断 IN 端点中通过限制报告频率来静默一个特定报告的能力,主机发送 SET_IDLE 请求来实现这个操作。Micirum HID 类实现包含一个内部任务,该任务是负责遵守一个或多个输入报告频率的限制。图 9-7 呈现了周期输入报告任务的功能。

F9-7(1):设备接收一个 SET_IDLE 请求,这个请求为一个给定的报告 ID 指定一个空闲时段。关于 SET_IDLE 请求的更多细节,请参考人机接口

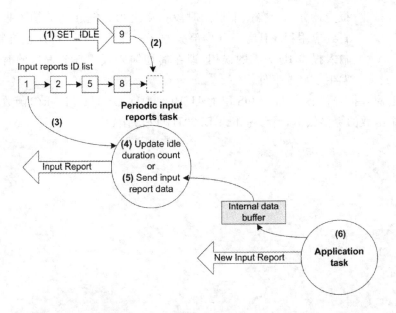

图 9－7　周期输入报告任务

设备(HID)的设备类定义(版本 1.11)。一个报告 ID 可让你区别从相同端点发送过来的不同类型的报告。

F9－7(2)：HID 类初始化阶段对一个报告 ID 结构进行分配,该结构在空闲时段会被更新。空闲时段的计数器使用空闲时段值进行初始化,然后报告 ID 结构被插入到一个包含输入报告 ID 结构链表的末尾。空闲时段值以 4 ms 为一单位,变化范围 4～1 020 ms。如果空闲时段小于中断 IN 端点的轮询间隔,则报告会在轮询间隔中生成。

F9－7(3)：每 4 ms,周期输入报告任务浏览输入报告列表,对于每个输入报告 ID,任务执行两个可能的操作之一。任务周期与用于空闲时段的 4 ms单位相匹配。如果主机没有发送 SET_IDLE 请求,则输入报告 ID 列表为空,而且任务也不会进行任何处理。任务只处理非 0 的报告 ID 和空闲时段大于 0 的报告 ID。

F9－7(4)：对于给定的输入报告 ID,如果空闲时段结束,任务会进行核查。如果空闲时值没有结束,计数器会渐减,而且不会向主机发送输入报告。

F9－7(5)：如果空闲时段结束,也就是计数器已到达 0,那么通过调用 USBD_HID_Wr()函数,一个输入报告会通过中断 IN 端点发送给主机。

F9－7(6)：任务发送的输入报告数据来自于报告描述符中为每个输入报告分配的内部数据缓冲区。应用程序任务可以调用 USBD_HID_Wr()函数发送一个输入报告。发送输入报告之后,USBD_HID_Wr()使用刚刚发送的数据更新一个输入报告 ID 的内部缓冲区。然后,周期输入报告任务总会在每个空闲时段结束之后发送相同的输入报告数据,直到应用程序任务更新内部缓冲区的数据。有一些加锁机制来防止输入报告 ID 数据的误用,即在周期输入报告任务发送的时候,恰好发生了修改事件。

周期输入报告任务在 HID OS 层的 USBD_HID_OS_TmrTask()函数中实现,关于这个函数的更多细节,请参考附录 D.2"HID OS 函数"。

第 10 章

大容量存储类

本章描述 μC/USB-Device 支持的大容量存储类(MSC)。μC/USB-Device 上的 MSC 应用符合以下规格：
- 通用串行总线(USB)大容量存储类规格总览，版本 1.3,2008 年 9 月 5 日。
- 通用串行总线纯批量(Bulk-Only)传输，版本 1.0,1999 年 9 月 30 日。

MSC 协议允许信息在 USB 设备和主机之间传输。此处的信息指任何可被电子存储的事物：可执行程序、源代码、文档、图片、配置信息以及文本和数字数据。USB 设备对主机而言是一个外部存储媒介，主机可以通过拖拽来传输数据。

文件系统定义文件在存储媒介上的组织方式。USB 大存储类规格并没有指定使用某一种文件系统，而是提供了一种简单的扇区读/写接口，一套透明的命令集：小型计算机系统接口(Small Computer System Interface)。这样操作系统就可以将 USB 设备作为硬盘处理，并将其格式化为任意文件系统。

USB 大容量存储类支持两套传输协议：
- 纯批量传输(Bulk-Only Transport,BOT)；
- 控制/批量/中断(Control/Bulk/Interrupt,CBI)传输。

μC/USB-Device 中支持的大容量存储类应用了 SCSI 透明命令集的 BOT 协议，只有批量端点可以被用于数据和状态信息的传输。MSC 应用支持多个逻辑单元，并提供高级锁机制用于嵌入式系统中的存储介质共享。

10.1 概 述

10.1.1 大容量存储类协议

MSC 协议包括三个部分：
- 命令传输；
- 数据传输；

● 状态传输。

大容量存储命令由主机通过命令块(Command Block Wrapper,CBW)结构发出。对于需要数据传输的命令而言,主机会尝试发送/接收 CBW 中指定的标记字段和指定字节数的数据。在数据阶段之后,主机会尝试从设备接收命令状态块(Command Status Wrapper,CSW),其中包括命令的状态和残留数据(如果有的话)。对于不需要数据阶段的命令,主机会在 CBW 送出后直接尝试接收 CSW。MSC 协议见图 10-1。

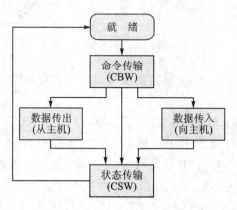

图 10-1 MSC 协议

10.1.2 端 点

在设备端,为了配合 BOT 规格,MSC 包括以下端点:
● 一组默认 IN 和 OUT 控制端点;
● 一组批量 IN 和 OUT 端点。

表 10-1 列出了 MSC 端点的不同用法。

表 10-1 MSC 端点用法

端 点	方 向	用 法
控制 IN	设备到主机	枚举和 MSC 类请求
控制 OUT	主机到设备	
批量 IN	设备到主机	发送 CSW 和数据
批量 OUT	主机到设备	接收 CBW 和数据

10.1.3 大容量类请求

MSC BOT 协议定义了两种控制请求,说明如表 10-2 所列。

表 10-2 大容量类请求

类请求	描述
批量大容量存储重设	用于重设大容量存储设备以及相关的接口。该请求让设备做好准备接收下一个命令块
获取最大 LUN	获取设备支持的最大逻辑单元数目(Logical Unit Number,LUN)。比如一个设备支持 LUN 0 和 LUN 1,那么就会返回数值 1。仅支持一个逻辑单元的设备将会返回 0 或者忽略请求。设备能够返回的最大值是 15

10.1.4 小型计算机系统接口(SCSI)

SCSI 是一组控制电脑和外设间通信的标准。这些标准包括命令、协议、电子接口和光学接口。使用其他硬件接口的存储设备(比如 USB)使用 SCSI 命令获取设备/主机信息,控制设备的运行,并从存储媒介中传输数据块。

SCSI 命令涵盖了许多设备类型和功能,因此设备只需要命令的一个子集。通常而言,以下命令是基础通信必需的:
- INQUIRY;
- READ CAPACITY(10);
- READ(10);
- REQUEST SENSE;
- TEST UNIT READY;
- WRITE(10)。

10.2 体系结构

10.2.1 MSC 体系结构

图 10-2 所示是 USB 主机和 USB MSC 设备的体系结构框架。

在主机端,应用通过与原生的大容量存储驱动和 SCSI 驱动交互来与 MSC 设备通信。与 BOT 规格一致,主机使用默认的控制端点和批量 IN/OUT 端点分别进行设备枚举和设备通信。

10.2.2 SCSI 命令

主机通过命令解释块(Command Descriptor Block,CDB)向设备发送 SCSI 命

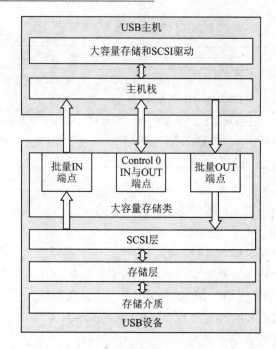

图 10-2 MSC 体系结构

令,这些命令设置了传输数据块、状态和控制信息(比如设备交换数据的能力和可读性)的特定请求。μC/USB MSC 设备支持的 SCSI 主命令和块命令如表 10-3 所列。

表 10-3 SCSI 命令

SCSI 命令	功　能
INQUIRY	请求设备返回包含自身信息的结构。无论媒体介质对其他命令是否会作出回应,设备都应该返回一个结构。具体命令说明参考 SCSI 主命令文档
TEST UNIT READY	请求设备返回状态表明是否就绪。 具体命令说明参考 SCSI 主命令文档
READ CAPACITY(10) READ CAPACITY(16)	请求设备返回存储容量(字节)。 具体命令说明参考 SCSI 块命令文档
READ(10) READ(12) READ(16)	请求从存储介质中读取数据块。 具体命令说明参考 SCSI 块命令文档
WRITE(10) WRITE(12) WRITE(16)	请求向存储介质写入数据块。 具体命令说明参考 SCSI 块命令文档
VERIFY(10) VERIFY(12) VERIFY(16)	请求测试设备的一个或多个扇区。 具体命令说明参考 SCSI 块命令文档

第 10 章 大容量存储类

续表 10 - 3

SCSI 命令	功能
MODE SENSE(6) MODE SENSE(10)	请求和存储介质、逻辑单元或者设备有关的参数。 具体命令说明参考 SCSI 主命令文档
REQUEST SENSE	请求一个包含读出数据的结构。 具体命令说明参考 SCSI 主命令文档
PREVENT ALLOW MEDIA REMOVAL	请求设备允许或者禁止用户移除存储介质。 具体命令说明参考 SCSI 主命令文档
START STOP UNIT	请求设备载入或者弹出介质。 具体命令说明参考 SCSI 主命令文档

10.2.3 存储层和存储介质

图 10-2 所示的存储层是 MSC 和存储介质间的接口,它负责初始化存储介质,在其上进行读写操作或者获取信息(如容量和状态)。存储介质可能是：
- RAM；
- SD/CF 卡；
- NAND 闪存；
- NOR 闪存；
- IDE 硬盘。

MSC 可以支持以下三种存储介质：
- RAM 磁盘；
- μC/FS；
- 供应商的特定文件系统。

Micriμm 提供了一个存储层(RAMDisk),它将硬件平台的内存作为存储介质。除此之外,可以选择使用 Micriμm 的 μC/FS,或者根据供应商的文件系统存储层实现一个文件系统。如果你是用自己的文件系统实现,你需要创建一个存储层端口与存储介质交互。关于实现存储层请参考 10.6 节"MSC 的存储层移植"。

图 10-3 展示了 μC/FS 存储层和 μC/FS 的交互关系。

μC/FS 存储层的实现有两个重要特性：
- 高层锁机制；
- 可移动媒体的插入/移除检测。

高层锁机制可以在主机和嵌入式 μC/FS 应用同时访问设备时保护存储介质。另外,如果大容量存储设备被连接到主机上,主机可以获得存储介质的独享控制权。μC/FS 应用将会等待锁的释放,当设备从主机上移除或者被软件弹出时,锁会被释

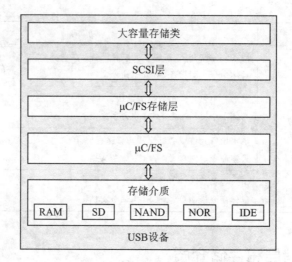

图 10-3　μC/FS 存储层

放。相反地,如果 μC/FS 应用锁定了存储介质,当设备连接时,主机不会获得访问权,当主机申请存储介质的存在状态时,只要 μC/FS 应用还拥有锁,大容量存储设备会返回介质不存在的信息。锁被释放时,主机会取得访问权,介质上的 μC/FS 操作将不能进行。

　　μC/FS 存储层能够检测可移动媒体的插入和移除,比如 SD 卡。主任务将会定期检查可移动媒体存在与否。当大容量存储设备已连接,而可移动媒体不存在的时候,大容量存储会告知主机存储介质不存在。当可移动媒体插入插槽的时候,μC/FS 存储层任务将会更新可移动媒体状态,这样下次主机请求时就可以访问可移动媒体了。对于媒体移除而言正好是相反的,如果你的产品只使用固定的媒体,μC/FS 存储层的任务可以被停用,你也可以设置任务的周期。关于 μC/FS 存储层配置的更多细节参考 10.4.1 小节"一般配置"。

10.2.4　多个逻辑单元

　　MSC 类支持多个逻辑单元。一个逻辑单元一般指一个媒体类型或者某个媒体类型中的一个分区。图 10-4 展示了不同的逻辑单元配置,LU 代表逻辑单元(Logical Unit)。

　　F10-4(1):配置(1)是单一逻辑单元的样例。整个 RAM 区域代表一个唯一的逻辑单元。对于 USB 存储棒而言,这一配置十分典型。这一 RAM 设备被连接到主机时,将会出现一个媒体图标。

　　F10-4(2):配置(2)是单一媒体多个逻辑单元的样例。每一个逻辑单元可以被看作一个分区。这是 USB 外部硬盘的典型配置。这一 RAM 设备

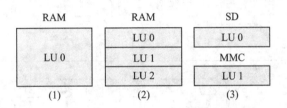

图 10-4　多个逻辑单元的配置样例

连接到主机时会出现三个媒体图标。

F10-4(3)：配置(3)是多个不同逻辑单元的样例。多卡槽读卡器是本配置的典型例子。

RAMDisk 存储层支持配置(1)和(2)，μC/FS 存储层支持配置(1)和(3)，不支持配置(3)。

MSC 初始化时会添加所有逻辑单元。多个逻辑单元初始化的细节参见 10.4.2 小节"类实例配置"，Windows 的多逻辑单元实例参见 10.5.2 小节"USB 主机应用"。

10.3　RTOS 层

MSC 设备通信依靠一个实现 MSC 协议的任务处理机。当一个设备的枚举完成之后，通信开始之前，需要通知这一任务处理机。通信开始后，这一任务必须追踪端点的状态更新，从而正确地实现 MSC 协议。这类通知由 RTOS 信号完成。MSC RTOS 层会创建两个信号量（Semaphore）分别用于枚举和通信进程。Micriμm 默认会提供 μC/OS-II 和 μC/OS-III 的 RTOS 层，也可以创建自己的 RTOS 层。移植 RTOS 的内容参见 10.7 节"MSC 的 RTOS 移植"。

MSC 任务处理机应用 MSC 协议，负责设备与主机间的通信。当调用 USBD_MSC_Init()时，任务处理机会被初始化。MSC 协议由包含九个状态的状态机负责处理，状态间的转换关系如图 10-5 所示。

当检测到 MSC 设备连接时，设备开始一个无限循环，等待从主机发出的第一个 CBW。接下来设备会进入数据阶段或 CSW 传输阶段，这取决于收到的命令。如果数据阶段出现了停顿的情况，则主机必须在进入 CSW 阶段前将对应的端点清除。如果从主机获取的是无效的 CBW，则设备进入重设恢复阶段（两个端点都处于停顿状态）。主机发出批量大容量存储重设类请求，进行完全重设。如果 CSW 阶段成功执行（或者重置恢复完成），则任务会返回并接收下一个 CBW 命令。如果设备在任何一步被断开，则状态机会进入空状态。

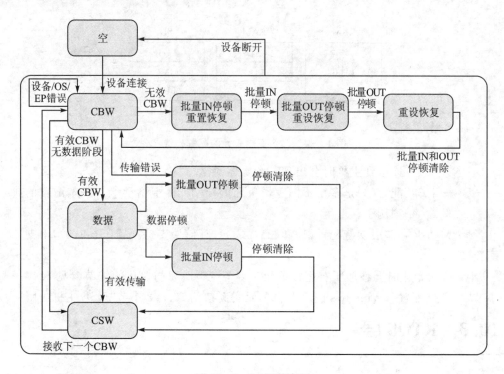

图 10-5 MSC 状态机

10.4 配 置

10.4.1 一般配置

自定义 MSC 设备需要用到多个配置常数,它们位于 usbd_cfg.h 文件中。表 10-4 给出了每个常数的说明。

表 10-4 MSC 配置常数

常 数	说 明
USBD_MSC_CFG_MAX_NBR_DEV	设置类实例的最大数量。该值应被设置为1,除非计划使用多个类实例来构造多个配置/接口
USBD_MSC_CFG_MAX_NBR_CFG	设置使用 MSC 的配置的最大数量。注意,当使用高速设备时会建立两个配置:一个是全速,另外一个是高速
USBD_MSC_CFG_MAX_LUN	设置逻辑单元的最大数目。数值至少为 1
USBD_MSC_CFG_DATA_LEN	设置读/写数据长度(八进制),默认值 2 048

第 10 章 大容量存储类

续表 10-4

常　数	说　明
USBD_MSC_CFG_FS_REFRESH_TASK_EN	允许或者禁止 μC/FS 存储层任务进行可移动媒体插入/移除检测。默认值是 DEF_DISABLED。只有固定媒体，如 RAM 和 NAND 被使用时，常数应被设置为 DEF_DISABLED，否则应被设置为 DEF_ENABLED
USBD_MSC_CFG_DEV_POLL_DLY_mS	设置 μC/FS 存储层任务周期。默认值 100 ms。如果 USBD_MSC_CFG_FS_REFRESH_TASK_EN 被设为 DEF_DISABLED，则常数将失效。更短的周期可能会改善检测可移动媒体插入/移除的延迟，从而让主机可移动媒体图标的更新更加迅速。不过这样做会使得 CPU 中断更加频繁。较长的周期会延迟图标的显示，不过 CPU 检查可移动媒体状态的时间将会减少

10.4.2　类实例配置

在通信阶段之前，需要按照需求初始化和配置类。表 10-5 总结了 MSC 实现提供的初始化函数。完整的 MSC API 参考附录 E.1"大容量存储类函数"。

表 10-5　类实例 API 函数

函数名	操　作
USBD_MSC_Init()	初始化 MSC 内部结构和变量
USBD_MSC_Add()	添加新的 MSC 实例
USBD_MSC_CfgAdd()	向 USB 设备配置中添加已有的 MSC 实例
USBD_MSC_LunAdd()	向 MSC 接口中添加 LUN

MSC 初始化需要以下步骤：

1. 调用 USBD_MSC_Init( )

这是第一个需要调用的函数，根据想要的类实例数目决定调用的次数。函数将会初始化所有类需要的内部结构和变量。函数还会初始化实时操作系统（RTOS）层。

2. 调用 USBD_MSC_Add( )

函数添加一个新的 MSC 实例。

3. 调用 USBD_MSC_CfgAdd( )

类实例的配置和初始化完成后，需要将其添加到一个 USB 配置中。高速设备需要两个配置，一个供全速时使用，另一个高速时使用。每个速度配置都需要调用 US-

BD_MSC_CfgAdd()进行添加。

4. 调用 USBD_MSC_LunAdd( )

最后,调用此函数向 MSC 接口添加一个逻辑单元。需要指定逻辑单元的类型和容量,以及设备的细节(比如供应商 ID 字符串、产品 ID 字符串、产品版本和只读标记)。逻辑单元由一个字符串标记,字符串的格式是＜存储设备驱动名＞:＜逻辑单元序号＞,逻辑单元序号从零开始。如果一个设备只有一个逻辑单元的话,＜逻辑单元序号＞应为零,比如 ram:0 和 sdcard:0。如果有多个逻辑单元配置,那么这个函数应被调用多次。

清单 10-1 展示了 MSC 初始化时函数的调用以及多个逻辑单元初始化的过程。

```
USBD_ERR        err;
CPU_INT08U      msc_nbr;
CPU_BOOLEAN     valid;


USBD_MSC_Init(&err);                                    (1)
if (err != USBD_ERR_NONE) {
    return (DEF_FAIL);
}


msc_nbr = USBD_MSC_Add(&err);                           (2)
if (cfg_hs != USBD_CFG_NBR_NONE) {
    valid = USBD_MSC_CfgAdd (msc_nbr,                   (3)
                            dev_nbr,
                            cfg_hs,
                            &err);
    if (valid != DEF_YES) {
        return (DEF_FAIL);
    }
}


if (cfg_hs != USBD_CFG_NBR_NONE) {
    valid = USBD_MSC_CfgAdd (msc_nbr,                   (4)
                            dev_nbr,
                            cfg_fs,
                            &err);
    if (valid != DEF_YES) {
        return (DEF_FAIL);
    }
}
```

```
USBD_MSC_LunAdd((void *)"ram:0:",                                    (5)
                            msc_nbr,
                            "Micriμm",
                            "MSC LUN 0 RAM",
                            0x0000,
                            DEF_TRUE,
                            &err);
if (err != USBD_ERR_NONE) {
    return (DEF_FAIL);
}


USBD_MSC_LunAdd((void *)"sdcard:0:",                                 (6)
                            msc_nbr,
                            "Micriμm",
                            "MSC LUN 1 SD",
                            0x0000,
                            DEF_FALSE,
                            &err);
if (err != USBD_ERR_NONE) {
    return (DEF_FAIL);
}

return(DEF_OK);
```

清单 10-1　MSC 初始化

L10-1(1)：初始化 MSC BOT 内部使用的结构和变量。

L10-1(2)：添加新的 MSC 实例。

L10-1(3)：检查高速配置是否有效，向 USB 配置添加已经存在的 MSC 实例。

L10-1(4)：检查全速配置是否有效，向 USB 配置添加已经存在的 MSC 实例。

L10-1(5)：根据类型和容量向 MSC 实例添加一个逻辑单元。在本例中，＜存储设备驱动名＞字符串是 ram，＜逻辑单元序号＞字符串是 0，逻辑单元为只读属性(DEF_TRUE 被指定)。

L10-1(6)：根据类型和容量向 MSC 实例添加另一个逻辑单元。在本例中，＜存储设备驱动名＞字符串是 sdcard，＜逻辑单元序号＞字符串是 0，逻辑单元为可读写属性(DEF_FALSE 被指定)。当主机枚举大容量存储设备时，本设备会报告两个不同类型的逻辑单元，RAM 和 SD 各一个。

10.5 使用演示应用

MSC 演示应用包括两个部分：
- USB 主机上的任何文件管理器应用(Windows、Linux、Mac)，比如大容量存储设备会在 Windows 的"我的电脑"中显示为一个设备,用户可以复制、移动和删除其上的文件。
- 目标板上的 USB 设备应用,用于响应主机请求。

μC/USB 设备允许管理器应用访问 MSC 设备,比如 NAND/NOR 闪存、RAM 硬盘、Compact Flash(CF)、Secure Digital(SD)等。当设备配置为 MSC,并且连接到 PC 主机时,操作系统会载入必要的驱动管理与 MSC 设备通信。举例来说,Windows 载入内建的 disk.sys 和 PartMgr.sys 驱动,可以通过文件管理器应用与设备交互,使 MSC 的设备栈生效。

10.5.1 USB 设备应用

在目标端,用户通过 app_cfg.h 配置应用。表 10-6 列出了一些必须被定义的预处理器常数。

表 10-6 预处理器常数

预处理器常数	说 明	默认值
APP_CFG_USBD_EN	使能应用中的 μC/USB 设备	DEF_ENABLED
APP_CFG_USBD_MSC_EN	使能应用中的 MSC	DEF_ENABLED

如果使用 RAMDisk 存储,则应确保在工程中包括相关的存储层文件,并配置表 10-7 中的常数。

表 10-7 RAM Disk 预处理器常数

预处理器常数	说 明	默认值
USBD_RAMDISK_CFG_NBR_UNITS	RAMDISK 单元数目	1
USBD_RAMDISK_CFG_BLK_SIZE	RAMDISK 块大小	512
USBD_RAMDISK_CFG_NBR_BLKS	RAMDISK 块数目	(4×1 024×1)
USBD_RAMDISK_CFG_BASE_ADDR	RAMDISK 内存基地址。该可选常数用于定义 RAMDISK 的数据区域。如果被定义,RAMDISK 数据区域将被设置为从这一基地址开始,否则 RAMDISK 数据区域将会是来自程序数据区域的表格	0xA000000

如果使用 μC/FS 存储,则应确保在工程中包括相关的 μC/FS 存储层文件,并配置表 10-8 中的常数。

表 10-8 μC/FS 预处理器常数

预处理常数	说 明	默认值
APP_CFG_FS_EN	在应用中使能 μC/FS	DEF_ENABLED
APP_CFG_FS_DEV_CNT	文件系统设备数	1
APP_CFG_FS_VOL_CNT	文件系统卷标数	1
APP_CFG_FS_FILE_CNT	文件系统文件数	2
APP_CFG_FS_DIR_CNT	文件系统文件夹数	1
APP_CFG_FS_BUF_CNT	文件系统缓存数	(2 * APP_CFG_FS_VOL_CNT)
APP_CFG_FS_DEV_DRV_CNT	文件系统设备驱动数	1
APP_CFG_FS_WORKING_DIR_CNT	文件系统工作文件夹数	0
APP_CFG_FS_MAX_SEC_SIZE	文件系统最大扇区数	512
APP_CFG_FS_RAM_NBR_SEC	文件系统 RAM 扇区数	8 192
APP_CFG_FS_RAM_SEC_SIZE	文件系统 RAM 扇区大小	512
APP_CFG_FS_NBR_TEST	文件系统测试数目	10
APP_CFG_FS_IDE_EN	在文件系统中使能 IDE 设备	DEF_DISABLED
APP_CFG_FS_MSC_EN	在文件系统中使能 MSC 设备	DEF_DISABLED
APP_CFG_FS_NOR_EN	在文件系统中使能 NOR 设备	DEF_DISABLED
APP_CFG_FS_RAM_EN	在文件系统中使能 RAM 设备	DEF_ENABLED
APP_CFG_FS_SD_EN	在文件系统中使能 SD 设备	DEF_DISABLED
APP_CFG_FS_SD_CARD_EN	在文件系统中使能 SD 卡	DEF_ENABLED

10.5.2 USB 主机应用

为了用 MSC 测试 μC/USB 设备,用户可以在 Windows PC 上使用 Windows Explorer 作为 USB 主机应用。

当配置 MSC 演示应用的设备连接到 PC 时,Windows 会载入正确的驱动,如图 10-6 所示。

Windows Explorer 会显示一个可移动硬盘,如图 10-7 所示。如果 MSC 演示应用被配置为一个有多个逻辑单元的大容量存储设备(如清单 10-1 所示),则 Windows Explorer 会为每个逻辑单元显示一个图标。

嵌入式协议栈 µC/USB - Device

图 10-6　Windows 主机下 MSC 设备驱动检测

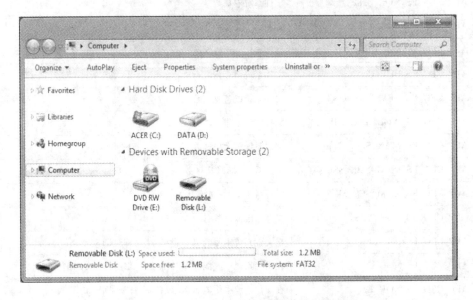

图 10-7　Windows 7 文件管理器中的 MSC 设备

当打开可移动磁盘时，如果这是未格式化的 MSC 设备首次连接到 PC，那么 Windows 会询问是否要格式化大容量存储设备。格式化时可以选择文件系统，对于嵌入式系统而言最常见的是 FAT。

如果大容量存储设备是非永久性存储，比如 SDRAM，那么每次目标板断电都意味着数据和文件系统信息的丢失。当下一次目标板电源开启时，SDRAM 是空白的，所以必须在 PC 上重新格式化设备。

设备正确格式化之后，就可以测试 MSC 演示应用了。下面是一些可以测试的项目：

● 创建一个或者多个文本文件。
● 向文本文件中写数据。
● 打开并读取文本文件。
● 复制/粘贴数据。
● 删除一个或多个文件。

第10章 大容量存储类

这些操作都会产生 SCSI 命令对大容量存储设备进行读/写。

MSC 类支持操作系统弹出可移动存储设备的选项，图 10-8 给出了 Windows Explorer 上的弹出选项。当右击可移动磁盘时，可以选择"弹出"选项。这一选项会向设备发送特别的 SCSI 命令，设备随即会停止对存储的访问。随后，Windows 会修改可移动磁盘的图标，移除容量信息。如果在设备弹出后双击图标，Windows 会显示没有插入磁盘的信息。弹出后不能重新激活可移动媒体，只能重新连接设备，从而让 Windows 重新枚举设备，并刷新文件管理器的内容。

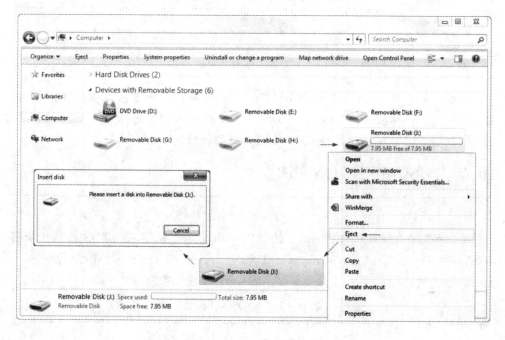

图 10-8　Windows 可移动存储弹出选项

10.6　MSC 的存储层移植

存储层端口必须实现表 10-9 中的 API 函数，可以从参考存储层移植模板开始，模板位于 Micriμm\Software\uC-USB-Device-V4\Class\MSC\Storage\Template。

表 10-9　存储层 API 函数

函数名	操作
USBD_StorageInit()	初始化存储层内部表
USBD_StorageAdd()	初始化存储介质

续表 10-9

函数名	操 作
USBD_StorageCapacityGet()	获取存储介质容量
USBD_StorageRd()	从存储介质读取数据
USBD_StorageWr()	向存储介质写入数据
USBD_StorageStatusGet()	获取存储介质的状态。如果存储介质是可移动设备,比如 SD/MMC 卡,则函数会返回存储介质的插入/移除状态
USBD_StorageLock()	锁定对存储介质的访问
USBD_StorageUnlock()	解锁对存储介质的访问
USBD_StorageUnlock()	检查可移动媒体的存在情况,即插入/移除检测。仅为 μC/FS 存储层定义

也可以参考 RAMDisk 存储和 μC/FS 存储,要获取更详细的存储层实现样例,参考位置是 Micriμm\Software\uC-USB-Device-V4\Class\MSC\Storage\。完整的存储层 API 说明参考附录 E.3 "MSC 存储层函数"。

10.7 MSC 的 RTOS 移植

RTOS 层必须实现表 10-10 中的 API 函数。可以从参考 RTOS 移植模板开始,模板位于 Micriμm\Software\uC-USB-Device-V4\Class\MSC\OS\Template。完整的 API 说明参考附录 E.2 "MSC 操作系统函数"。

表 10-10 RTOS API 函数

函 数	操 作
USBD_MSC_OS_Init()	初始化 MSC OS 接口。函数会创建信号量(信号量),用于通信和枚举过程。该函数还会创建实现 MSC 协议的 MSC 任务。如果 μC/FS 存储层使用可移动媒体,则 Refresh 任务会被创建
USBD_MSC_OS_CommSignalPost()	发送(Post)一个 MSC 通信使用的信号量
USBD_MSC_OS_CommSignalPend()	等待(Wait)一个 MSC 通信使用的信号量,直到其变为可用
USBD_MSC_OS_CommSignalDel()	删除一个 MSC 通信使用的信号量(如果没有任何任务在等待这个信号量)
USBD_MSC_OS_EnumSignalPost()	发送(Post)一个 MSC 枚举过程使用的信号量
USBD_MSC_OS_EnumSignalPend()	等待(Wait)一个 MSC 枚举过程使用的信号量,直到其变为可用
USBD_MSC_OS_Task()	调用处理 MSC 协议的任务。更多细节参考 10.3 节 "RTOS 层"
USBD_MSC_OS_RefreshTask()	调用检测可移动媒体插入/移除的任务。这一任务只在 μC/FS 使用可移动媒体时可用

第 11 章

个人健康设备类

本章描述 μC/USB 设备支持的个人健康设备类(PHDC)。实际的实现参考下面的 USB-IF 规格：

USB 个人健康设备类定义，版本为 1.0，2007 年 11 月 8 日。

PHDC 可以搭建用于监测和改善个人健康的 USB 设备。近几年，市场上出现了许多现代化个人健康设备，比如血糖仪、血氧计和血压仪。这些设备的特点是它们能够和计算机连接，从而实现数据回放、实时监测或者配置。典型的连接这些设备的方法是通过 USB 连接，这也是 PHDC 出现的原因。

尽管 PHDC 已经标准化，大多数现代操作系统(OS)并不提供专用的驱动。在 Microsoft Windows 上，开发者可以使用 Microsoft 提供的 WinUSB 驱动来编写自己的驱动。Continua Health Alliance 也提供了一个基于 libusb(一个开源的 USB 库，见 http://www.libusb.org/)的 PHDC 驱动。这个样例驱动是供应商辅助代码(Vendor Assisted Source-Code，VASC)的一部分。

11.1 概 述

11.1.1 数据特性

根据个人健康设备的特性，数据的发送有三种不同方式：
- 阵发性发送。数据在用户完成某个动作时被发送。
- 存储后发送。设备未连接时数据先被收集和存储，主机连接时发送数据。
- 连续发送。为了能够持续监测，数据连续地被发送到主机。

考虑到这些需求，数据传输需要从可靠性和延迟两方面考虑：
- 可靠性。好，更好，最佳。
- 延迟。极高，高，中等，低。

举例来说，发送连续监测数据的设备要求低延迟和良好的可靠性。

PHDC 并不支持所有的延迟/可靠性组合。下面是全部支持的组合：
- 低延迟,良好可靠性；
- 中等延迟,良好可靠性；
- 中等延迟,更好的可靠性；
- 中等延迟,最佳可靠性；
- 高延迟性,最佳可靠性；
- 高延迟,最佳可靠性；
- 极高延迟,最佳可靠性。

上述组合被称做服务质量（Quality of Service,QoS）。表 11-1 是 QoS 级别说明。

表 11-1 QoS 级别说明

QoS(延迟/可靠性)	延迟	信息传输率	传输方向	一般应用
低/良好	<20 ms	50~1.2 Mb/s	IN	实时监测(快速采样)
中等/良好	<200 ms	50~1.2 Mb/s	IN	—
中等/更好	<200 ms	几十字节	IN、OUT	测量参数的回放或者实时发送
中等/最佳	<200 ms	几十字节	IN、OUT	事件,提醒,请求,控制,设备状态,监测对象的生理状况
高/最佳	<2 s	几十字节	IN、OUT	生理状况和设备状态警告
极高/最佳	<20 s	几十字节到 GB 级别	IN、OUT	传输报告、历史或者离线数据

从 PHDC 设备传输数据可以包含前文,其中可能包括不透明数据。不透明数据不是实际的数据,其实际作用类似文件头。不透明数据可以让接收端应用程序知道将要接收的数据类型。

11.1.2 操作模型

个人健康设备数据传输 QoS 的要求可以通过 PHDC 设置批量端点或中断端点达到。表 11-2 和图 11-1 显示了 QoS 和端点之间的对应关系。

表 11-2 端点-QoS 映像

端点	用法
批量 OUT	所有 QoS 主机,设备数据传输
批量 IN	极高,高和中等延迟设备,主机数据传输
中断 IN	低延迟设备,主机数据传输

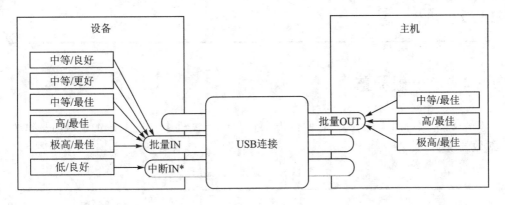

图 11-1　QoS-端点映像

PHDC 没有定义数据和消息的协议，它只是作为一个通信层被定义的。开发者可以使用 ISO/IEEE 11073-20601 基础协议作为标准，也可以使用供应商自定义的协议。图 11-2 显示了个人健康设备中不同的软件层。

由于不同 QoS 的传输都通过同一个批量端点，因此主机和设备需要一个互相通知本次传输 QoS 的方式。元数据消息前文会在一次或者一组正常数据传输前被发送，其内容如表 11-3 所列。

图 11-2　个人健康设备软件层

表 11-3　元数据前文

位　移	数据段	大小/字节	说　明
0	aSignature	16	用于验证前文有效性的常数，其值总是字符串"PhdcQoSSignature"
16	bNumTransfers	1	使用本 QoS 设置的传输次数
17	bQoSEncodingVersion	1	QoS 信息编码版本，应为 0x01
18	bmLatencyReliability	1	延迟/可靠性位图
19	bOpaqueDataSize	1	不透明数据的长度（字节）
20	bOpaqueData	0～MaxPacketSize-21	针对应用的可选数据，一般对于类而言是不透明的

11.2 配置

11.2.1 一般配置

一些常数可用来配置类,它们位于 usbd_cfg.h 文件中。表 11-4 显示的是每个常数的说明。

表 11-4 配置常数总结

常数	说明
USBD_PHDC_CFG_MAX_NBR_DEV	设置类实例的最大数目。一般设为1,只在希望多个配置/接口使用不同类实例时增加
USBD_PHDC_CFG_MAX_NBR_CFG	设置使用 PHDC 的配置数目。注意,当使用高速设备时会有两个配置:一个全速,一个高速
USBD_PHDC_CFG_DATA_OPAQUE_MAX_LEN	不透明数据的最大长度(八进制),必须小于或等于 MaxPacketSize-21
USBD_PHDC_OS_CFG_SCHED_EN	如果使用 μC/OS-II 或者 μC/OS-III RTOS 移植,则禁用任务调度功能。举例来说,如果使用一个 QoS 级别发送数据,就应该设置为 DEF_DISABLED。参见 11.4 节 "RTOS 基于 QoS 的调度程序" 警告:如果设置该常数为 DEF_ENABLED,必须确保调度程序的优先级低于任何能够写入 PHDC 数据的任务(调度程序有更高的优先级数值)

如果设置 USBD_PHDC_OS_CFG_SCHED_EN 为 DEF_ENABLED,而且使用 μC/OS-II 或者 μC/OS-III RTOS 移植,那么 PHDC 会需要一个内部调度任务。此时有两个针对应用的常数需要设置,它们应在 app_cfg.h 中被定义。表 11-5 描述了这些常数。

表 11-5 针对应用的配置常数

常数	说明
USBD_PHDC_OS_CFG_SCHED_TASK_PRIO	基于 QoS 的调度程序任务优先级 警告:必须确保调度程序的优先级低于任何能够写入 PHDC 数据的任务(调度程序有更高的优先级数值)
USBD_PHDC_OS_CFG_SCHED_TASK_STK_SIZE	基于 QoS 的调度程序栈大小。默认值 512

11.2.2 类实例配置

在开始通信之前,需要根据需要初始化和配置类。表 11-6 总结了 PHDC 实现提供的初始化函数。完整的 API 参考附录 F.2 小节"PHDC 操作系统函数"。

表 11-6 PHDC 初始化 API 总结

函数名	操作
USBD_PHDC_Init()	初始化 PHDC 内部结构和变量
USBD_PHDC_Add()	添加新的 PHDC 实例
USBD_PHDC_RdCfg()	配置输入管道参数
USBD_PHDC_WrCfg()	配置输出管道参数
USBD_PHDC_11073_ExtCfg()	配置 IEEE 11073 功能扩展
USBD_PHDC_CfgAdd()	向 USB 设备配置中添加 PHDC 实例

需要根据下面步骤初始化 PHDC:

1. 调用 USBD_PHDC_Init()

这是第一个应该调用的函数,无论是否使用多个类实例都只需要调用一次。本函数将会初始化所有的内部结构和变量以及实时操作系统(RTOS)层。

2. 调用 USBD_PHDC_Add()

这个函数会分配一个 PHDC 实例,也可以确定一个 PHDC 实例能否发送/接收元数据消息前文,以及实例使用的是何种数据和消息协议(供应商自定义还是 ISO/IEEE-11073)。

函数的另一个参数允许指定一个回调函数,当主机启用/禁用元数据消息前文时,类将会调用这个函数。如果应用的行为会因为是否使用元数据消息前文而改变的话,那么这一特性十分实用。

如果你的应用需要发送低延迟/良好可靠性数据的话,那么类需要分配一个中断端点。端点的周期也会被函数指定。

3. 调用 USBD_PHDC_RdCfg() 和 USBD_PHDC_WrCfg()

这两个函数能设定通信管道的延迟/可靠性特性。可用的设置如表 11-7 所列。函数也可用于指定扩充端点元数据描述符中的不透明数据(PHDC 扩充描述符详见 USB 个人健康设备类定义(版本 1.0)。

4. 调用 USBD_PHDC_11073_ExtCfg()(可选)

如果 PHDC 实例使用基于 ISO/IEEE-11073 的数据和消息协议,那么调用这个函数可以配置设备的专业化代码。

表 11 - 7　QoS 设置

名　称	说　明
USBD_PHDC_LATENCY_VERYHIGH_RELY_BEST	极高延迟,最佳可靠性
USBD_PHDC_LATENCY_HIGH_RELY_BEST	高延迟,最佳可靠性
USBD_PHDC_LATENCY_MEDIUM_RELY_BEST	中等延迟,最佳可靠性
USBD_PHDC_LATENCY_MEDIUM_RELY_BETTER	中等延迟,更好的可靠性
USBD_PHDC_LATENCY_MEDIUM_RELY_GOOD	中等延迟,良好可靠性
USBD_PHDC_LATENCY_LOW_RELY_GOOD	低延迟,良好可靠性

5. 调用 USBD_PHDC_CfgAdd( )

实例被正确初始化和配置后,需要通过调用 USBD_PHDC_CfgAdd()将其添加到 USB 配置中。

清单 11-1 显示了 PHDC 实例初始化和配置的过程。如果你的应用需要多个 PHDC 实例,可参考 7.1 节"类实例的概念"获取构造设备的例子。

```
CPU_BOLLEAN App_USBD_PHDC__Init (CPU_INT08U  dev_nbr,
                                 CPU_INT08U  cfg_hs,
                                 CPU_INT08U  cfg_fs)
{
    USBD_ERR    err;
    CPU_INT08U  class_nbr;


    USBD_PHDC_Init(&err);                                           (1)
    class_nbf = USBD_PHDC_Add(DEF_YES,                              (2)
                              DEF_YES,
                              App_USBD_PHDC_SetProcambleEn,
                              10,
                              &err);

    latency_rely_flags = USBD_PHDC_LATENCY_VERYHIGH_RELY_BEST |
                         USBD_PHDC_LATENCY_HIGH_RELY_BEST     |
                         USBD_PHDC_LATENCY_MEDIUM_RELY_BEST;
    USBD_PHDC_RdCfg(class_nbr,                                      (3)
                    latency_rely_flags,
                    opaque_data_rx,
                    sizeof(opaque_data_rx),
```

```
            &err);

    USBD_PHDC_WrCfg(class_nbr,                                      (3)
                   USBD_PHDC_LATENCY_VERYHIGH_RELY_BEST,
                   opaque_data_tx,
                   sizeof(opaque_data_tx),
                   &err);

    USBD_PHDC_11073_ExtCfg(class_nbr, dev_specialization, 1, &err);  (4)
    valid_cfg_hs = USBD_PHDC_CfgAdd(class_nbr, dev_nbr, cfg_hs, &err); (5)
    valid_cfg_fs = USBD_PHDC_CfgAdd(class_nbr, dev_nbr, cfg_fs, &err); (6)
}
```

清单 11-1　PHDC 实例初始化和配置样例

L11-1(1)：初始化 PHDC 成员和变量。

L11-1(2)：创建 PHDC 实例，本实例支持前文和基于 ISO/IEEE-11073 的数据/消息协议。

L11-1(3)：用正确的 QoS 和不透明数据配置读/写管道。

L11-1(4)：添加 ISO/IEEE-11073 设备。

L11-1(5)：向高速配置添加类实例。

L11-1(6)：向全速配置添加类实例。

11.3　类实例通信

现在类实例已经被正确地初始化，可以开始交换数据了。PHDC 提供了 4 个函数，如表 11-8 所列。完整的 API 参见附录 F"PHDC API 参考手册"。

表 11-8　PHDC 通信 API 总结

函数名	操　作
USBD_PHDC_RdPreamble()	读取元数据前文
USBD_PHDC_Rd()	读取 PHDC 数据
USBD_PHDC_WrPreamble()	写入元数据前文
USBD_PHDC_Wr()	写入 PHDC 数据

11.3.1 使用元数据前文进行通信

通过前文回调函数,一旦主机启用元数据前文,应用就会被通知。如果元数据前文被启用,应当通过如下步骤进行读取:

- 调用 USBD_PHDC_RdPreamble()。设备期望元数据前文会被主机发送,函数将会返回不透明数据和主机指定的传输次数。如果在应用等待函数返回时主机禁用了前文,函数会立即返回"USBD_ERR_OS_ABORT"。
- 调用 USBD_PHDC_Rd()若干次,根据 USBD_PHDC_RdPreamble()返回的传输次数而定。应用必须确保向函数提供的缓存区足够大,否则就会出现同步问题。如果在应用等待函数返回时主机启用了前文,函数会立即返回"USBD_ERR_OS_ABORT"。

清单 11-2 显示了 PHDC 读取流程。

```
CPU_INT16U  App_USBD_PHDC_Rd (CPU_INT08U   class_nbr,
                              CPU_INT08U  * p_data_opaque_buf,
                              CPU_INT08U  * p_data_opaque_len,
                              CPU_INT08U  * p_buf,
                              USBD_ERR    * p_err)
{
    CPU_INT08U  nbr_xfer;
    CPU_INT16U  xfer_len;

    * p_data_opaque_len = USBD_PHDC_RdPreamble(   class_nbr,                      (1)
                                              (void * )p_data_opaque_buf,        (2)
                                                 USBD_PHDC_CFG_DATA_OPAQUE_MAX_LEN,
                                                 &nbr_xfer,                      (3)
                                                 0,                              (4)
                                                 p_err);

    for (i = 0; i<nbr_xfers; i++) {                                              (5)
        xfer_len = USBD_PHDC_Rd(   class_nbr,
                                (void * )p_buf,                                  (6)
                                   APP_USBD_PHDC_ITEM_EATA_LEN_MAX,
                                   0,                                            (4)
                                   p_err);

        /* Handle received data. */
    }
}
```

第 11 章 个人健康设备类

```
        return (xfer_len);
}
```

清单 11－2　PHDC 读取流程

L11－2(1)：PHDC 会使用 USBD_PHDC_Add()获得的类实例编号将数据发送到正确的端点。

L11－2(2)：包括不透明数据的缓存区。应用必须确定缓存区足够容纳所有数据，否则就可能出现同步问题。

L11－2(3)：前文适用的传输数目的变量。

L11－2(4)：毫秒为单位的等待超时时间，0 代表总是等待（无超时）。该设置是为了避免无限阻塞的情况。

L11－2(5)：读取前文适用的全部 USB 传输。

L11－2(6)：包含数据的缓存区。应用必须确认缓存区足够容纳所有数据，否则同步问题就可能出现。

应该通过下述步骤写入数据：

- 调用 USBD_PHDC_WrPreamble()。主机会等待设备发出元数据前文。应用需要指定不透明数据、传输 QoS（见表 11－7）和使用 QoS 设置的传输数目。
- 根据前文指定的传输数目多次调用 USBD_PHDC_Wr()。

PHDC 写入流程见清单 11－3。

```
CPU_INT16U   App_USBD_PHDC_Wr (CPU_INT08U          class_nbr,
                               LATENCY_RELY_FLAGS  latency_rely,
                               CPU_INT08U          nbr_xfer,
                               CPU_INT08U         *p_data_opaque_buf,
                               CPU_INT08U          data_opaque_buf_len,
                               CPU_INT08U         *p_buf,
                               CPU_INT08U          buf_len,
                               USBD_ERR           *p_err)

{
    (void)USBD_PHDC_WrPreamble(     class_nbr,                    (1)
                               (void *)p_data_opaque_buf,          (2)
                                    data_opaque_buf_len,
                                    latency_rely,                  (3)
                                    nbr_xfer,                      (4)
                                    0,                             (5)
```

```
                              p_err);

        for (i = 0; i<nbr_xfer; i++) {                    (6)
            /* Prepare data to send. */

            xfer_len = USBD_PHDC_Wr(    class_nbr,        (1)
                                    (void *)p_buf,        (7)
                                    buf_len,
                                    latency_rely,         (3)
                                    0,
                                    p_err);
        }
    }
```

清单 11-3　PHDC 写入流程

L11-3(1)：PHDC 会使用 USBD_PHDC_Add()获得的类实例编号将数据发送到正确的端点。

L11-3(2)：包括不透明数据的缓存区。

L11-3(3)：接下来传输的延迟/可靠性(QoS)。

L11-3(4)：前文适用的传输数目的变量。

L11-3(5)：毫秒为单位的等待超时时间,0 代表总是等待(无超时)。该设置是为了避免无限阻塞的情况。

L11-3(6)：进行所有前文适用的写入过程。

L11-3(7)：包含数据的缓存区。

11.3.2　无元数据前文的通信

如果设备不支持元数据前文,或者主机没有启用元数据前文,则不应该调用 USBD_PHDC_RdPreamble()和 USBD_PHDC_WrPreamble()。

11.4　RTOS 基于 QoS 的任务调度程序

由于多个不同 QoS 使用同一个批量端点,你可能希望按照 QoS 延迟来赋予不同的传输优先级(举例来说,中等延迟的传输会先于高延迟的传输)。这类优先级处理会在 PHDC μC/OS-II 和 μC/OS-III RTOS 层中实现。表 11-9 显示了 QoS 延迟和优先级数值之间的关系(最低的优先级数值会被首先处理)。

表 11-9　基于 QoS 的任务调度优先级数值

QoS 延迟	基于 QoS 的任务调度优先级
极高延迟	3
高延迟	2
中等延迟	1

举例来说,假设你的应用有三个任务。任务 A 的 OS 优先级为 1,任务 B 为 2,任务 C 为 3。注意较低的优先级数值代表高优先级。三个任务要以不同的 QoS 延迟写入 PHDC 数据。任务 A 以极高延迟写入数据,任务 B 中等延迟,最后任务 C 为高延迟。表 11-10 给出了本例中涉及的任务。

表 11-10　基于 QoS 的任务调度样例

任务	QoS 数据写入延迟	OS 优先级	QoS 数据写入优先级
A	极高	1	3
B	中等	2	1
C	高	3	2

如果没有基于 QoS 的优先级管理,则 OS 会按照 OS 优先级安排任务。在本例中,有更高 OS 优先级的任务 A 会首先进行,但是这一任务的数据写入可以有极高的延迟(QoS 优先级 3)。更好的方式是先进行需要中等延迟的任务 B(QoS 优先级 1)。图 11-3 和图 11-4 分别显示了不使用 QoS 任务调度和使用 QoS 任务调度的情况。

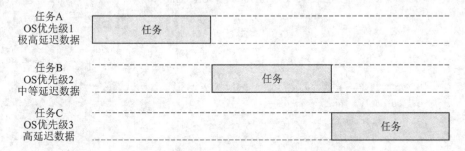

图 11-3　无 QoS 任务调度的任务执行顺序

F11-4(3):一个任务持有写入批量端点的锁,任务 A、B、C 被加入等待队列等待锁的释放。

F11-4(4):锁被释放,基于 QoS 的任务调度程序运行。根据数据发送所需的 QoS,调度程序选择运行任务 B。

F11-4(5):任务 B 运行完成并释放管道的锁,任务调度程序继续运行。

F11-4(6):任务调度程序选择运行任务 C。

F11-4(7):任务 C 运行完成并释放锁。任务调度程序选择运行任务 A。

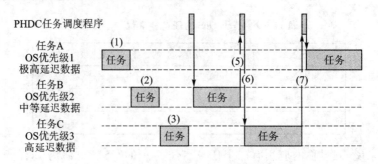

图 11-4 有 QoS 任务调度的任务执行顺序

基于 QoS 的任务调度程序是在 RTOS 层实现的，表 11-11 所列是和任务调度相关的函数。

表 11-11 基于 QoS 的任务调度 API 总结

函数名	调用关系	操作
USBD_PHDC_OS_WrBulkLock()	取决于是否使用前文，由 USBD_PHDC_Wr() 或者 USBD_PHDC_WrPreamble() 调用	锁定写入批量管道
USBD_PHDC_OS_WrBulkUnlock()	由 USBD_PHDC_Wr() 调用	解锁写入批量管道
USBD_PHDC_OS_WrBulkSchedTask()	无	确定下一个运行的任务

这些函数的伪代码可以在清单 11-4、11-5 和 11-6 中找到。

```
void USBD_PHDC_OS_WrBulkLock (CPU_INT08U    class_nbr,
                              CPU_INT08U    prio,
                              CPU_INT16U    timeout_ms,
                              USBD_ERR     *p_err)
{
    Increment transfer count of given priority (QoS);
    Post scheduler lock semaphore;
    Pend on priority specific semaphore;
    Decrement transfer count of given priority (QoS);
}
```

清单 11-4　USBD_PHDC_OS_WrBulkLock() 伪代码

```
void USBD_PHDC_OS_WrBulkUnlock (CPU_INT08U    class_nbr)
{
    Post scheduler release semaphore;
}
```

清单 11-5　USBD_PHDC_OS_WrBulkUnlock() 伪代码

```
static void USBD_PHDC_OS_WrBulkSchedTask (void * p_arg)
{
    Pend on scheduler lock semaphore;

    Get next highest QoS ready;
    PostSem(SemList[QoS]);

    Pend on scheduler release semaphore;
}
```

清单 11-6 基于 QoS 的任务调度程序伪代码

11.5 使用演示应用

Micriμm 提供了一个演示应用,以便测试和评估类实现。Micriμm 提供了 μC/OS-II 和 μC/OS-III 设备的源代码,并为 Windows 主机端提供了可执行文件和源代码。

11.5.1 演示应用的配置

在目标端有两个应用:app_usbd_phdc_single.c 和 app_usbd_phdc_multiple.c。在工程中应该只编译两个文件其中之一。表 11-12 为每个应用提供了说明。两个文件在下面的文件夹中可以找到:

\Micriμm\Software\uC-USB-Device-V4\App\Device\OS\uCOS-II

\Micriμm\Software\uC-USB-Device-V4\App\Device\OS\uCOS-III

表 11-12 设备演示应用文件

文件	说明
app_usbd_phdc_single.c	使用一个任务发送不同 QoS 的数据。使用时一般同时配置 USBD_PHDC_OS_CFG_SCHED_EN 为 DEF_DISABLED
app_usbd_phdc_multiple.c	每一个 QoS 级别对应一个数据发送任务。使用时一般同时配置 USBD_PHDC_OS_CFG_SCHED_EN 为 DEF_ENABLED

在设备和主机(Windows)端都有若干常数用于自定义演示应用。表 11-13 描述了 app_cfg.h 中的设备端常数,表 11-14 则包括 app_phdc.c 中的主机端常数。

【译者注】表 11-13 和表 11-14 中每一次请求的传输被称作一个"项目"。Microsoft 没有提供 PHDC 的驱动,所以必须通过一个 inf 文件来指定驱动。inf

文件会告知 Windows 载入 WinUSB 通用驱动(Microsoft 提供)，应用 WinUSB 驱动的包装类 USBDev_API(参见 12.3 节"USBDev_API")。

表 11-13 设备端演示应用配置常数

常 数	说 明
APP_CFG_USBD_PHDC_EN	设置为 DEF_ENABLED 来启用演示应用
APP_CFG_USBD_PHDC_TX_COMM_TASK_PRIO	写入任务的优先级
APP_CFG_USBD_PHDC_RX_COMM_TASK_PRIO	读取任务的优先级
APP_CFG_USBD_PHDC_TASK_STK_SIZE	读/写任务的栈大小，默认值为 512
APP_CFG_USBD_PHDC_ITEM_DATA_LEN_MAX	最大的数据传输字节数，必须≥5
APP_CFG_USBD_PHDC_ITEM_NBR_MAX	应用支持的最大项目数，必须≥1

表 11-14 主机端(Windows)演示应用配置常数

常 数	说 明
APP_ITEM_DATA_LEN_MAX	最大的数据传输字节数，必须≥5
APP_ITEM_DATA_OPAQUE_LEN_MAX	最大的不透明数据字节数，必须≤(MaxPacketSize-21)
APP_ITEM_NBR_MAX	应用支持的最大项目数，必须≥1
APP_STAT_COMP_PERIOD	传输统计(平均值和标准差)的计算周期，单位是毫秒
APP_ITEM_PERIOD_MIN	用户指定给对象的最小周期(单位是毫秒)
APP_ITEM_PERIOD_MAX	用户指定给项目的最大周期(单位是毫秒)
APP_ITEM_PERIOD_MULTIPLE	用户指定给项目的周期必须是这个常数的整数倍

第一次设备被插入时，Windows 会需要设备的 INF 文件(参考 3.2 节"关于 INF 文件")。所需文件位于下面的路径：

\Micriμm\Software\uC-USB-Device-V4\App\Host\OS\Windows\PHDC\INF

驱动正确载入之后，就可以执行 Windows 主机应用程序了。可执行文件位于下面的文件夹：

\Micriμm\Software\uC-USB-Device-V4\App\Host\OS\Windows\PHDC\Visual Studio 2010\exe

11.5.2 运行演示应用

在演示应用中，可以要求设备以不同的 QoS 级别和给定的周期连续发送文件。每一次请求的传输被称作一个"项目"。可以通过监视器来查看传输的平均周期和标准差，监视器还会显示指定的数据和不透明数据。启动时你的应用总会以 100 ms 的周期发送一个默认项目。这个项目会发送设备的 CPU 占用和一个计数器数值（每次该项目被发送时计数器会加 1）。默认项目使用低延迟/良好可靠性。图 11-5 显示了启动演示应用时的情况。

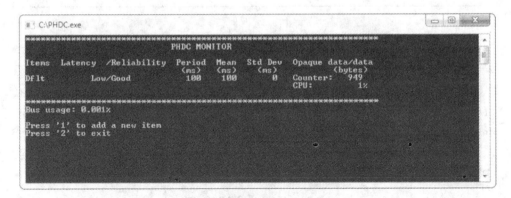

图 11-5　启动演示应用

此时按下 1 就可以增加一个项目，程序会被要求指定以下参数：
- 传输的周期：试图尝试传输的周期。
- 传输 QoS（延迟/可靠性）：传输需要的 QoS 级别。
- 不透明数据（如果 QoS 是低延迟/良好可靠性）：传输中包括的不透明数据。
- 数据：实际传输的数据。

图 11-6 显示了包含数个项目的演示应用。

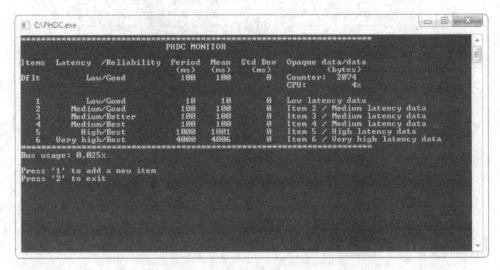

图 11-6　包含五个项目的演示应用

添加一个项目之后，应用会提供每个传输的统计数据。从左至右分别是项目编号、理想周期、周期平均数、周期标准差和不透明数据。主机应用程序会对传输的实际周期取样,并计算平均数和标准偏差值。

11.6 PHDC 的 RTOS 移植

由于 PHDC 通信函数在应用层可以被不同任务调用,因此需要保护相关的资源(端点)。然后,因为可以在同一个批量端点使用不同的 QoS 级别,应用也许希望根据 QoS 来安排传输的优先级(比如中等延迟先于高延迟)。这类优先级处理可以在 RTOS 层内部实现/自定义(见 11.4 节"RTOS 基于 QoS 的任务调度程序")。Micruim 默认会为 µC/OS-II 和 µC/OS-III 提供 RTOS 层,也可以自己创建 RTOS 层。RTOS 层需要实现表 11-15 中的函数。完整的 API 说明参考附录 F"PHDC API 参考手册"。

表 11-15 OS 层 API 总结

函数名	操作
USBD_PHDC_OS_Init()	初始化所有内部成员/任务
USBD_PHDC_OS_RdLock()	锁定读取管道
USBD_PHDC_OS_RdUnlock()	解锁读取管道
USBD_PHDC_OS_WrBulkLock()	锁定写入批量管道
USBD_PHDC_OS_WrBulkUnlock()	解锁写入批量管道
USBD_PHDC_OS_WrIntrLock()	锁定写入中断管道
USBD_PHDC_OS_WrIntrUnlock()	解锁写入中断管道
USBD_PHDC_OS_Reset()	重设 OS 层成员

第 12 章

供应商类

供应商类使用户可以定制特殊的设备,比如实现专有协议。它使用一对批量端点(bulk endpoints)在主机和设备间传输数据。由于使用了错误检测和重传机制,批量传输通常很适合传送大量非结构的数据以及进行可靠的数据交换。除此之外,也可以采用一对中断节点。只要有适合的驱动程序,任何操作系统都可以使用供应商类,驱动程序可以是本地的或供应商定制的。举例来说,在 Microsoft Windows 下,应用程序会使用 Microsoft 提供的 WinUSB 驱动与供应商设备通信。

12.1 概 述

图 12.1 展示了使用供应商类的通信架构,在这个例子中,主机操作系统是 Windows。

在 Windows 端,应用程序经由 USBDev_API 库与供应商设备通信。Micriµm 提供的这个库包含的 API 能够管理设备及其相关管道,并通过控制、批量和中断端点与设备通信。USBDev_API 是对 Winusb.dll 中函数的包装。

在设备端,供应商类由以下端点组成:
- 一对控制 IN 和 OUT 端点(被称作默认端点)。
- 一对批量 IN 和 OUT 端点。
- 一对中断 IN 和 OUT 端点(可选)。

表 12-1 展示了不同端点的用途。

表 12-1 供应商类端点用途

端 点	方 向	用 途
控制 IN	设备到主机	标准枚举请求以及供应商定制请求
控制 OUT	主机到设备	

续表 12-1

端 点	方 向	用 途
批量 IN	设备到主机	数据通信。数据可以按某种专有协议组织
批量 OUT	主机到设备	
中断 IN	设备到主机	数据通信或通知。数据可以按某种专有协议组织
中断 OUT	主机到设备	

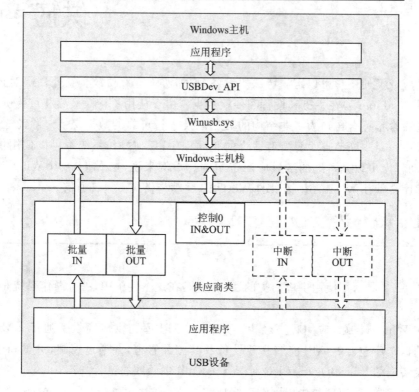

图 12-1 Windows 主机和供应商类间的架构

应用程序可以使用批量和中断端点进行双向的数据收发。只有在解码主机发送的供应商定制请求时，它才能使用默认端点。标准请求是由 μC/USB 设备核心层内部管理的。

12.2 配 置

12.2.1 通用配置

一些在设备配置文件 usbd_cfg.h 中的常量可以用来自定义类。表 12-2 是对

第 12 章 供应商类

它们的描述。

表 12-2 通用配置常量

常 量	描 述
USBD_VENDOR_CFG_MAX_NBR_DEV	配置类实例的最大数目。它一般会被设置为1,除非你要在使用不同的类实例时应用不同的配置或接口
USBD_VENDOR_CFG_MAX_NBR_CFG	配置使用供应商类的类实例的最大数目。请记住,如果你使用高速(high-speed)设备,有两个配置会被自动创建,一个是高速,另一个是全速(full-speed)

12.2.2 类实例配置

在通信阶段开始之前,程序应当按照需要初始化并设置类。表 12-3 归纳了供应商类提供的初始化函数。有关函数参数的细节,请查阅附录 G.1 节"供应商类函数"。

表 12-3 供应商类初始化 API

函数名	操 作
USBD_Vendor_Init()	初始化供应商类内部数据结构和变量
USBD_Vendor_Add()	创建供应商类的新实例
USBD_Vendor_CfgAdd()	添加供应商实例到指定的设备配置

为了正确初始化供应商类,需要按下面列出的顺序调用函数:

1. 调用 USBD_Vendor_Init()

这是应该调用的第一个函数。即使要使用多个类实例,这个函数也只应被调用一次。它初始化类所需要的内部数据结构和变量。

2. 调用 USBD_Vendor_Add()

这个函数分配一个供应商类实例,它允许为指定的类实例添加一对中断端点。如果中断端点被添加,那么轮询间隔也可以被设定。这一间隔对于中断 IN 和 OUT 端点是一样的。此外,另一个参数可以为接收到的供应商请求指定回调函数,它可以用来解码专有协议使用的供应商定制请求。

3. 调用 USBD_Vendor_CfgAdd()

最后,在供应商类实例被创建后,必须把它加入到一个特定的配置中。
清单 12-1 展示了使用上述函数初始化供应商类的过程。

```
                                                              (1)
static CPU_BOOLEAN App_USBD_Vendor_VendorReq (      CPU_INT08U      class_nbr,
                                              const USBD_SETUP_REQ  *p_setup_req);


CPU_BOLLEAN App_USBD_Vendor_Init (CPU_INT08U  dev_nbr,
                                  CPU_INT08U  cfg_hs,
                                  CPU_INT08U  cfg_fs)
{
    USBD_ERR     err;
    CPU_INT08U   class_nbr;

    USBD_Vemdor_Init(&err);                                  (2)
    if (err != USBD_ERR_NONE) {
        /* $$$$ Handle the error. */
    }
                                                              (3)
    class_nbr = USBD_Vendor_Add(DEF_FALSE,
                                0u,
                                App_USBD_Vendor_VendorReq,   (1)
                                &err);
    if (err != USBD_ERR_NONE) {
        /* $$$$ Handle the error. */
    }


    if (cfg_hs != USBD_CFG_NBR_NONE) {
        USBD_Vendor_CfgAdd(class_nbr, dev_nbr, cfg_hs, &err); (4)
        if (err != USBD_ERR_NONE) {
            /* $$$$ Handle the error. */
        }
    }


    if (cfg_fs != USBD_CFG_NBR_NONE) {
        USBD_Vendor_CfgAdd(class_nbr, dev_nbr, cfg_hs, &err); (5)
        if (err != USBD_ERR_NONE) {
            /* $$$$ Handle the error. */
        }
    }
}
```

清单 12-1 供应商类初始化示例

第 12 章 供应商类

L12-1(1)：为需要解码的程序提供回调函数。

L12-1(2)：初始化供应商内部结构和变量。

L12-1(3)：创建新的供应商类实例。在这个例子中，DEF_FALSE 表明不使用中断节点，因此轮间隔被设为 0。回调函数 App_USBD_Vendor_VendorReq()作为参数传递。

L12-1(4)：检测高速配置是否激活，并将之前创建的供应商实例加入到这个配置中。

L12-1(5)：检测全速配置是否激活，并将供应商实例加入到这个配置中。

代码清单 12-1 亦展示了多重配置的方法。函数 USBD_Vendor_Add()和 USBD_Vendor_CfgAdd()允许创建多重配置和多重实例架构。欲知更多有关多重类实例的信息，请查阅 7.1 节"类实例的概念"。

12.2.3 类实例通信

供应商类提供了以下和主机通信的函数。如要了解更多函数参数的细节，请查阅附录 G.1 节"供应商类函数"。

表 12-4 供应商通信 API 概览

函数名	操 作
USBD_Vendor_Rd()	使用批量 OUT 端点，以阻塞的方式从主机接收数据
USBD_Vendor_Wr()	使用批量 IN 端点，以阻塞的方式向主机发送数据
USBD_Vendor_RdAsync()	使用批量 OUT 端点，以非阻塞的方式从主机接收数据
USBD_Vendor_WrAsync()	使用批量 IN 端点，以非阻塞的方式向主机发送数据
USBD_Vendor_IntrRd()	使用中断 OUT 端点，以阻塞的方式从主机接收数据
USBD_Vendor_IntrWr()	使用中断 IN 端点，以阻塞的方式向主机发送数据
USBD_Vendor_IntrRdAsync()	使用中断 OUT 端点，以非阻塞的方式从主机接收数据
USBD_Vendor_IntrWrAsync()	使用中断 IN 端点，以非阻塞的方式向主机发送数据

12.2.4 同步通信

同步通信意味着传输过程是阻塞的，应用程序会被函数调用阻塞，直到传输完成。用户可以设置一个超时时限来避免永远等待下去。

清单 12-2 展示了使用批量 IN/OUT 端点发送和接收数据的实例。

```
CPU_INT08U   rx_buf[2];
CPU_INT08U   tx_buf[2];
USBD_ERR     err;

(void)USBD_Vendor_Rd (      class_nbr,                (1)
                            (void *)&rx_buf[0],       (2)
                            2u,
                            0u,                       (3)
                            &err);
if (err == USBD_ERR_NONE) {
    /* $$$$ Handle the error. */
}


(void)USBD_Vendor_Wr (      class_nbr,                (1)
                            (void *)&tx_buf[0],       (4)
                            2u,
                            0u,                       (3)
        DEF_FALSE,                                    (5)
                            &err);
if (err == USBD_ERR_NONE) {
    /* $$$$ Handle the error. */
}
```

清单 12-2 同步批量读/写示例

L12-2(1)：USBD_Vendor_Add()创建的类实例号会在供应商类内部被用于将数据流转发给正确的批量 OUT/IN 端点。

L12-2(2)：应用程序必须确保提供给函数的缓冲区足够容纳所有数据，否则可能会出现同步问题。

L12-2(3)：为了防止永久阻塞，可以指定一个单位为毫秒的时限。若设为"0"则令函数永远等待。

L12-2(4)：应用程序提供了已初始化的传输缓冲区。

L12-2(5)：若此标记被设置为 DEF_TRUE 并且传输长度是端点最大包长度的倍数，设备栈会向主机发送一个零长的包来通知传输结束。

中断端点通信函数 USBD_Vendor_IntrRd()和 USBD_Vendor_IntrWr()的使用形式和清单 12-2 中列出的批量端点相似。

12.2.5 异步通信

异步通信意味着传输过程是非阻塞的,应用程序会将传输信息传递给设备栈并继续执行。在 USB 总线传输数据的同时,其他的任务可以同时进行。一旦传输完成,设备栈会调用一个回调函数来通知应用程序。清单 12-3 展示了一个异步读写的例子。

```
void App_Vendor_Comm (CPU_INT08U class_nbr)
{
    CPU_INT08U   rx_buf[2];
    CPU_INT08U   tx_buf[2];
    USBD_ERR     err;

    USBD_Vendor_RdAsync (       class_nbr,                    (1)
                        (void *)&rx_buf[0],                   (2)
                        2u,
                        App_USBD_Vendor_RxCmpl,               (3)
                        (void *) 0u,                          (4)
                        &err);
        if (err == USBD_ERR_NONE) {
            /* $$$$ Handle the error. */
        }
}


    USBD_Vendor_WrAsync (       class_nbr,                    (1)
                        (void *)&tx_buf[0],                   (5)
                        2u,
                        App_USBD_Vendor_TxCmpl,               (3)
                        (void *) 0u,                          (4)
                        DEF_FALSE,                            (6)
                        &err);

        if (err == USBD_ERR_NONE) {
            /* $$$$ Handle the error. */
        }
}

                                                              (3)
static void App_USBD_Vendor_RxCmpl (CPU_INT08U   class_nbr,
                                    void        *p_buf,
```

```
                                    CPU_INT32U   buf_len,
                                    CPU_InT32U   xfer_len,
                                    void        *p_callback_arg,
                                    USBD_ERR     err)

{
    (void)class_nbr;
    (void)p_buf;
    (void)buf_len;
    (void)xfer_len;
    (void)p_callback_arg;                                      (4)

    if (err == USBD_ERR_NONE) {
        /* $$$$ Do some processing. */
    } else {
        /* $$$$ Handle the error. */
    }
}

                                                               (3)
static void App_USBD_Vendor_TxCmpl (CPU_INT08U   class_nbr,
                                    void        *p_buf,
                                    CPU_INT32U   buf_len,
                                    CPU_InT32U   xfer_len,
                                    void        *p_callback_arg,
                                    USBD_ERR     err)

{
    (void)class_nbr;
    (void)p_buf;
    (void)buf_len;
    (void)xfer_len;
    (void)p_callback_arg;                                      (4)
    if (err == USBD_ERR_NONE) {
        /* $$$$ Do some processing. */
    } else {
        /* $$$$ Handle the error. */
    }
}
```

清单 12-3 异步批量读/写示例

第 12 章 供应商类

L12-3(1):类实例号会在供应商类内部用于将数据流转发给正确的批量 OUT/IN 端点。

L12-3(2):应用程序必须确保提供给函数的缓冲区足够容纳所有数据,否则可能会出现同步问题。

L12-3(3):应用程序将一个函数指针作为参数传递。当传输完成时,设备栈会调用该函数,通过分析传输结果,程序就可以完成传输。比如,在读操作完成的时候,应用程序可以直接处理接收到的数据;在写操作完成的时候,程序可以输出写操作是否成功完成以及传输了多少字节。

L12-3(4):一个和回调相关的参数可以一起被传递,然后就可以在回调函数的上下文中获取一些相关联的信息。

L12-3(5):应用程序提供了已初始化的传输缓冲区。

L12-3(6):若此标记被设置为 DEF_TRUE,并且传输长度是端点最大包长度的倍数,则设备栈会向主机发送一个零长的包来通知传输结束。

中断端点通信函数 USBD_Vendor_IntrRdAsync() 和 USBD_Vendor_IntrWrAsync() 的使用形式和清单 12-3 中列出的批量端点相似。

12.3 USBDev_API

Windows 主机应用程序使用 USBDev_API 和供应商设备通信。这个 API 是由 Micriμm 开发的 WinUSB 封装,让应用程序可以管理 USB 设备。Windows USB (WinUSB)是一种为 USB 设备设计的通用驱动,它由一个内核态驱动(winusb.sys)和一个用户模式动态链接库(winusb.dll)组成。USBDev_API 通过提供一套全面的接口,简化了 WinUSB 的使用(有关此 API 的完全清单,请查阅附录 G.2 节)。图 12-2 展示了 USBDev_API 库和 WinUSB 的联系。

更多有关 WinUSB 架构的信息,请查阅 MSDN 在线文档 http://msdn.microsoft.com/en-us/library/ff540207(v=VS.85).aspx。

12.3.1 设备和管道管理

USBDev_API 提供了以下管理设备及其管道的函数。

表 12-5 USBDev_API 设备和管道管理 API

函数名	操作
USBDev_GetNbrDev()	获取和指定的全局唯一标识符(GUID)关联,而且连接到主机的设备数目。更多细节请查阅 12.4.4 小节"GUID"

续表 12-5

函数名	操作
USBDev_Open()	打开一个设备
USBDev_Close()	关闭一个设备
USBDev_BulkIn_Open()	打开一个批量 IN 管道
USBDev_BulkOut_Open()	打开一个批量 OUT 管道
USBDev_IntIn_Open()	打开一个中断 IN 管道
USBDev_IntOut_Open()	打开一个中断 OUT 管道
USBDev_PipeClose()	关闭一个管道

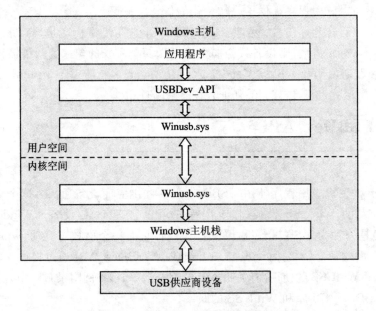

图 12-2 USBDev_API 和 WinUSB

清单 12-4 列出了管理设备和管道的例子,它通常包含以下步骤:

- 打开和主机连接的供应商设备。
- 打开必需的管道。
- 通过打开的管道与设备通信。
- 关闭管道。
- 关闭设备。

清单 12-4 显示了 USBDev_API 设备和管理通道示例。

```
HANDLE   dev_handle;
HANDLE   bulk_in_handle;
HANDLE   bulk_out_handle;
```

```
DWORD    err;
DWORD    nbr_dev;

nbr_dev = USBDev_GetNbrDev(USBDev_GUID, &err);           (1)
if (err != ERROR_SUCCESS) {
    /* $$$$ Handle the error. */
}

dev_handle = USBDev_Open(USBDev_GUID, 1, &err);          (2)
if (dev_handle == INVALID_HANDLE_VALUE) {
    /* $$$$ Handle the error. */
}

bulk_in_handle = USBDev_BulkIn_Open(dev_handle, 0, 0, &err);
                                                          (3)
if (bulk_in_handle == INVALID_HANDLE_VALUE) {
    /* $$$$ Handle the error. */
}

bulk_out_handle = USBDev_BulkOut_Open(dev_handle, 0, 0, &err);
                                                          (3)
if (bulk_out_handle == INVALID_HANDLE_VALUE) {
    /* $$$$ Handle the error. */
}

/* Communicate with the device. */                        (4)

                                                          (5)
USBDev_PipeClose(bulk_in_handle, &err);
if (err != ERROR_SUCCESS) {
    /* $$$$ Handle the error. */
}

USBDev_PipeClose(bulk_out_handle, &err);
if (err != ERROR_SUCCESS) {
    /* $$$$ Handle the error. */
}

USBDev_Close(dev_handle, &err);                           (6)
if (err != ERROR_SUCCESS) {
    /* $$$$ Handle the error. */
}
```

清单 12-4 USBDev_API 设备和管道管理示例

L12-4(1)：获取和指定 GUID 关联，并且连接到主机的设备数目。GUID 为应用程序提供了和驱动程序通信的机制。获取到的设备数目可以被用于循环之中，以便同时打开全部设备。在这个例子中，假定只有一个设备。

L12-4(2)：打开设备并获得通用设备句柄。这个句柄会被用作进行管道管理和通信。

L12-4(3)：打开一个批量管道并获得管道句柄。在这个例子中，一个批量 IN 和一个批量 OUT 管道被打开。如果设备不具这样的管道，则函数会返回一个错误。在打开管道的时候，接口号和可选设置编号均被指定。在本例中，批量 IN/OUT 管道都属于默认接口。用 USBDev_IntIn_Open()和 USBDev_IntOut_Open()打开中断 IN/OUT 管道的方法与此类似。

L12-4(4)：现在可以通过打开的管道传输数据了。管道通信的相关介绍见 12.3.2 小节"设备通信"。

L12-4(5)：使用句柄关闭管道。关闭操作会中止所有正在进行的传输并释放关联的资源。

L12-4(6)：使用句柄关闭设备。此操作会释放所有和设备关联的资源。如果有未关闭的管道，那么这个函数会自动将它们关闭。

12.3.2 设备通信

1. 同步通信

同步通信意味着传输过程是阻塞的。调用函数的时候，无论有没有错误发生，应用程序都会被阻塞，直到传输完成。可以设定一个时限以避免永远等待。清单 12-5 展示了一个使用批量 IN/OUT 管道进行读/写的例子。

```
UCHAR   rx_buf[2];
UCHAR   tx_buf[2];
DWORD   err;

(void)USBDev_PipeRd(bulk_in_handle,                    (1)
                &rx_buf[0],                            (2)
                 2u,
                 5000u,                                (3)
                &err);
if (err != ERROR_SUCCESS) {
    /* $$$$ Handle the error. */
```

```
}
(void)USBDev_PipeWr(bulk_out_handle,                    (1)
                    &tx_buf[0],                         (4)
                    2u,
                    5000u,                              (3)
                    &err);
if (err != ERROR_SUCCESS) {
    /* $$$$ Handle the error. */
}
```

清单 12 - 5　USBDev_API 同步读写示例

L12 - 5(1):通过 USBDev_BulkIn_Open()和 USBDev_BulkOut_Open()获取的管道句柄被传递给函数以调度管道的数据传输。

L12 - 5(2):应用程序提供一个缓冲区来接收设备发送的数据。

L12 - 5(3):为了避免永远阻塞,设置一个单位为毫秒的时限。值"0"使得应用程序线程永久等待下去。在本例中,时限被设定为 5 s。

L12 - 5(4):应用程序提供装有待传数据的缓冲区。

2. 异步通信

异步通信意味着传输过程是非阻塞的。调用函数的时候,应用程序会将传输信息传递给设备栈并继续执行。在 USB 总线传输数据的同时,其他的任务可以同时进行。当传输完成的时候,USBDev_API 会调用回调函数来通知应用程序。

清单 12 - 6 展示了一个异步读取的例子。USBDev_API 没有提供异步写操作。

```
UCHAR    rx_buf[2];
DWORD    err;

USBDev_PipeRdAsync(    bulk_in_handle,                    (1)
                       &rx_buf[0],                        (2)
                       2u,
                       App_PipeRdAsyncComplete,           (3)
                       (void *)0u,                        (4)
                       &err);
if (err != ERROR_SUCCESS) {
    /* $$$$ Handle the error. */
}
                                                          (3)
static void App_PipeRdAsyncComplete(void    *p_buf,
                                    DWORD   buf_len,
```

```
                            DWORD    xfer_len,
                            void    *p_callback_arg,
                            DWORD    err)
{
    (void)p_buf;
    (void)buf_len;
    (void)xfer_len;
    (void)p_callback_arg;                                   (4)

    if (err == ERROR_SUCCESS) {
        /* $$$$ Process the received data. */
    } else {
        /* $$$$ Handle the error. */
    }
}
```

清单 12-6 USBDev_API 异步读取示例

L12-6(1)：通过 USBDev_BulkIn_Open() 获取的管道句柄被传递给函数以调度管道的数据传输。

L12-6(2)：应用程序提供一个缓冲区来接收设备发送的数据。

L12-6(3)：应用程序将回调函数作为参数传递。当传输完成时，USBDev_API 会调用该函数，通过分析传输结果，程序就可以完成传输。比如，在读操作完成的时候，应用程序可以直接处理接收到的数据。

L12-6(4)：一个和回调相关的参数可以一起被传递，然后就可以在回调函数的上下文中获取一些相关联的信息。

12.4 运行演示程序

Micriμm 提供了一个演示程序，可以通过它来测试并评价类实现。作者提供了设备的模板源文件以及 Windows PC 使用的源文件和可执行文件。

12.4.1 配置 PC 和设备应用程序

Echo 示例实现了一个简单的协议，使设备能够回复主机发送的数据。

设备端为 μC/OS-II 和 μC/OS-III 准备的示例文件 app_usbd_vendor.c 分别位于以下目录：

- \Micriμm\Software\uC-USB-Device-V4\App\Device\OS\uCOS-II。

第 12 章　供应商类

- \Micriμm\Software\uC‑USB‑Device‑V4\App\Device\OS\uCOS‑III。

app_usbd_vendor.c 包含了 Echo 两个版本的实现：

- Echo Sync 实现了 12.2.4 小节的"同步通信"；
- Echo Async 实现了 12.2.5 小节的"异步通信"。

表 12‑6 所示常量（大多在 app_cfg.h 中定义）允许你配置供应商示例程序：

表 12‑6　设备应用程序常数配置

常量	描述
APP_CFG_USBD_VENDOR_EN	通用常量，开关供应商示例程序，必须为 DEF_ENABLED
APP_CFG_USBD_VENDOR_ECHO_SYNC_EN	开关 Echo Sync 示例。可以为 DEF_ENABLED 或 DEF_DISABLED
APP_CFG_USBD_VENDOR_ECHO_ASYNC_EN	开关 Echo Async 示例。可以为 DEF_ENABLED 或 DEF_DISABLED
APP_CFG_USBD_VENDOR_ECHO_SYNC_TASK_PRIO	Echo Sync 示例使用的任务优先级
APP_CFG_USBD_VENDOR_ECHO_ASYNC_TASK_PRIO	Echo Async 示例使用的任务优先级
APP_CFG_USBD_VENDOR_TASK_STK_SIZE	Echo Sync 和 Echo Async 示例使用的栈大小。默认值为 256

APP_CFG_USBD_VENDOR_ECHO_SYNC_EN 和 APP_CFG_USBD_VENDOR_ECHO_ASYNC_EN 可以同时被设置为 DEF_ENABLED。创建的设备会成为具有两个供应商接口的组合设备，一个属于 Echo Sync 示例，另一个属于 Echo Async 示例。

在 Windows 端，示例程序文件 app_vendor_echo.c 作为一个 Visual Studio 解决方案的一部分，位于\Micriμm\Software\uC‑USB‑Device‑V4\App\Host\OS\Windows\Vendor\Visual Studio 2010 app_vendor_echo.c，允许测试：

- 单个设备。在设备端仅有 Echo Sync 或 Echo Async 之一时被启用。
- 组合设备。在设备端 Echo Sync 和 Echo Async 均被启用。
- 多重设备（单个或组合设备）。

app_vendor_echo.c 包含了一些自定义示例的常量，如表 12‑7 所列。

表 12‑7　Windows 端示例程序常量配置

常量	描述
APP_CFG_RX_ASYNC_EN	开启或关闭 IN 管道的异步 API。可能值为 TRUE 和 FALSE
APP_MAX_NBR_VENDOR_DEV	定义示例支持的最大供应商设备数目

Windows 端程序使用的常量和表 12-6 中的设备程序使用的常量是无关的。

12.4.2 编辑 INF 文件

INF 文件包含了告诉 Windows 如何为设备安装驱动程序的指令。有关 INF 文件的格式和使用，请参阅 3.2 节"关于 INF 文件"。这里的供应商类包含两个 INF 文件，它们位于 \Micriμm\Software\uC-USB-Device-V4\App\Host\OS\Windows\Vendor\INF。

- WinUSB_single.inf，当设备只有单个供应商类接口时使用。
- WinUSB_composite.inf，当设备除了一个接口之外，还有至少一个供应商类接口时使用。

这两个 INF 文件允许加载 Windows 提供的 WinUSB.sys 驱动。WinUSB_single.inf 定义了默认的硬件 ID 字符串：

  USB\VID_FFFE&PID_1003

而 WinUSB_composite.inf 定义了：

  USB\VID_FFFE&PID_1001&MI_00

硬件 ID 字符串包含了供应商 ID(VID)和产品 ID(PID)。在默认字符串中，VID 是 FFFE，PID 为 1003 或 1001。VID/PID 值应当和在 usb_dev_cfg.c 中 USB 设备配置结构体里定义的相匹配。有关设备配置结构体，请查阅 2.4.2"复制和修改临时文件"。

如果想定义自己的 VID/PID，就必须用它替换之前的默认硬件 ID 字符串。

如果组合设备由多个供应商接口组成，为了给所有的接口加载 WinUSB.sys，WinUSB_composite.inf 中的制造商域应作出如清单 12-7 所示的修改。则假定设备有两个供应商接口。

```
[MyDevice_WinUSB.NTx86]
%USB\MyDevice.DeviceDesc% = USB_Install, USB\VID_FFFE&PID_1001&MI_00
%USB\MyDevice.DeviceDesc% = USB_Install, USB\VID_FFFE&PID_1001&MI_01

[MyDevice_WinUSB.NTamd64]
%USB\MyDevice.DeviceDesc% = USB_Install, USB\VID_FFFE&PID_1001&MI_00
%USB\MyDevice.DeviceDesc% = USB_Install, USB\VID_FFFE&PID_1001&MI_01

[MyDevice_WinUSB.NTia64]
%USB\MyDevice.DeviceDesc% = USB_Install, USB\VID_FFFE&PID_1001&MI_00
%USB\MyDevice.DeviceDesc% = USB_Install, USB\VID_FFFE&PID_1001&MI_01
```

清单 12-7 多供应商接口的组合设备 INF 文件示例

可以在 INF 文件的[String]域中为设备加入恰当的描述。清单 12-8 展示了 WinUSB_single.inf 和 WinUSB_composite.inf 可编辑部分。

```
[Strings]
ProviderName               = "Micriµm"                            (1)
USB\MyDevice.DeviceDesc = "Micriµm Vendor Specific Device"        (2)
ClassName                  = "USB Sample Class"                   (3)
```

清单 12-8　INF 文件中描述供应商设备的字符串

L12-8(1)：指定作为驱动提供者的公司名称。

L12-8(2)：设备名称。

L12-8(3)：可以通过修改这个字符串来为设备在设备管理器中指定一个不同的分组。在本例中，Micriµm Vendor Specific Device 会显示在 USB Sample Class 分组下。欲知 Windows 内部使用的字符串，请查阅图 3-1"Windows 设备管理器的 CDC 设备示例"。

12.4.3　运行演示程序

图 12-3 展示了 Echo 示例的主机和设备交互。

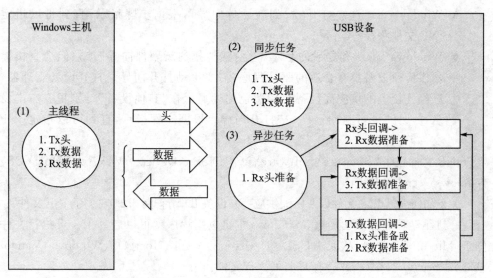

图 12-3　Echo 演示

F12-3(1)：Windows 端程序运行了一个简单的协议，它包含了以下步骤：发送一个标示大小的数据头，向设备发送数据，以及从设备接收相同的数据。数据传输以 512 字节的小块为单位进行读/写操作。写操作由批量 OUT 端点完成,读操作由批量 IN 端点完成。

F12-3(2):在设备端,Echo Sync 使用一个任务来和 Windows 端的程序互补。每一个步骤都是同步执行的,读写操作的传输方向和主机端相反。读操作使用批量 OUT 端点,写操作使用批量 IN 端点。

F12-3(3):如果 Echo Async 是开启的,则 Sync 任务所做的步骤会由相应的异步 API 完成。一个任务会开始第一个异步 OUT 传输以获取数据头,并负责传输过程中的错误处理。设备栈会调用接收数据头的回调函数,它会发起下一个异步 OUT 传输来接收数据,而后读取数据的回调函数会将数据通过异步 IN 传输直接发回主机。如果全部的数据都已经被发给了主机,写数据的回调函数会准备接收下一个数据头,否则它会准备进行下一次 OUT 传输以接收新的数据块。

在供应商设备首次连接的时候,Windows 会通过获取标准描述符来枚举设备。因为 Microsoft 没有为供应商设备提供任何专属驱动,因此需要用 INF 文件来告诉 Windows 要载入哪个驱动(有关 INF 文件的更多信息,请查阅 3.2 节"关于 INF 文件")。INF 文件告诉 Windows 载入 Microsoft 提供的通用 WinUSB 驱动。将 INF 文件提交给 Windows 的步骤只需要做一次,然后系统会自动识别供应商设备并为新连接载入合适的驱动程序。应用 INF 文件的步骤可能有所不同,这取决于 Windows 的版本:

- Windows XP 直接打开"找到新硬件向导",根据步骤指示,直到可以指定 INF 文件路径。
- Windows Vista 和之后的版本不会打开"找到新硬件向导"。它们会直接提示供应商设备没有合适的驱动程序,需要手动打开向导。打开设备管理器,已经连接上的供应商设备会用黄色图标显示在"其他设备"类别里。右击设备并选择"更新驱动程序…"打开向导。根据步骤指示,直到可以指定 INF 文件路径。

INF 文件位于\Micriμm\Software\uC-USB-Device-V4\App\Host\OS\Windows\Vendor\INF。

关于如何编辑 INF 文件以及匹配供应商和设备 ID,请查阅 3.2 节"关于 INF 文件"。

一旦驱动程序被成功加载,Windows 主机应用程序就可以启动了。可执行文件位于\Micriμm\Software\uC-USB-Device-V4\App\Host\OS\Windows\Vendor\Visual Studio 2010\exe\。有两个可执行文件:

- EchoSync.exe,使用了 USBDev_API 的同步通信 API。
- EchoAsync.exe,使用了 USBDev_API 的异步 IN API。

Windows 应用程序用以和设备交互的 USBDev_API 是对 WinUSB 驱动的包装。USBDev_API 由 Micriμm 提供。有关更多 USBDev_API 和 WinUSB 驱动的信息,请查阅 12.3 节"USBDev_API"。

Echo Sync 或 Async 示例会首先获取和计算机连接的供应商设备的数目。对于每个检测到的设备,示例会分别打开一个批量 IN 和批量 OUT 管道,然后就可以对设备收发数据了。如图 12-4 所示,需要输入最大传输数量。

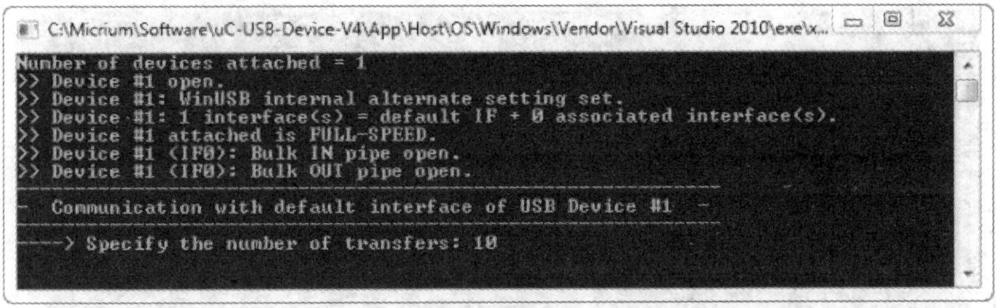

图 12-4 演示程序的启动阶段

在图 12-4 中,演示程序会处理 10 个传输。每个传输都会在图 12-3 描述的协议头之后被发送。第一个传输的数据大小为 1 字节,而后每次的传输大小会以 1 为步长递增。在所述的例子中,最后一个传输为 10 字节。图 12-5 显示了程序的执行。

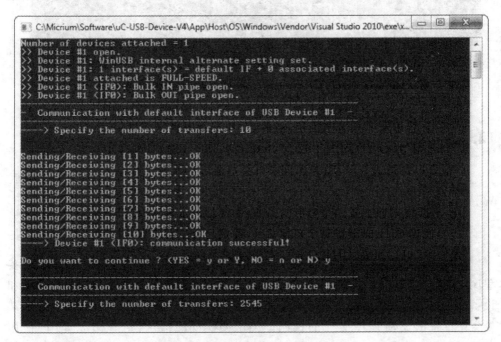

图 12-5 演示程序的执行(单个设备)

演示程序会提示进行新的传输。图 12-5 展示了有一个供应商界面的单个设备,在复合设备的情况下,它可以和所有的供应商界面通信。在这种情况下,演示程序会为每个界面打开批量 IN 和 OUT 管道。它将会询问每个界面的传输数量。图 12-6 显示了复合设备的情况。

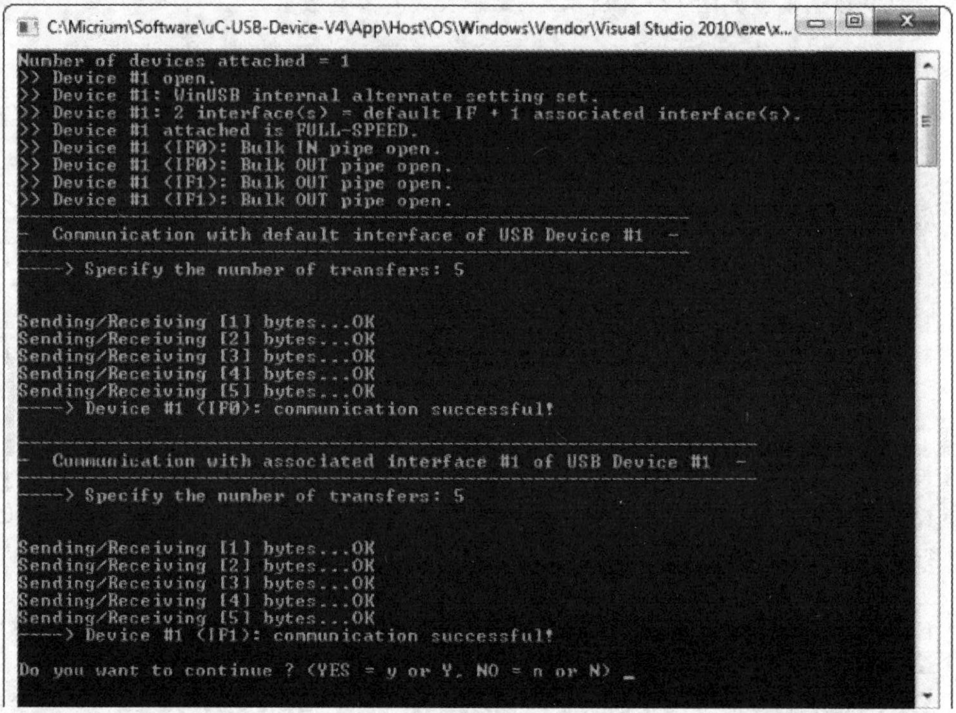

图 12-6　演示程序执行(复合设备)

12.4.4　GUID

GUID(全局唯一标识符)是一个唯一标识一个类或其他实体的 128 位的值。Windows 使用 GUID 来识别两种设备类：
- 设备安装类(device setup class)。
- 设备界面类(device interface class)。

设备安装类的 GUID 所包含的设备在 Windows 中用相同的方式、相同的类安装程序和辅助安装程序(co-installer)来配置。类安装程序和辅助安装程序包含了和设备安装相关的函数的一系列 DLL 文件。设备界面类 GUID 提供了应用程序和某个类中设备的驱动程序交互的机制。关于 GUID 的信息，请查阅 3.3 节"使用 GUID"。

设备安装类 GUID 在\Micriμm\Software\uC-USB-Device-V4\App\Host\OS\Windows\Vendor\INF 中的 WinUSB_single.inf 和 WinUSB_composite.inf 中被使用。这些 INF 文件定义了新的设备安装类，它会在供应商设备第一次连接的时

候被加入到注册表 HKEY_LOCAL_MACHINE\System\CurrentControlSet\Control\Class 中。INF 文件中的这些项目定义了新的设备安装类。

```
Class = MyDeviceClass                                    ;设备安装类的名称
ClassGuid = {11111111 - 2222 - 3333 - 4444 - 555555555555}    ;设备安装类 GUID
```

INF 文件允许 Windows 将关联供应商设备和 Winusb.sys 时所需的所有信息添加到注册表。

由于设备界面类 GUID 的存在，Echo 应用程序可以获取关联的供应商设备。WinUSB_single.inf 和 WinUSB_composite.inf 定义了这样的设备界面类 GUID：{143f20bd - 7bd2 - 4ca6 - 9465 - 8882f2156bd6}。Echo 程序包含了一个名为 usbdev_guid.h 的头文件，该头文件定义了如下的变量：

```
GUID USBDev_GUID = {0x143f20bd,0x7bd2,0x4ca6,{0x94,0x65,0x88,0x82,0xf2,0x15,0x6b,0xd6}};
```

USBDev_GUID 是一个内容与 WinUSB_single.inf 和 WinUSB_composite.inf 中定义的设备接口类 GUID 一致的变量，它会作为参数传递给 USBDev_Open() 函数。函数返回一个句柄，随后应用程序就可以使用该句柄访问设备了。

第 13 章

调试和跟踪

μC/USB 设备提供了输出活动信息来调试跟踪的选项,可以根据需求选择输出到控制台或串口。调试输出可以观察 USB 设备栈的行为,这在解决调试设备问题的时候尤其有用。本章展示 USB 设备核心的调试跟踪工具以及它们的用法。

13.1 使用调试跟踪

13.1.1 调试配置

有一些配置常量用来设置核心级调试跟踪,它们可以在 usbd_cfg.h 中找到,归纳在表 13-1 中。

表 13-1 通用配置常量

常 量	描 述
USBD_CFG_DBG_TRACE_EN	该常量允许内核级调试跟踪并输出设备活动
USBD_CFG_DBG_TRACE_NBR_EVENTS	该常量配置存储调试事件的事件池大小

13.1.2 调试跟踪输出

核心级调试跟踪由应用程序定义的函数 USBD_Trace() 输出。这个函数位于 app_usbd.c 中,你可以自行决定信息的输出方式,比如由 printf 输出到控制台或发送给串口。清单 13-1 显示了使用了串口 printf() 的 USBD_Trace() 实现。

```
void USBD_Trace (const CPU_CHAR * p_str)
{
    App_SerPrint("%s",(CPU_CHAR *)p_str);
}
```

清单 13-1 USBD_Trace() 示例

13.1.3 调试格式

调试处理例程在输出信息时遵循如下的简单格式：
USB ＜时间戳＞＜端点地址＞＜接口编号＞＜错误/信息＞

如果在一个事件中，没有提供时间戳、端点地址、界面变化或错误信息，它们将会在输出中被留空。清单13-2提供了一个输出示例。该示例显示了枚举的过程，接收到总线事件，相关的端点被打开。然后，在接到第一个获取设备描述符标准请求后，一个设置事件发送给内核任务。

```
USB       0           Bus Reset
USB       0    80     Drv EP DMA Open
USB       0    0      Drv EP DMA Open
USB       0           Bus Suspend
USB       0           Bus Reset
USB       0    80     Drv EP DMA Close
USB       0    0      Drv EP DMA Close
USB       0    80     Drv EP DMA Open
USB       0    0      Drv EP DMA Open
USB       0           Drv ISR Rx (Fast)
USB       0    0      Setup pkt
USB       0    0      Drv ISR Rx Cmpl (Fast)
USB       0           Drv ISR Rx (Fast)
USB       0    0      Get descriptor(Device)
USB       0    80     Drv EP FIFO Tx Len: 18
USB       0    80     Drv EP FIFO Tx Start Len: 18
USB       0           Drv ISR Rx (Fast)
USB       0    80     Drv ISR Tx Cmpl (Fast)
USB       0    0      Drv ISR Rx Cmpl (Fast)
USB       0           Drv ISR Rx (Fast)
USB       0    0      Drv EP FIFO RxZLP
USB       0           Drv ISR Rx (Fast)
...
```

清单13-2 调试输出示例

13.2 处理调试事件

13.2.1 调试事件池

事件池用来记录调试事件，它由调试事件结构组成，大小由 USBD_CFG_DBG_

TRACE_NBR_EVENTS 决定。在内核中,每当接到一个新的调试标准请求,信息的细节会被记录到调试事件结构并送入事件池队列。一旦事件被队列完成,调试处理程序就会被调用。

13.2.2 调试任务

一个操作系统相关的任务用来处理调试事件。任务处理程序等待事件就绪信号,然后获得指向池内第一个调试事件的指针。随后,信息被格式化并由应用程序设置的跟踪函数输出。输出完成之后,调试事件结构会随之释放,而调试任务会重新进入等待状态。有关调试事件的处理,请查阅 4.2.3 小节"处理调试事件"。

13.2.3 调试宏

在内核中,有几个宏用来设置调试信息,它们定义于 usbd_core.h 中,使用 USBD_Dbg()和 UDBD_DbgArg()函数来设置调试事件结构并放入事件池中。清单 13-3 显示了这些宏。

```
#define USBD_DBG_GENERIC(msg, ep_addr, if_nbr)                USBD_Dbg((msg),       \
                                                                      (ep_addr),   \
                                                                      (if_nbr),    \
                                                                      (USBD_ERR_NONE))

#define USBD_DBG_GENERIC_ERR(msg, ep_addr, if_nbr, arg)       USBD_Dbg((msg),       \
                                                                      (ep_addr),   \
                                                                      (if_nbr),    \
                                                                      (err))

#define USBD_DBG_GENERIC_ARG(msg, ep_addr, if_nbr, arg)       USBD_DbgArg((msg),    \
                                                                      (ep_addr),   \
                                                                      (if_nbr),    \
                                                                      (CPU_INT32U)(arg), \
                                                                      (USBD_ERR_NONE))

#define USBD_DBG_GENERIC_ARG_ERR(msg, ep_addr, if_nbr, arg, err)  USBD_DbgArg((msg),\
                                                                      (ep_addr),   \
                                                                      (if_nbr),    \
                                                                      (CPU_INT32U)(arg), \
                                                                      (err))
```

清单 13-3 内核级调试宏

第 13 章 调试和跟踪

每个宏之间存在着细微却十分重要的差异。第一个调试宏最为简单,只需指定调试信息、端点地址和接口编号。第二、三个宏区别在于最后一个参数,一个指定错误,另一个指定了可选的参数。最后一个宏允许调用者同时指定错误和参数。

不仅如此,内核级调试宏可以进一步映射到其他的宏来简化重复的端点地址和接口编号。清单 13-4 展示了 usbd_core.c 中一个特定总线的调试宏和一个标准调试宏。

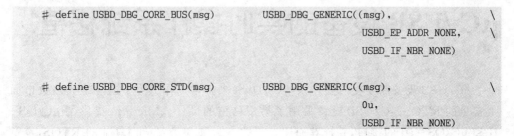

清单 13-4 映射内核跟踪宏

第 14 章

μC/USB 设备的实时操作系统移植

μC/USB 设备需要实时操作系统(RTOS)来正常工作。为了适应绝大多数市面上常见的 RTOS,μC/USB 设备采用了易于移植的设计。Micriμm 提供了 μC/OS-II 和 μC/OS-III 的接口,并推荐使用二者之一。如果需要使用其他的 RTOS,本章介绍了如何将 μC/USB 设备移植到你的实时操作系统。

14.1 概 述

μC/USB 设备使用了一些 RTOS 抽象端口(port)来和 RTOS 进行交互。这些端口负责分配和管理所有相关的 OS 资源,而不止是对系统服务(如 TaskCreate()、SemaphorePost()等)的单纯包装。所有的 API 都和使用它的 μC/USB 设备模块功能相关。这提供了更好的灵活性,可以决定在某个特定步骤使用哪些系统服务。表 14-1 提供了一个简单 RTOS 函数包装和面向功能的 RTOS 端口的比较。

表 14-1 包装和面向特性端口的比较

操作	面向功能函数(当前实现)	等价函数包装(未使用)
创建任务	设备栈不负责创建任务。该操作应在 RTOS 抽象层完成,比如 USBD_OS_Init()函数中	USDB_OS_TaskCreate()。设备栈需要显式创建任务并管理它们
为一个端点创建信号	USBD_OS_EP_SignalCreate()。除了常用的信号量以外,也可以使用其他的操作系统服务	USBD_OS_SemCreate()。设备栈需要显式指定使用的操作系统服务
将内核事件放入队列	USBD_OS_CoreEventPut()。如果选择不使用操作系统队列,也可以用其他方式来实现它,比如链表和信号量	USBD_OS_Q_Post()。设备栈需要显式指定使用的操作系统服务

因为面向特性的端口设计,一些 μC/USB 设备模块需要它们自己的操作系统端口。这些模块有:

第 14 章 μC/USB 设备的实时操作系统移植

- μC/USB 设备核心层。
- 个人健康设备类(PHDC)。
- 人机接口设备类(HID)。
- 大容量存储类(MSC)。

并且，所有 Micriμm 提供的 USB 类的示例程序都要和 RTOS 交互，这些示例程序并未从 RTOS 端口中受益，如果要使用 μC/OS-II 和 μC/OS-III 之外的 RTOS，就需要修改示例程序。

图 14-1 归纳了不同 μC/USB 设备模块和 RTOS 的交互。

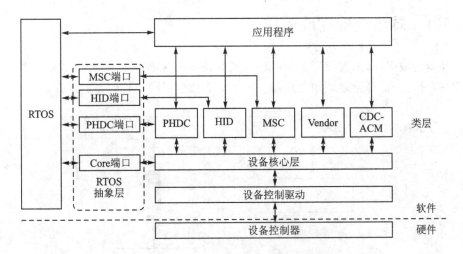

图 14-1 μC/USB 设备架构及与 RTOS 的交互

14.2 将模块移植到 RTOS

表 14-2 列出了将 μC/USB 设备移植到 RTOS 需要查阅的章节。

表 14-2 模块移植参考

模　块	查　阅
核心层	14.4 节"移植核心层到 RTOS"
PHDC	11.6 节"PHDC 的 RTOS 移植"
HID	9.5 节"移植 HID 类到 RTOS 层"
MSC	10.7 节"MSC 的 RTOS 移植"

14.3 核心层 RTOS 模型

µC/USB 设备出于三个原因需要 RTOS：
- 同步传输完成通知。
- 管理核心事件。
- 管理调试事件（可选）。

14.3.1 同步传输完成信号

同步传输完成时，内核层需要一种方式来通知应用程序。内核需要给每个端点分配一个信号，信号量通常用在这里。图 14-2 描述了同步传输完成通知。

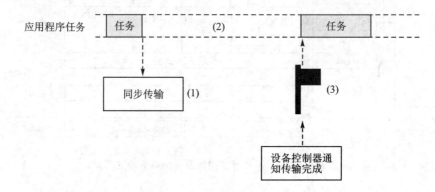

图 14-2 同步传输完成通知

F14-2(1)：应用程序任务调用同步传输函数。
F14-2(2)：当传输在进行的时候，应用程序任务等待传输完成信号。
F14-2(3)：一旦传输结束，核心投递完成信号，恢复任务执行。

14.3.2 核心事件管理

为了保证正确操作，内核层需要一个系统任务来管理核心事件。有关这个任务的作用以及核心事件是什么，请查阅 4.2 节"任务模型"。核心事件必须被加入到队列到一个数据结构中交由核心处理，这使得核心事件可以在任务上下文中处理，而不是在中断服务例程（ISR）上下文中处理（大多事件都是由设备驱动的 ISR 产生的）。当新事件被加入到队列，核心任务同样需要被通知。图 14-3 描述了 RTOS 端口内的核心事件管理。

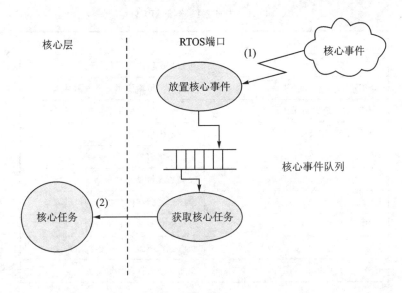

图 14-3 RTOS 端口中的内核事件管理

F14-3(1)：一个核心事件被加入到队列。

F14-3(2)：核心层的任务等待队列。当有任务被加入队列，核心任务就开始处理它。

14.3.3 调试事件管理

μC/USB 设备的核心层提供了一种可选特性来进行跟踪和调试，有关这一特性，请查阅第 13 章"调试和跟踪"。这一特性需要一个系统任务来支持，关于这个任务的作用和调试事件的介绍，请查阅 4.2 节"任务模型"。这个任务的行为类似于 14.3.2 小节描述的核心任务，差异在于 RTOS 移植不需要管理队列，因为它是在核心层中被处理的。RTOS 移植只需要提供一个通知调试事件插入的信号。

14.4 移植核心层到 RTOS

核心的 RTOS 移植位于一个独立文件 usbd_os.c 中。可以在如下路径中找到一个模板：

\Micriμm\Software\uC-USB-Device-V4\OS\Template

表 14-3 归纳了在 RTOS 移植文件中需要实现的函数。有关这些函数应当如何实现，请查阅 14.3 节和附录 A.5。

表 14-3　内核系统移植 API 总结

函数名	操作
USBD_OS_Init()	初始化所以内部成员、任务
USBD_OS_EP_SignalCreate()	创建同步传输使用的系统信号
USBD_OS_EP_SignalDel()	删除同步传输使用的系统信号
USBD_OS_EP_SignalPend()	等待系统信号
USBD_OS_EP_SignalAbort()	中止系统信号
USBD_OS_EP_SignalPost()	投递系统信号
USBD_OS_DbgEventRdy()	投递恢复调试任务执行的信号
USBD_OS_DbgEventWait()	等待恢复调试任务执行的信号
USBD_OS_CoreEventGet()	获取要处理的下一个内核事件
USBD_OS_CoreEventPut()	添加一个内核事件等待处理

记住，必须在 RTOS 移植中至少声明一个任务来管理核心事件，这个任务只需在死循环中调用内核函数 USBD_CoreTaskHandler()。如果要使用调试特性，则必须为此创建一个任务。这个任务只需在死循环中调用核心函数 USBD_DbgTaskHandler()。清单 14-1 展示了这两个任务函数体的实现。

```
static void USBD_OS_CoreTask (void * p_arg)
{
    p_arg = arg;

    while (DEF_ON) {
        USBD_CoreTaskHandler();
    }
}


static void USBD_OS_TraceTask (void * p_arg)
{
    p_arg = p_arg;

    while (DEF_ON) {
        USBD_DbgTaskHandler();
    }
}
```

清单 14-1　内核任务和调试任务的一般实现

附录 A

核心 API 参考

本附录提供 μC/USB 设备核心层 API 参考,其中包括每一个服务的下列信息:
- 简要介绍;
- 函数原型;
- 源代码文件名;
- 函数的参数;
- 返回值的信息;
- 关于服务使用的提示和警告。

A.1 设备函数

A.1.1 USBD_Init()

初始化 USB 设备栈。该函数只被应用调用一次,函数初始化所有 USB 设备栈使用的内部变量和模块。

文　件

usbd_core.h/usbd_core.c

原　型

```
static void USBD_Init (USBD_ERR  * p_err);
```

参　数

 p_err 指向接收错误代码的变量的指针
    USBD_ERR_NONE
    USBD_ERR_OS_INIT_FAIL

返回值

 无

调用者

应用程序

提示/警告
- 一个产品应用只需调用一次;
- 只有在产品的 OS 初始化之后才能调用;
- 必须在产品应用调用任何 USB 设备栈函数前调用。

A.1.2 USBD_DevStart()

启用设备栈。函数连接设备和 USB 主机。

文 件

usbd_core.h/usbd_core.c

原 型

```
void USBD_DevStart (CPU_INT08U   dev_nbr,
                    USBD_ERR    *p_err);
```

参 数

dev_nbr　　设备编号

p_err　　　指向接收错误代码的变量的指针
　　　　　USBD_ERR_NONE
　　　　　USBD_ERR_DEV_INVALID_NBR
　　　　　USBD_ERR_DEV_INVALID_STATE

返回值

无

调用者

应用程序

提示/警告

只有当设备处于 USBD_DEV_STATE_NONE 或者 USB_DEV_STATE_INIT 状态时才能启用设备栈。

A.1.3 USBD_DevStop()

停用设备栈。函数断开设备和 USB 主机间的连接。

文 件

usbd_core.h/usbd_core.c

原 型

```
void USBD_DevStop (CPU_INT08U   dev_nbr,
                   USBD_ERR    *p_err);
```

参　数

　　dev_nbr　　设备编号

　　p_err　　　指向接收错误代码的变量的指针

　　　　　　　USBD_ERR_NONE

　　　　　　　USBD_ERR_DEV_INVALID_NBR

　　　　　　　USBD_ERR_DEV_INVALID_STATE

返回值

　　无

调用者

　　应用程序

提示/警告

　　无

A.1.4　USBD_DevGetState( )

获取设备当前状态。

文　件

　　usbd_core.h/usbd_core.c

原　型

```
USBD_DEV_STATE USBD_DevGetState (CPU_INT08U   dev_nbr,
                                 USBD_ERR    *p_err);
```

参　数

　　dev_nbr　　设备编号

　　p_err　　　指向接收错误代码的变量的指针

　　　　　　　USBD_ERR_NONE

　　　　　　　USBD_ERR_DEV_INVALID_NBR

返回值

　　如果没有错误则返回目前设备状态；否则返回 USBD_DEV_STATE_NONE。

调用者

　　USBD_EP_BulkRx( )

　　USBD_EP_BulkRxAsync( )

　　USBD_EP_BulkTx( )

　　USBD_EP_BulkTxAsync( )

　　USBD_EP_CtrlRx( )

　　USBD_EP_CtrlRxStatus( )

USBD_EP_CtrlTx()
USBD_EP_IntrRx()
USBD_EP_IntrRxAsync()
USBD_EP_IntrTx()
USBD_EP_IntrTxAsync()

提示/警告

无

A.1.5 USBD_DevSetSelfPwr()

当设备已经可以被寻址,但配置还没有就绪时,设置设备的供电状态(自行供电或者总线供电)。

文件

usbd_core.h/usbd_core.c

原型

```
void USBD_DevSetSelfPwr(CPU_INT08U   dev_nbr,
                        CPU_BOOLEAN  self_pwr,
                        USBD_ERR    *p_err);
```

参数

dev_nbr   设备编号

self_pwr   设备供电方式
   DEF_TRUE   自行供电
   DEF_FALSE   总线供电

p_err   指向接收错误代码的变量的指针
   USBD_ERR_NONE
   USBD_ERR_DEV_INVALID_NBR

返回值

无

调用者

应用程序

提示/警告

无

A.1.6 USBD_DevAdd()

向栈添加设备。

附录 A 核心 API 参考

文 件

usbd_cdc.h/usbd_cdc.c

原 型

```
CPU_INT08U USBD_DevAdd (USBD_DEV_CFG      * p_dev_cfg,
                        USBD_BUS_FNCTS    * p_bus_fnct,
                        USBD_DRV_API      * p_drv_api,
                        USBD_DRV_CFG      * p_drv_cfg,
                        USBD_DRV_BSP_API  * p_bsp_api,
                        USBD_ERR          * p_err);
```

参 数

p_dev_cfg　　指向特定 USB 设备配置的指针

p_bus_fnct　　指向特定 USB 设备配置的指针

p_drv_api　　指向特定 USB 设备驱动 API 的指针

p_drv_cfg　　指向特定 USB 设备驱动配置的指针

p_bsp_api　　指向特定 USB 设备和目标板相关的 API 的指针

p_err　　　　指向接收错误代码的变量的指针

　　　　　　USBD_ERR_NONE

　　　　　　USBD_ERR_INVALID_ARG

　　　　　　USBD_ERR_NULL_PTR

　　　　　　USBD_ERR_DEV_ALLOC

　　　　　　USBD_ERR_EP_NONE_AVAIL

返回值

如果无错误则返回设备编号,否则返回 USBD_DEV_NBR_NONE。

调用者

应用程序

提示/警告

无

A.1.7 USBD_DescDevGet()

获取设备描述符。

文 件

usbd_core.h/usbd_core.c

原 型

```
CPU_INT08U USBD_DescDevGet (USBD_DRV   * p_drv,
                            CPU_INT08U * p_buf,
                            CPU_INT08U   max_len,
                            USBD_ERR   * p_err);
```

参　数

  p_drv 指向驱动结构的指针

  p_buf 指向目标缓存区的指针

  max_len 目标缓存区能够容纳的最大字节数

  p_err 指向接收错误代码的变量的指针

      USBD_ERR_NONE

      USBD_ERR_ALLOC

      USBD_ERR_INVALID_ARG

      USBD_ERR_DEV_INVALID_NBR

      USBD_ERR_DEV_INVALID_STATE

返回值

  如果无错误则返回描述符包含的字节数，否则返回 0。

调用者

  USB 设备驱动的初始化函数

提示/警告

  只应该由支持标准自动请求回应的驱动在初始化过程中调用。

A.1.8　USBD_DescCfgGet()

获取一个配置描述符。

文　件

  usbd_core.h/usbd_core.c

原　型

```
CPU_INT16U USBD_DescCfgGet (USBD_DRV   * p_drv,
                            CPU_INT08U * p_buf,
                            CPU_INT08U   max_len,
                            CPU_INT08U   cfg_ix,
                            USBD_ERR   * p_err);
```

参　数

  p_drv 指向设备驱动结构的指针

  p_buf 指向目标缓存区的指针

  max_len 目标缓存区能够容纳的最大字节数

  cfg_ix 期望的配置描述符序号

  p_err 指向接收错误代码的变量的指针

      USBD_ERR_NONE

      USBD_ERR_ALLOC

USBD_ERR_INVALID_ARG
USBD_ERR_DEV_INVALID_NBR
USBD_ERR_DEV_INVALID_STATE

返回值

如果没有错误则返回描述符的字节数,否则返回 0。

调用者

USB 设备驱动初始化函数。

提示/警告

只应该由支持标准自动请求回应的驱动在初始化过程中调用。

A.1.9　USBD_DescStrGet()

获取字符串描述符。

文　件

usbd_core.h/usbd_core.c

原　型

```
CPU_INT08U USBD_DescStrGet (USBD_DRV    * p_drv,
                            CPU_INT08U  * p_buf,
                            CPU_INT08U    max_len,
                            CPU_INT08U    str_ix,
                            USBD_ERR    * p_err);
```

参　数

p_drv　　　指向设备驱动结构的指针

p_buf　　　指向缓存区的指针

max_len　　目标缓存区能够容纳的最大字节数

str_ix　　　期望的字符串描述符序号

p_err　　　指向接收错误代码的变量的指针

　　　　　　USBD_ERR_NONE
　　　　　　USBD_ERR_ALLOC
　　　　　　USBD_ERR_INVALID_ARG
　　　　　　USBD_ERR_DEV_INVALID_NBR
　　　　　　USBD_ERR_DEV_INVALID_STATE

返回值

如果没有错误则返回描述符的字节数,否则返回 0。

调用者

USB 设备驱动初始化函数。

提示/警告

只应该由支持标准自动请求回应的驱动在初始化过程中调用。

A.2 配置函数 USBD_CfgAdd()

向设备添加一个配置。

文　件

usbd_core.h/usbd_core.c

原　型

```
CPU_INT08U USBD_CfgAdd (    USBD_DRV        dev_nbr,
                            CPU_INT08U      attrib,
                            CPU_INT16U      max_pwr,
                            USBD_DEV_SPD    spd,
                      const CPU_CHAR       *p_name,
                            USBD_ERR       *p_err);
```

参　数

  dev_nbr 设备编号

  attrib   配置属性

       USBD_DEV_ATTRIB_SELF_POWERED

       USBD_DEV_ATTRIB_REMOTE_WAKEUP

  max_pwr 设备需要总线供电，见**提示/警告**(1)

  spd   配置速度

       USBD_DEV_SPD_FULL

       USBD_DEV_SPD_HIGH

  p_name 指向描述这一配置的字符串的指针，见**提示/警告**(2)

  p_err   指向接收错误代码的变量的指针

       USBD_ERR_NONE

       USBD_ERR_DEV_INVALID_NBR

       USBD_ERR_DEV_INVALID_STATE

       USBD_ERR_CFG_ALLOC

       USBD_ERR_CFG_INVALID_MAX_PWR

返回值

如果无错误则返回配置编号，否则返回 USBD_CFG_NBR_NONE。

调用者

  应用程序

附录 A 核心 API 参考

提示/警告

(1) USB 版本 2.0 定义了总线供电设备的功耗限制。
- 低功耗功能运行时在 USB 线缆上最多使用一个功耗单位。
- 高功耗功能运行时在 USB 线缆上使用 2~5 个功耗单位。
- 一个功耗单位为 100 mA，max_pwr 参数应该在 0~500 mA 之间。

(2) 字符串支持是可选的，p_name 可以是 NULL 指针。

(3) 只有当设备处于 USBD_DEV_STATE_NONE 或者 USB_DEV_STATE_INIT 状态时才可以添加配置。

A.3 接口函数

A.3.1 USBD_IF_Add()

在 CDC 数据接口发送数据。

文件

usbd_cdc.h/usbd_cdc.c

原型

```
CPU_INT08U USBD_IF_Add ( CPU_INT08U         dev_nbr,
                         CPU_INT08U         cfg_nbr,
                         USBD_CLASS_DRV    *p_class_drv,
                         void              *p_class_arg,
                         CPU_INT08U         class_code,
                         CPU_INT08U         class_sub_code,
                         CPU_INT08U         class_protocol_code,
                         const CPU_CHAR    *p_name,
                         USBD_ERR          *p_err);
```

参数

dev_nbr	设备编号
cfg_nbr	添加到接口的配置标号
p_class_drv	指向接口驱动的指针
p_class_arg	指向接口驱动参数的指针
class_code	由 USB-IF 指定的类代码
class_sub_code	USB-IF 指定的子类代码
class_protocol_code	USB-IF 指定的协议代码
p_name	指向描述接口的字符串的指针
p_err	指向接收错误代码的变量的指针

USBD_ERR_NONE
USBD_ERR_INVALID_ARG
USBD_ERR_NULL_PTR
USBD_ERR_DEV_INVALID_NBR
USBD_ERR_DEV_INVALID_STATE
USBD_ERR_CFG_INVALID_NBR
USBD_ERR_IF_ALLOC
USBD_ERR_IF_ALT_ALLOC

返回值

如果无错误则返回接口编号，否则返回 USBD_IF_NBR_NONE。

调用者

USB 类驱动

提示/警告

无

A.3.2　USBD_IF——AltAdd()

向特定的接口添加备用设置。

文　件

usbd_core.h/usbd_core.c

原　型

```
CPU_INT08U USBD_IF_AltAdd (    USBD_DRV      dev_nbr,
                               CPU_INT08U    cfg_nbr,
                               CPU_INT08U    if_nbr,
                         const CPU_CHAR     *p_name,
                               USBD_ERR     *p_err);
```

参　数

dev_nbr　　设备编号

cfg_nbr　　配置编号

if_nbr　　 接口编号

p_name　　 指向替代配置名的指针

p_err　　　指向接收错误代码的变量的指针

USBD_ERR_NONE
USBD_ERR_DEV_INVALID_NBR
USBD_ERR_CFG_INVALID_NBR
USBD_ERR_IF_INVALID_NBR

USBD_ERR_IF_ALT_ALLOC

返回值

如果无错误则返回接口编号，否则返回 USBD_IF_NBR_NONE。

调用者

USB 类驱动

提示/警告

无

A.3.3 USBD_IF_Grp()

创建一个接口组。

文 件

usbd_core.h/usbd_core.c

原 型

```
CPU_INT08U USBD_IF_Grp (    CPU_INT08U    dev_nbr,
                            CPU_INT08U    cfg_nbr,
                            CPU_INT08U    class_code,
                            CPU_INT08U    class_sub_code,
                            CPU_INT08U    class_protocol_code,
                            CPU_INT08U    if_start,
                            CPU_INT08U    if_cnt,
                      const CPU_CHAR    * p_name,
                            USBD_ERR    * p_err);
```

参 数

dev_nbr	设备编号
cfg_nbr	添加到接口的配置标号
p_class_drv	指向接口驱动的指针
p_class_arg	指向接口驱动参数的指针
class_code	由 USB-IF 指定的类代码
class_sub_code	由 USB-IF 指定的子类代码
class_protocol_code	由 USB-IF 指定的协议代码
if_start	与该接口组相关联的第一个接口的编号
if_cnt	与该接口组相关联的连续接口数目
p_err	指向接收错误代码的变量的指针
	USBD_ERR_NONE
	USBD_ERR_DEV_INVALID_NBR

USBD_ERR_CFG_INVALID_NBR
USBD_ERR_IF_INVALID_NBR
USBD_ERR_IF_GRP_NBR_IN_USE
USBD_ERR_IF_GRP_ALLOC

返回值

如果无错误则返回接口组编号，否则返回 USBD_IF_GRP_NBR_NONE。

调用者

USB 类驱动

提示/警告

无

A.4 端点函数

A.4.1 USBD_CtrlTx()

在控制 IN 端点发送数据。

文件

usbd_core.h/usbd_ep.c

原型

```
CPU_INT32U USBD_CtrlTx (CPU_INT08U   dev_nbr,
                        void        *p_buf,
                        CPU_INT32U   buf_len,
                        CPU_INT16U   timeout_ms,
                        CPU_BOOLEAN  end,
                        USBD_ERR    *p_err);
```

参数

dev_nbr   设备编号

p_buf   指向将要被发送的数据的指针

buf_len   发送的字节数

timeout_ms 超时时间(ms)

end   是否使用传输结束标志，见**提示/警告**(1)

p_err   指向接收错误代码的变量的指针

USBD_ERR_NONE

USBD_ERR_INVALID_ARG

USBD_ERR_DEV_INVALID_NBR

USBD_ERR_DEV_INVALID_STATE
USBD_ERR_EP_INVALID_ADDR
USBD_ERR_EP_INVALID_STATE
USBD_ERR_EP_INVALID_TYPE
USBD_ERR_OS_TIMEOUT
USBD_ERR_OS_ABORT
USBD_ERR_OS_FAIL

返回值

如果无错误则返回传输的字节数，否则返回 0。

调用者

USBD_DescWrReq()
USBD_DescWrStop()
USBD_StdReqDev()
USBD_StdReqEP()
USBD_StdReqIF()
USB 设备类驱动

提示/警告

（1）如果使用传输结束标志，而且发送数据是最大数据包大小的整数倍，则发送一个 0 长度数据包标志结尾。

（2）函数只能由 USB 设备类驱动特定的请求设置回调函数调用。

A.4.2 USBD_CtrlRx()

从控制 OUT 端点接收数据。

文件

usbd_core.h/usbd_ep.c

原型

```
CPU_INT32U USBD_CtrlRx (CPU_INT08U    dev_nbr,
                        void         *p_buf,
                        CPU_INT32U    buf_len,
                        CPU_INT16U    timeout_ms,
                        USBD_ERR     *p_err);
```

参数

dev_nbr   设备编号
p_buf   指向数据缓存区的指针
buf_len   传输字节数

timeout_ms	超时时间(ms)
p_err	指向接收错误代码的变量的指针
	USBD_ERR_NONE
	USBD_ERR_DEV_INVALID_NBR
	USBD_ERR_DEV_INVALID_STATE
	USBD_ERR_EP_INVALID_ADDR
	USBD_ERR_EP_INVALID_STATE
	USBD_ERR_EP_INVALID_TYPE
	USBD_ERR_OS_TIMEOUT
	USBD_ERR_OS_ABORT
	USBD_ERR_OS_FAIL

返回值

如果无错误则返回接收的字节数,否则返回 0。

调用者

USB 设备类驱动。

提示/警告

函数只能由 USB 设备类驱动特定的请求设置回调函数调用。

A.4.3 USBD_BulkAdd()

向备用设置接口添加一个批量端点。

文 件

usbd_core.h/usbd_core.c

原 型

```
CPU_INT08U USBD_BulkAdd (CPU_INT08U    dev_nbr,
                         CPU_INT08U    cfg_nbr,
                         CPU_INT08U    if_nbr,
                         CPU_INT08U    if_alt_nbr,
                         CPU_BOOLEAN   dir_in,
                         CPU_INT16U    max_pkt_len,
                         USBD_ERR     *p_err);
```

参 数

dev_nbr	设备编号
cfg_nbr	配置编号
if_nbr	接口编号
if_alt_nbr	接口的备用设置编号

dir_in	端点方向
	DEF_YES IN 方向
	DEF_NO OUT 方向
max_pkt_len	端点最大数据包长度,见提示/警告
p_err	指向接收错误代码的变量的指针
	USBD_ERR_NONE
	USBD_ERR_INVALID_ARG
	USBD_ERR_DEV_INVALID_NBR
	USBD_ERR_CFG_INVALID_NBR
	USBD_ERR_IF_INVALID_NBR
	USBD_ERR_EP_NONE_AVAIL
	USBD_ERR_EP_ALLOC

返回值

如果无错误则返回端点地址,否则返回 USBD_EP_ADDR_NONE。

调用者

USB 设备类驱动

提示/警告

如果 max_pkt_len 参数被设置为 0,栈将会分配第一个可用的批量端点,不考虑端点的最大数据包大小。

A.4.4　USBD_BulkRx()

从批量 OUT 端点接收数据。

文　件

usbd_core.h/usbd_ep.c

原　型

```
CPU_INT32U USBD_BulkRx (CPU_INT08U     dev_nbr,
                        CPU_INT08U     ep_addr,
                        void          *p_buf,
                        CPU_INT32U     buf_len,
                        CPU_INT16U     timeout_ms,
                        USBD_ERR      *p_err);
```

参　数

dev_nbr	设备编号
ep_addr	端点地址
p_buf	指向接收数据的缓存区的指针

buf_len	接收的字节数
timeout_ms	超时时间(ms)
p_err	指向接收错误代码的变量的指针
	USBD_ERR_NONE
	USBD_ERR_DEV_INVALID_NBR
	USBD_ERR_DEVINVALID_STATE
	USBD_ERR_EP_INVALID_ADDR
	USBD_ERR_EP_INVALID_STATE
	USBD_ERR_EP_INVALID_TYPE
	USBD_ERR_OS_TIMEOUT
	USBD_ERR_OS_ABORT
	USBD_ERR_OS_FAIL

返回值

如果错误则返回接收的字节数,否则返回 0。

调用者

USB 设备类驱动。

提示/警告

在以下情况发生前,函数将会阻塞:

- 所有数据接收完毕;
- 发生了错误;
- 数据传输没有在 timeout_ms 时间内完成。

A.4.5　USBD_BulkRxAsync()

异步地在批量 OUT 端点接收数据。

文　件

usbd_core.h/usbd_core.c

原　型

```
void USBD_BulkRxAsync (CPU_INT08U      dev_nbr,
                      CPU_INT08U      ep_addr,
                      void           *p_buf,
                      CPU_INT32U      buf_len,
                      USBD_ASYNC_FNCT async_fnct,
                      void           *p_async_arg,
                      USBD_ERR       *p_err);
```

参　数

dev_nbr	设备编号
ep_addr	端点地址
p_buf	指向接收数据的缓存区的指针
buf_len	接收字节数
async_fnct	接收操作结束时执行的函数
p_async_arg	指向传给 async_fnct 的参数的指针
p_err	指向接收错误代码的变量的指针
	USBD_ERR_NONE
	USBD_ERR_DEV_INVALID_NBR
	USBD_ERR_DEV_INVALID_STATE
	USBD_ERR_EP_INVALID_ADDR
	USBD_ERR_EP_INVALID_STATE
	USBD_ERR_EP_INVALID_TYPE
	USBD_ERR_OS_TIMEOUT
	USBD_ERR_OS_ABORT
	USBD_ERR_OS_FAIL

返回值

　　无

调用者

　　USB 设备类驱动

提示/警告

　　async_fnct 指定的回调函数的原型:

```
void USB_AsyncFnct (CPU_INT08U    dev_nbr,
                    CPU_INT08U    ep_addr,
                    void         *p_buf,
                    CPU_INT32U    buf_len,
                    CPU_INT32U    xfer_len,
                    void         *p_arg,
                    USBD_ERR      err);
```

参　数

dev_nbr	设备编号
ep_addr	端点地址
p_buf	指向接收数据的缓存区的指针
buf_len	缓存区长度
xfer_len	接收字节数
p_arg	指向函数参数的指针

err 错误状态
USBD_ERR_NONE
USBD_ERR_EP_ABORT

A.4.6 USBD_BulkTx()

从批量 IN 端点发送数据。

文　件

usbd_core.h/usbd_ep.c

原　型

```
CPU_INT32U  USBD_BulkTx (CPU_INT08U   dev_nbr,
                         CPU_INT08U   ep_addr,
                         void        *p_buf,
                         CPU_INT32U   buf_len,
                         CPU_INT16U   timeout_ms,
                         CPU_BOOKLEAN end,
                         USBD_ERR    *p_err);
```

参　数

dev_nbr　　　设备编号

ep_addr　　　端点地址

p_buf　　　　指向发送数据的缓存区的指针

buf_len　　　传输的字节数

timeout_ms　超时时间(ms)

end　　　　　是否使用传输结束标志,见**提示/警告**(2)

p_err　　　　指向接收错误代码的变量的指针

　　　　　　USBD_ERR_NONE
　　　　　　USBD_ERR_DEV_INVALID_NBR
　　　　　　USBD_ERR_DEV_INVALID_STATE
　　　　　　USBD_ERR_EP_INVALID_ADDR
　　　　　　USBD_ERR_EP_INVALID_STATE
　　　　　　USBD_ERR_EP_INVALID_TYPE
　　　　　　USBD_ERR_OS_TIMEOUT
　　　　　　USBD_ERR_OS_ABORT
　　　　　　USBD_ERR_OS_FAIL

返回值

如果错误则返回传输字节数,否则返回 0。

调用位置

USB 设备类驱动。

提示/警告

(1) 在以下情况发生前,函数将会阻塞:
- 所有数据传输完毕;
- 发生了错误;
- 数据传输没有在 timeout_ms 时间内完成。

(2) 如果使用传输结束标志,而且发送数据是最大数据包大小的整数倍,则发送一个 0 长度数据包标志结尾。

A.4.7 USBD_BulkTxAsync( )

异步地在批量 OUT 端点接收数据。

文件

usbd_core.h/usbd_core.c

原型

```
void USBD_BulkTxAsync (CPU_INT08U        dev_nbr,
                       CPU_INT08U        ep_addr,
                       void             *p_buf,
                       CPU_INT32U        buf_len,
                       USBD_ASYNC_FNCT   async_fnct,
                       void             *p_async_arg,
                       CPU_BOOLEAN       end,
                       USBD_ERR         *p_err);
```

参数

dev_nbr	设备编号
ep_addr	端点地址
p_buf	指向传输数据的缓存区的指针
buf_len	传输字节数
async_fnct	传输结束时执行的函数
p_async_arg	指向传给 async_fnct 的参数的指针
end	是否使用传输结束标记,见**提示/警告**(2)
p_err	指向接收错误代码的变量的指针

返回值

无

调用者

USB 设备类驱动。

提示/警告

(1) async_fnct 指定回调函数的原型：

```
void USB_AsyncFnct (CPU_INT08U    dev_nbr,
                    CPU_INT08U    ep_addr,
                    void         *p_buf,
                    CPU_INT32U    buf_len,
                    CPU_INT32U    xfer_len,
                    void         *p_arg,
                    USBD_ERR      err);
```

参数：

dev_nbr	设备编号
ep_addr	端点地址
p_buf	指向传输数据的缓存区的指针
buf_len	缓存区长度
xfer_len	传输字节数
p_arg	指向函数参数的指针
err	错误状态
	USBD_ERR_NONE
	USBD_ERR_EP_ABORT

(2) 如果使用传输结束标志，而且发送数据是最大数据包大小的整数倍，发送一个 0 长度数据包标志结尾。

A.4.8 USBD_IntrAdd()

向备用设置接口添加中断端点。

文件

usbd_core.h/usbd_core.c

原型

```
CPU_INT08U USBD_IntrAdd (CPU_INT08U     dev_nbr,
                         CPU_INT08U     cfg_nbr,
                         CPU_INT08U     if_nbr,
                         CPU_INT08U     if_alt_nbr,
                         CPU_BOOKLEAN   dir_int,
                         CPU_INT16U     max_pkt_len,
                         CPU_INT16U     interval,
                         USBD_ERR      *p_err);
```

参数

dev_nbr   设备编号

附录 A 核心 API 参考

cfg_nbr	配置编号
if_nbr	接口编号
if_alt_nbr	接口备用设置编号
dir_in	端点方向
	DEF_YES IN 方向
	DEF_NO OUT 方向
max_pkt_len	端点最大数据包长度,见提示/警告
interval	端点区间(帧/微帧)
p_err	指向接收错误代码的变量的指针
	USBD_ERR_NONE
	USBD_ERR_INVALID_ARG
	USBD_ERR_DEV_INVALID_NBR
	USBD_ERR_CFG_INVALID_NBR
	USBD_ERR_IF_INVALID_NBR
	USBD_ERR_EP_NONE_AVAIL
	USBD_ERR_EP_ALLOC

返回值

如果无错误则返回端点地址,否则返回 USBD_EP_ADDR_NONE。

调用位置

USB 设备类驱动。

提示/警告

如果 max_pkt_len 参数为 0,则栈将会分配第一个可用的中断端点,无论其最大数据包大小是多少。

A.4.9 USBD_IntrRx()

从中断 OUT 端点接收数据。

文件

usbd_core.h/usbd_ep.c

原型

```
CPU_INT32U USBD_IntrRx (CPU_INT08U    dev_nbr,
                        CPU_INT08U    ep_addr,
                        void         *p_buf,
                        CPU_INT32U    buf_len,
                        CPU_INT16U    timeout_ms,
                        USBD_ERR     *p_err);
```

参数

dev_nbr	设备编号
ep_addr	端点地址
p_buf	指向目标缓存区的指针
buf_len	接收字节数
timeout_ms	超时时间(ms)
p_err	指向接收错误代码的变量的指针

    USBD_ERR_NONE
    USBD_ERR_DEV_INVALID_NBR
    USBD_ERR_DEVINVALID_STATE
    USBD_ERR_EP_INVALID_ADDR
    USBD_ERR_EP_INVALID_STATE
    USBD_ERR_EP_INVALID_TYPE
    USBD_ERR_OS_TIMEOUT
    USBD_ERR_OS_ABORT
    USBD_ERR_OS_FAIL

返回值

无错误则返回接收字节数，否则返回 0。

调用者

USB 设备类驱动。

提示/警告

在以下情况发生前，函数将会阻塞：
- 所有数据接收完毕；
- 发生了错误；
- 数据传输没有在 timeout_ms 时间内完成。

A.4.10　USBD_IntrRxAsync()

异步地在中断 OUT 端点接收数据。

文件

usbd_core.h/usbd_core.c

原型

```
void USBD_IntrRxAsync (CPU_INT08U       dev_nbr,
                       CPU_INT08U       ep_addr,
                       void            *p_buf,
                       CPU_INT32U       buf_len,
                       USBD_ASYNC_FNCT  async_fnct,
                       void            *p_async_arg,
                       USBD_ERR         *p_err);
```

参数

dev_nbr	设备编号
ep_addr	端点地址
p_buf	指向接收数据的缓存区的指针
buf_len	接收字节数
async_fnct	传输结束时执行的函数
p_async_arg	指向传给 async_fnct 的参数的指针
p_err	指向接收错误代码的变量的指针
	USBD_ERR_NONE
	USBD_ERR_DEV_INVALID_NBR
	USBD_ERR_DEV_INVALID_STATE
	USBD_ERR_EP_INVALID_ADDR
	USBD_ERR_EP_INVALID_STATE
	USBD_ERR_EP_INVALID_TYPE
	USBD_ERR_OS_TIMEOUT
	USBD_ERR_OS_ABORT
	USBD_ERR_OS_FAIL

返回值

无

调用者

USB 设备类驱动

提示/警告

async_fnct 指定回调函数的原型：

```
void USB_AsyncFnct (CPU_INT08U      dev_nbr,
                    CPU_INT08U      ep_addr,
                    void           *p_buf,
                    CPU_INT32U      buf_len,
                    CPU_INT32U      xfer_len,
                    void           *p_arg,
                    USBD_ERR        err);
```

参数

dev_nbr	设备编号
ep_addr	端点地址
p_buf	指向传输数据的缓存区的指针
buf_len	缓存区长度
xfer_len	传输字节数

p_arg	指向函数参数的指针
err	错误状态
	USBD_ERR_NONE
	USBD_ERR_EP_ABORT

A.4.11　USBD_IntrTx()

从中断 IN 端点发送数据。

文　件

usbd_core.h/usbd_ep.c

原　型

```
CPU_INT32U USBD_IntrTx (CPU_INT08U    dev_nbr,
                        CPU_INT08U    ep_addr,
                        void         *p_buf,
                        CPU_INT32U    buf_len,
                        CPU_INT16U    timeout_ms,
                        CPU_BOOLEAN   end,
                        USBD_ERR     *p_err);
```

参　数

dev_nbr	设备编号
ep_addr	端点地址
p_buf	指向传输数据缓存区的指针
buf_len	传输字节数
timeout_ms	超时时间(ms)
end	是否使用传输结束标志,见**提示/警告**(2)
p_err	指向接收错误代码的变量的指针
	USBD_ERR_NONE
	USBD_ERR_DEV_INVALID_NBR
	USBD_ERR_DEV_INVALID_STATE
	USBD_ERR_EP_INVALID_ADDR
	USBD_ERR_EP_INVALID_STATE
	USBD_ERR_EP_INVALID_TYPE
	USBD_ERR_OS_TIMEOUT
	USBD_ERR_OS_ABORT
	USBD_ERR_OS_FAIL

附录 A 核心 API 参考

返回值

无错误则返回传输字节数,否则返回 0。

调用者

USB 设备类驱动

提示/警告

(1) 在以下情况发生前,函数将会阻塞:

- 所有数据传输完毕;
- 发生了错误;
- 数据传输没有在 timeout_ms 时间内完成。

(2) 如果使用传输结束标志,而且发送数据是最大数据包大小的整数倍,则发送一个 0 长度数据包标志结尾。

A.4.12 USBD_IntrTxAsync()

异步地在中断 OUT 端点接收数据。

文 件

usbd_core.h/usbd_core.c

原 型

```
void USBD_IntrTxAsync (CPU_INT08U      dev_nbr,
                       CPU_INT08U      ep_addr,
                       void           *p_buf,
                       CPU_INT32U      buf_len,
                       USBD_ASYNC_FNCT async_fnct,
                       void           *p_async_arg,
                       CPU_BOOLEAN     end,
                       USBD_ERR       *p_err);
```

参 数

dev_nbr	设备编号
ep_addr	端点地址
p_buf	指向传输数据缓存区的指针
buf_len	传输字节数
async_fnct	传输结束时执行的函数
p_async_arg	指向传给 async_fnct 的参数的指针
end	是否使用传输结束标志,见**提示/警告**(2)
p_err	指向接收错误代码的变量的指针
	USBD_ERR_NONE

USBD_ERR_DEV_INVALID_NBR
USBD_ERR_DEV_INVALID_STATE
USBD_ERR_EP_INVALID_ADDR
USBD_ERR_EP_INVALID_STATE
USBD_ERR_EP_INVALID_TYPE
USBD_ERR_OS_TIMEOUT
USBD_ERR_OS_ABORT
USBD_ERR_OS_FAIL

返回值

无

调用者

USB 设备类驱动

提示/警告

(1) async_fnct 指定回调函数的原型：

```
void USB_AsyncFnct (CPU_INT08U    dev_nbr,
                    CPU_INT08U    ep_addr,
                    void         *p_buf,
                    CPU_INT32U    buf_len,
                    CPU_INT32U    xfer_len,
                    void         *p_arg,
                    USBD_ERR      err);
```

参数：

dev_nbr	设备编号
ep_addr	端点地址
p_buf	指向传输数据的缓存区的指针
buf_len	缓存区长度
xfer_len	传输字节数
p_arg	指向函数参数的指针
err	错误状态
	USBD_ERR_NONE
	USBD_ERR_EP_ABORT

(2) 如果使用传输结束标志，而且发送数据是最大数据包大小的整数倍，则发送一个 0 长度数据包标志结尾。

A.4.13 USBD_EP_RxZLP()

从主机接收零长度数据包。

文件

usbd_core.h/usbd_ep.c

原型

```
void USBD_EP_RxZIP (CPU_INT08U    dev_nbr,
                    CPU_INT08U    ep_addr,
                    CPU_INT16U    timeout_ms,
                    USBD_ERR      *p_err);
```

参数

- dev_nb　　　指向 USB 设备驱动结构的指针
- ep_addr　　 指向传输数据缓存区的指针
- timeout_ms　超时时间(ms)
- p_err　　　 指向接收错误代码的变量的指针
  - USBD_ERR_OS_NONE
  - USBD_ERR_DEV_INVALID_NBR
  - USBD_ERR_EP_INVALID_ADDR
  - USBD_ERR_EP_INVALID_STATE
  - USBD_ERR_OS_TIMEOUT
  - USBD_ERR_OS_ABORT
  - USBD_ERR_OS_FAIL

返回值

无

调用者

USBD_CtrlRx()

USBD_CtrlRxStatus()

USB 设备类驱动

提示/警告

无

A.4.14　USBD_EP_TxZLP()

从主机发送零长度数据包。

文件

usbd_core.h/usbd_ep.c

原　型

```
void USBD_EP_TxZIP (CPU_INT08U    dev_nbr,
                    CPU_INT08U    ep_addr,
                    CPU_INT16U    timeout_ms,
                    USBD_ERR     *p_err);
```

参　数

dev_nb　　　　指向 USB 设备驱动结构的指针

ep_addr　　　　指向传输数据缓存区的指针

timeout_ms　　超时时间(ms)

p_err　　　　　指向接收错误代码的变量的指针

　　　　　　　USBD_ERR_OS_NONE

　　　　　　　USBD_ERR_DEV_INVALID_NBR

　　　　　　　USBD_ERR_EP_INVALID_ADDR

　　　　　　　USBD_ERR_EP_INVALID_STATE

　　　　　　　USBD_ERR_OS_TIMEOUT

　　　　　　　USBD_ERR_OS_ABORT

　　　　　　　USBD_ERR_OS_FAIL

返回值

无

调用者

USBD_CtrlTxStatus()

USB 设备类驱动

提示/警告

无

A.4.15　USBD_EP_Abort()

放弃端点 I/O 传输。

文　件

usbd_core.h/usbd_ep.c

原　型

```
void USBD_EP_Abort (CPU_INT08U    dev_nbr,
                    CPU_INT08U    ep_addr,
                    USBD_ERR     *p_err);
```

参　数

dev_nbr　　　　设备编号

ep_addr　　　　端点地址

附录 A 核心 API 参考

    p_err   指向接收错误代码的变量的指针
                USBD_ERR_NONE
                USBD_ERR_DEV_INVALID_NBR
                USBD_ERR_EP_INVALID_ADDR
                USBD_ERR_EP_INVALID_STATE
                USBD_ERR_EP_ABORT
                USBD_ERR_EP_OS_FAIL

返回值
    无

调用者
    USBD_EP_Stall()
    USB 设备类驱动

提示/警告
    无

A.4.16 USBD_EP_Stall()

修改非控制端点的停滞状态。

文件

    usbd_core.h/usbd_ep.c

原型

```
void USBD_EP_Stall (CPU_INT08U    dev_nbr,
                    CPU_INT08U    ep_addr,
                    CPU_BOOLEAN   state,
                    USBD_ERR     *p_err);
```

参数

    dev_nbr   设备编号
    ep_addr   线路变化的通知回调函数
    state   端点停滞状态
                DEF_SET   设置停滞状态
                DEF_NO   清除停滞状态
    p_err   指向接收错误代码的变量的指针
                USBD_ERR_NONE
                USBD_ERR_DEV_INVALID_ARG
                USBD_ERR_EP_INVALID_ADDR
                USBD_ERR_EP_INVALID_STATE

USBD_ERR_EP_STALL
USBD_ERR_EP_ABORT
USBD_ERR_OS_FAIL

返回值

无

调用者

USBD_EP_Close()

USBD_StdReqEP()

USB 设备类驱动

提示/警告

无

A.4.17　USBD_EP_IsStalled()

获取非控制端点的停滞情况。

文　件

usbd_core.h/usbd_ep.c

原　型

```
CPU_BOOLEAN USBD_EP_IsStalled (CPU_INT08U      dev_nbr,
                               CPU_INT08U      ep_addr,
                               USBD_ERR       *p_err);
```

参　数

dev_nbr　　设备编号

ep_addr　　指向存储当前线路编码结构的指针

p_err　　　指向接收错误代码的变量的指针

USBD_ERR_NONE

USBD_ERR_DEV_INVALID_ARG

USBD_ERR_EP_INVALID_ADDR

返回值

DEF_TRUE　　端点停滞

DEF_FALSE　　其他情况

调用者

USBD_StdReqEP()

USB 设备类驱动

应用程序

提示/警告
    无

A.4.18 USBD_EP_GetMaxPktSize()

获取端点的最大包大小。

文件

usbd_core.h/usbd_ep.c

原型

```
CPU_INT16U USBD_EP_GetMaxPktSize (CPU_INT08U    dev_nbr,
                                  CPU_INT08U    ep_addr,
                                  USBD_ERR     *p_err);
```

参数

dev_nbr	设备编号 Device number
ep_addr	指向存储当前线路编码结构的指针
p_err	指向接收错误代码的变量的指针
	USBD_ERR_NONE
	USBD_ERR_DEV_INVALID_NBR
	USBD_ERR_EP_INVALID_ADDR
	USBD_ERR_EP_INVALID_STATE

返回值

最大包大小	如果不存在错误
0	其他情况

调用者

应用程序

提示/警告

无

A.4.19 USBD_EP_GetMaxPhyNbr()

获取最大物理端点数。

文件

usbd_core.h/usbd_ep.c

原型

```
CPU_INT08U USBD_EP_GetMaxPhyNbr (CPU_INT08U dev_nbr)
```

嵌入式协议栈 μC/USB - Device

参　数

　　dev_nbr　　设备编号

返回值

　　最大物理端点数　　　　　　如果不存在错误
　　USBD_EP_PHY_NONE　　其他情况

调用者

　　USB 设备控制器驱动
　　应用程序

提示/警告

　　无

A.4.20　USBD_EP_GetMaxNbrOpen()

获取最大的打开端点数。

文　件

　　usbd_core.h/usbd_ep.c

原　型

```
CPU_INT08U USBD_EP_GetMaxNbrOpen (CPU_INT08U dev_nbr);
```

参　数

　　dev_nbr　　设备编号

返回值

　　最大打开端点数　　如果不存在错误
　　0　　　　　　　　其他情况

调用位置

　　USB 设备控制器驱动
　　应用程序

提示/警告

　　无

A.5　操作系统内核函数

A.5.1　USBD_OS_Init()

初始化 USB RTOS 层内部对象。

文件

usbd_internal.h/usbd_os.c

原型

```
void USBD_OS_Init (USBD_ERR  * p_err);
```

参数

p_err 指向接收返回错误代码变量的指针

返回值

无

调用位置

USBD_Init()

实现指导

以下 RTOS 资源为协议栈所必需,必须在函数调用时分配空间。
- 一个处理内核和异步事件的任务;
- 一个最多能容纳 USBD_CORE_EVENT_NBR_TOTAL 个事件的队列;
- USBD_CFG_MAX_NBR_DEV * USBD_CFG_MAX_NBR_EP_OPEN 个用于端点操作的信号量;
- 若跟踪被启用,需要准备用于管理调试事件分配和处理调试事件的信号量和任务。

如果发生任何错误,需要将 USBD_ERR_OS_INIT_FAIL 赋予 p_err,并使函数立刻返回。在其他情况下,将 p_err 设为 USBD_ERR_NONE。

A.5.2 USBD_CoreTaskHandler()

处理所有内核事件和操作。

文件

usbd_internal.h/usbd_core.c

原型

```
void USBD_CoreTaskHandler (void);
```

参数

无

返回值

无

调用位置

USB RTOS 层

实现指导

一般来说,RTOS 层需要为内核事件创建一个"壳(shell)"任务,这个任务的主要用途就是执行 USBD_CoreTaskHandler()。

A.5.3　USBD_DbgTaskHandler()

处理所有内核产生的调试事件。

文件

usbd_internal.h/usbd_core.c

原型

```
void USBD_DbgTaskHandler (void);
```

参数

无

返回值

无

调用者

USB RTOS 层

实现指导

- 一般来说，RTOS 层需要为处理内核产生的调试事件创建一个"壳"任务，这个任务的主要用途就是执行 USBD_DbgTaskHandler()。
- 只有协议栈开启了跟踪选项，这个函数才会出现在代码中。

A.5.4　USBD_OS_EP_SignalCreate()

创建一个用于端点操作的信号/信号量。

文件

usbd_internal.h/usbd_os.c

原型

```
void USBD_OS_EP_SignalCreate (CPU_INT08U    dev_nbr,
                              CPU_INT08U    ep_ix,
                              USBD_ERR     *p_err);
```

参数

dev_nbr　　设备编号

ep_ix　　　端点索引

p_err　　　指向接收返回错误代码的变量的指针

返回值

无

调用者

打开端点函数。

实现指导

(1) 这个函数的作用是为特定的端点分配信号/信号量。

(2) 一般来说,RTOS 层的代码应该创建一个二维数组来存放信号/信号量处理函数。dev_nbr 和 ep_ix 被用来索引这个数组。

- dev_nbr 取值为 0 到 USBD_CFG_MAX_NBR_DEV。
- ep_ix 取值为 0 到 USBD_CFG_MAX_NBR_EP_OPEN。

(3) 如果创建失败,应当将 USBD_ERR_OS_SIGNAL_CREATE 赋给 p_err,否则将其设为 USBD_ERR_NONE。

A.5.5 USBD_OS_EP_SignalDel()

删除一个信号/信号量。

文件

usbd_internal.h/usbd_os.c

原型

```
void USBD_OS_EP_SignalDel (CPU_INT08U    dev_nbr,
                           CPU_INT08U    ep_ix);
```

参数

dev_nbr   设备编号

ep_ix   端点索引

返回值

无

调用者

端点关闭函数。

实现指导

此函数的调用应当删除和特定端点关联的信号/信号量。

A.5.6 USBD_OS_EP_SignalPend()

等待信号/信号量直到其变为可用。

文件

usbd_internal.h/usbd_os.c

原　型

```
void USBD_OS_EP_SignalPend (CPU_INT08U    dev_nbr,
                            CPU_INT08U    ep_ix,
                            CPU_INT16U    timeout_ms,
                            USBD_ERR     *p_err);
```

参　数

dev_nbr　　　设备编号

ep_ix　　　　端点索引

timeout_ms　等待时间(ms)

p_err　　　　指向接收返回错误代码的变量的指针

返回值

无

调用者

端点 Rx/Tx 函数。

实现指导

对此函数的调用应当等待和特定端点关联的信号/信号量。表 A-1 描述了根据不同操作结果应当赋给 p_err 的返回值。

表 A-1 操作结果和 p_err 赋值

操作结果	错误代码
无错误	USBD_ERR_NONE
等待超时	USBD_ERR_OS_TIMEOUT
等待中止	USBD_ERR_OS_ABORT
其他原因的等待失败	USBD_ERR_OS_FAIL

A.5.7　USBD_OS_EP_SignalAbort()

中止在信号/信号量上的等待操作。

文　件

usbd_internal.h/usbd_os.c

原　型

```
void USBD_OS_EP_SignalAbort (CPU_INT08U    dev_nbr,
                             CPU_INT08U    ep_ix,
                             USBD_ERR     *p_err);
```

参　数

dev_nbr　　　设备编号

ep_ix   端点索引
p_err   指向接收返回错误代码的变量的指针

返回值

无

调用者

中止端点函数。

实现指导

对此函数的调用应当中止和特定端点关联的信号/信号量上进行的等待操作。如果有错误发生,则将 p_err 设为 USBD_ERR_OS_FAIL,否则设为 USBD_ERR_NONE。

A.5.8 USBD_OS_EP_SignalPost()

使一个信号/信号量可用。

文件

usbd_internal.h/usbd_os.c

原型

```
void USBD_OS_EP_SignalPost (CPU_INT08U    dev_nbr,
                            CPU_INT08U    ep_ix,
                            USBD_ERR     *p_err);
```

参数

dev_nbr   设备编号
ep_ix   端点索引
p_err   指向接收返回错误代码的变量的指针

返回值

无

调用者

端点传输完成函数。

实现指导

对此函数的调用应当唤醒和特定端点关联的信号/信号量。如果有错误发生,则将 p_err 设为 USBD_ERR_OS_FAIL,否则设为 USBD_ERR_NONE。

A.5.9 USBD_OS_CoreEventPut()

将一个内核事件放入队列。

文　件

usbd_internal.h/usbd_os.c

原　型

```
void USBD_OS_CoreEventPut (void  * p_event);
```

参　数

p_event　　指向内核事件的指针

返回值

无

调用者

端点和总线事件处理函数。

实现指导

对此函数的调用应当将过往的事件加入内核事件队列。

A.5.10　USBD_OS_CoreEventGet()

等待,直到一个内核事件就绪。

文　件

usbd_internal.h/usbd_os.c

原　型

```
void * USBD_OS_CoreEventGet (CPU_INT32U    timeout_ms,
                             USBD_ERR    * p_err);
```

参　数

Timeout_ms　　等待时间(ms)

p_err　　　　指向接收返回错误代码的变量的指针。

返回值

指向内核事件的指针　　如果不存在错误

NULL　　　　　　　　其他情况

调用者

USBD_CoreTaskHandler()

实现指导

对此函数的调用应当阻塞,直到一个事件被加入队列,然后将其返回。

表 A-1 描述了根据操作结果不同应当赋给 p_err 的返回值。

A.5.11 USBD_OS_DbgEventRdy()

唤醒调试事件处理任务。

文 件

usbd_internal.h/usbd_os.c

原 型

void USBD_OS_DbgEventRdy (void);

参 数

无

返回值

无

调用者

调试函数

实现指导

对此函数的调用应当唤醒调试任务的信号/信号量。

A.5.12 USBD_OS_DbgEventWait()

等待跟踪事件。

文 件

usbd_internal.h/usbd_os.c

原 型

void USBD_OS_DbgEventWait (void);

参 数

无

返回值

无

调用位置

USBD_DbgTaskHandler()

实现指导

对此函数的调用应当等待唤醒调试任务的信号/信号量。

A.6 设备驱动回调函数

A.6.1 USBD_EP_RxCmpl()

通知设备栈 OUT 传输完成。

文件

usbd_core.h/usbd_ep.c

原型

```
void USBD_EP_RxCmpl (USBD_DRV     p_drv,,
                     CPU_INT08U   ep_log_nbr);
```

参数

p_drv　　指向设备驱动结构的指针

ep_log_nb　端点逻辑编号

返回值

无

调用者

USB 设备控制器驱动 ISR

提示/警告

无

A.6.2 USBD_EP_TxCmpl()

通知设备栈 IN 传输完成。

文件

usbd_core.h/usbd_ep.c

原型

```
void USBD_EP_RxCmpl (USBD_DRV     * p_drv,
                     CPU_INT08U   ep_log_nbr);
```

参数

p_drv　　指向设备驱动结构的指针

ep_log_nb　端点逻辑编号

返回值

无

调用者
    USB 设备控制器驱动 ISR
提示/警告
    无

A.6.3 USBD_EventConn()

通知设备栈设备已连接到主机。

文　件
    usbd_core.h/usbd_core.c

原　型
    void USBD_EventConn (USBD_DRV *p_drv);

参　数
    p_drv   指向设备驱动结构的指针

返回值
    无

调用者
    USB 设备控制器驱动 ISR

提示/警告
    无

A.6.4 USBD_EventDisconn()

通知设备栈设备已和主机断开。

文　件
    usbd_core.h/usbd_ep.c

原　型
    void USBD_EventDisconn (USBD_DRV *p_drv);

参　数
    p_drv   指向设备驱动结构的指针

返回值
    无

调用者
    USB 设备控制器驱动 ISR

提示/警告
   无

A.6.5 USBD_EventReset()

通知设备栈总线上发生了一个重置事件。

文 件

usbd_core.h/usbd_core.c

原 型

```
void USBD_EventReset (USBD_DRV  * p_drv);
```

参 数

p_drv 指向设备驱动结构的指针

返回值

无

调用位置

USB 设备控制器驱动 ISR

提示/警告

无

A.6.6 USBD_EventHS()

通知设备栈主机有高速能力。

文 件

usbd_core.h/usbd_core.c

原 型

```
void USBD_EventHS (USBD_DRV  * p_drv);
```

参 数

p_drv 指向设备驱动结构的指针

返回值

无

调用者

USB 设备控制器驱动 ISR

提示/警告

无

A.6.7 USBD_EventSuspend( )

通知设备栈总线上发生了一个暂停事件。

文 件

usbd_core.h/usbd_core.c

原 型

```
void USBD_EventSuspend (USBD_DRV  * p_drv);
```

参 数

p_drv　　指向设备驱动结构的指针

返回值

无

调用者

USB 设备控制器驱动 ISR

提示/警告

无

A.6.8 USBD_EventResume( )

通知设备栈总线上发生了一个恢复事件。

文 件

usbd_core.h/usbd_core.c

原 型

```
void USBD_EventResume (USBD_DRV  * p_drv);
```

参 数

p_drv　　指向设备驱动结构的指针

返回值

无

调用者

USB 设备控制器驱动 ISR

提示/警告

无

A.6.9 USBD_EventSetup( )

通知设备栈初始化传输被接收。

文　件

　　usbd_core.h/usbd_core.c

原　型

```
void USBD_EventSetup (USBD_DRV   * p_drv,
                      void       * p_buf);
```

参　数

　　p_drv　指向设备驱动结构的指针

　　p_buf　指向初始化包的指针

返回值

　　无

调用者

　　USB 设备控制器驱动 ISR

提示/警告

　　无

A.7　跟踪函数 USBD_Trace( )

输出内核的调试信息。如果跟踪功能开启(USBD_CFG_DBG_TRACE 被定义为 DEF_ENABLED),则用户必须实现这个函数。

文　件

　　usbd_core.h

原　型

```
void USBD_Trace (const CPU_CHAR   * p_str);
```

参　数

　　p_str　指向包含调试信息的字符串的指针

返回值

　　无

调用者

　　USB 内核调试任务的处理函数

提示/警告

　　无

附录 B

设备控制器驱动 API 参考手册

本附录是设备控制器驱动服务函数的参考手册。手册按照首字母顺序列出了所有用户可调用的驱动服务函数,读者可以在手册中查看以下信息:
- 服务函数的简要描述;
- 服务函数的函数原型;
- 服务函数所在源文件的文件名;
- 服务函数的参数描述;
- 服务函数返回值的描述;
- 使用服务函数的提示/警告。

B.1 设备驱动函数

B.1.1 USBD_DrvInit()

设备驱动 API 的第一个函数是设备驱动初始化函数。当应用程序添加一个具体的设备时,该函数被 USBD_DevStart() 调用。如果一块开发板上有相同设备的多个实例,则该设备的每个实例都将调用该函数。但应用程序不能多次添加相同的设备。如果设备初始化失败,建议用户调试代码,以发现失败原因并纠正该错误。

注意:该函数很大程度上依赖设备板级支持包(BSP)函数的实现。关于设备 BSP 函数的详细信息,请参考 B.2"设备驱动 BSP 函数"。

文件

位于设备驱动程序 usbd_drv.c 文件中。

原型

```
static void USBD_DrvInit (USBD_DRV    *p_drv
                         USBD_ERR    *p_err);
```

注意,由于每个设备驱动函数只能通过设备驱动 API 结构中的函数指针访问,函数不需要声明为全局函数,因此声明函数为 static 类型。

参　数

　　p_drv　指向 USB 设备驱动程序结构体

　　p_err　指向一个变量,用来存放该函数返回的错误代码

返回值

　　无

调用者

　　USBD_DevInit()通过 p_drv_api—>Init()调用该函数。

提示/警告

　Init()函数通常执行下列操作,当然,这取决于需要初始化的设备,可能需要增加或删除一些功能。

- 配置 USB 设备的时钟源,配置必需的 I/O 引脚和主机中断控制器。这些功能通常通过设备的 BSP 函数指针 Init()执行,其实现代码位于 usbd_bsp.c 中(见 B.2.1"USBD_BSP_Init()")。
- 复位 USB 控制器或 USB 控制寄存器。
- 禁止中断并清除中断挂起标志。

设置设备地址为 0。

- 针对 DMA 设备,为描述符分配内存。该功能通过调用 μC/LIB 的内存模块实现。如果内存分配失败,将 p_err 置为 USBD_ERR_ALLOC 并返回。
- 如果初始化成功,则置 p_err 为 USBD_ERR_NONE。否则,将 p_err 设为相应的错误代码。

B.1.2　USBD_DrvStart()

第二个函数是设备驱动程序 Start()函数,该函数在每次设备启动时调用。

文　件

位于设备驱动程序 usbd_drv.c 文件中。

原　型

```
static void USBD_DrvStart (USBD_DRV   * p_drv
                           USBD_ERR   * p_err);
```

参　数

　　p_drv　指向 USB 设备驱动程序结构体

　　p_err　指向一个变量,用来存放该函数返回的错误代码

返回值

　　无

附录 B　设备控制器驱动 API 参考手册

调用者

USBD_DevStart()通过 p_drv_api—>Start()调用该函数。

提示/警告

Start()函数执行下列操作:

- 通常激活 D+引脚的上拉电阻来模拟设备插入主机。一些 MCU/MPU 有内部上拉电阻,可以通过设备控制寄存器激活。对于没有内部上拉电阻的设备,可以通过一个通用 I/O 引脚实现。该功能通常通过设备 BSP 函数指针 Conn()执行,其实现代码位于 usbd_bsp.c 中(见 B.2.2)。设备 BSP 的 Conn()函数还负责使能主机中断控制器。
- 清除所有中断标志。
- 使能硬件设备的中断。主机中断控制器已经在设备驱动程序 Init()函数中配置过了。
- 使能设备控制器。
- 如果没有错误,则设置 p_err 值为 USBD_ERR_NONE。否则,将 p_err 设为相应的设备错误代码。

B.1.3　USBD_DrvStop()

设备驱动 API 结构中的下一个函数是设备 Stop()函数,该函数在每次设备停止时调用。

文　件

位于设备驱动程序 usbd_drv.c 文件中。

原　型

```
static void USBD_DrvStop (USBD_DRV   * p_drv);
```

参　数

p_drv　指向 USB 设备驱动程序结构体

返回值

无

调用者

USBD_DevStop()通过 p_drv_api—>Stop()调用该函数。

提示/警告

通常,Stop 函数执行下列操作:

- 禁止设备控制器。
- 清除中断源并禁止硬件设备的中断。
- 断开与 USB 主机的连接(例如复位 D+引脚的上拉电阻)。该功能通常由设备 BSP 函数指针 Disconn() 执行,其实现代码位于 usbd_bsp.c(见 B.2.3)。

B.1.4 USBD_DrvAddrSet()

下一个实现的 API 函数是设备地址配置 AddrSet() 函数。设备地址配置函数在处理 SET_ADDRESS 设置请求时调用。

文 件

位于设备驱动程序 usbd_drv.c 文件中。

原 型

```
static CPU_BOOLEAN USBD_DrvAddrSet (USBD_DRV    *p_drv,
                                    CPU_INT08U   dev_addr);
```

参 数

p_drv　　指向 USB 设备驱动程序结构体

dev_addr　主机分配的设备地址

返回值

如果成功,则返回 DEF_OK;否则,返回 DEF_FAIL。

调用者

USBD_StdReqDev()通过 p_drv_api—>AddrSet()调用该函数。

提示/警告

- 对于在状态阶段完成之后,通过硬件启用新地址的设备控制器,可以在分配设备地址的同时使能设备地址模式。
- 对于不需要等待状态阶段完成就可以立即启用新地址的设备控制器,参考 USBD_DrvAddrEn()。

B.1.5 USBD_DrvAddrEn()

文 件

位于设备驱动程序 usbd_drv.c 文件中。

原 型

```
static CPU_BOOLEAN USBD_DrvAddrEn (USBD_DRV    *p_drv
                                   CPU_INT08U   dev_addr);
```

参 数

p_drv　　指向 USB 设备驱动程序结构体

dev_addr　主机分配的设备地址

附录 B　设备控制器驱动 API 参考手册

返回值

　　无

调用者

　　USBD_StdReqHandler()通过 p_drv_api->AddrEn()调用该函数。

提示/警告

- 对于需要等待状态阶段结束之后，才启用新地址的设备控制器，不需要执行任何操作。
- 对于不需要等待状态阶段完成就可以立即启用新地址的设备控制器，必须设置并使能设备地址。

B.1.6　USBD_DrvCfgSet()

　　使设备进入已配置状态。

文　件

　　位于设备驱动程序 usbd_drv.c 文件中。

原　型

```
static CPU_BOOLEAN USBD_DrvCfgSet (USBD_DRV    * p_drv
                                   CPU_INT08U    cfg_val);
```

参　数

　　p_drv　　　指向 USB 设备驱动程序结构体

　　cfg_val　　配置值

返回值

　　如果成功，则返回 DEF_OK；否则，返回 DEF_FAIL。

调用者

　　USBD_CfgOpen()通过 p_drv_api->CfgSet()调用该函数。

提示/警告

通常，配置函数将设备设置为已配置状态。对某些控制器来说，这个函数不是必需的。

B.1.7　USBD_DrvCfgClr()

　　使设备离开配置状态。

文　件

　　位于设备驱动程序 usbd_drv.c 文件中。

原　型

```
static void USBD_DrvCfgClr (USBD_DRV    * p_drv
                            CPU_INT08U    cfg_val);
```

参　数

　　p_drv　　指向 USB 设备驱动程序结构体
　　cfg_val　配置值

返回值

　　无

调用者

　　USBD_CfgClose()通过 p_drv_api->CfgClr()调用该函数。

提示/警告

- 通常,清除配置函数将设备设置为未配置状态。对某些控制器来说,这个函数不是必需的。
- 该函数在总线复位之后或一些 SET_CONFIGURATION 请求的状态阶段之前调用。

B.1.8　USBD_DrvGetFrameNbr()

获取当前帧的帧号。

文　件

位于设备驱动程序 usbd_drv.c 文件中。

原　型

```
static CPU_INT16U USBD_DrvGetFrameNbr (USBD_DRV    *p_drv);
```

参　数

　　p_drv　指向 USB 设备驱动程序结构体

返回值

　　帧号

调用者

　　无

B.1.9　USBD_DrvEP_Open()

打开并配置设备端点、端点特性(例如端点类型、端点地址、最大包尺寸等)。

文　件

位于设备驱动程序 usbd_drv.c 文件中。

原　型

```
static void USBD_DrvEP_Open (USBD_DEV    *p_drv,
                             CPU_INT08U   ep_addr,
                             CPU_INT08U   ep_type,
```

```
                    CPU_INT16U      max_pkt_size,
                    CPU_INT08U      transaction_frame,
                    USBD_ERR        *p_err);
```

参 数

    p_drv   指向 USB 设备驱动程序结构体

    ep_addr   端点地址

    ep_type   端点类型

                                USB_EP_TYPE_CTRL,

                                USB_EP_TYPE_ISOC,

                                USB_EP_TYPE_BULK,

                                USB_EP_TYPE_INTR。

    max_pkt_size   最大包尺寸

    transaction_frame   每个帧的端点事务

    p_err   指向一个变量,存放该函数返回的错误代码

返回值

    无

调用者

- USBD_EP_Open()通过 p_drv_api—>EP_Open()调用该函数。
- USBD_CtrlOpen()。

提示/警告

(1) 通常,端点打开函数执行下列操作:

- 验证端点地址、类型和最大包尺寸。
- 配置设备控制器中的端点信息。这不仅包括分配端点类型和最大包尺寸,还可以确认端点是否成功配置(被识别或映射)。对某些设备控制器,这个操作不是必需的。

(2) 如果端点地址有效,端点打开函数将验证硬件端点的属性。max_pkt_size 是端点可以发送或接收的最大包长度。端点打开函数需要验证最大包尺寸是否匹配硬件能力。

B.1.10 USBD_DrvEP_Close()

关闭设备端点,将端点置于未初始化状态,清除硬件中的端点配置信息。

文 件

位于设备驱动程序 usbd_drv.c 文件中。

原　型

```
static void USBD_DrvEP_Close (USBD_DRV      * p_drv,
                              CPU_INT08U      ep_addr);
```

参　数

　　p_drv　　指向 USB 设备驱动程序结构体
　　ep_addr　端点地址

返回值

　　无

调用者

- USBD_EP_Close()通过 p_drv_api->EP_Close()调用该函数。
- USBD_CtrlOpen()。

提示/警告

通常,端点关闭函数清除设备控制器中的端点信息。对某些控制器,不需要执行该操作。

B.1.11　USBD_DrvEP_RxStart()

配置端点及其缓冲区,以接收数据。

文　件

位于设备驱动程序 usbd_drv.c 文件中。

原　型

```
static void USBD_DrvEP_RxStart (USBD_DRV      * p_drv,
                                CPU_INT08U     ep_addr,
                                CPU_INT08U    * p_buf,
                                CPU_INT32U     buf_len,
                                USBD_ERR      * p_err);
```

参　数

　　p_drv　　指向 USB 设备驱动程序结构体
　　ep_addr　端点地址
　　p_buf　　指向数据缓冲区
　　buf_len　缓冲区的长度
　　p_err　　指向一个变量,存放该函数返回的错误代码

返回值

　　无

调用者

- USBD_EP_Rx()通过 p_drv_api->EP_Rx()调用该函数。
- USBD_EP_Process()。

附录 B 设备控制器驱动 API 参考手册

提示/警告

该函数配置端点接收事务,通常执行下列操作:
- 确定最大事务长度,指定缓冲区的长度(buf_len)。
- 设置接收事务。

B.1.12 USBD_DrvEP_Rx()

从设备端点接收指定长度的数据。

文件

位于设备驱动程序 usbd_drv.c 文件中。

原型

```
static CPU_INT32U USBD_DrvEP_Rx (USBD_DRV    * p_drv,
                                 CPU_INT08U    ep_addr,
                                 CPU_INT08U  * p_buf,
                                 CPU_INT32U    buf_len,
                                 USBD_ERR    * p_err);
```

参数

p_drv	指向 USB 设备驱动程序结构体
ep_addr	端点地址
p_buf	指向数据缓冲区
buf_len	缓冲区的长度
p_err	指向一个变量,存放该函数返回的错误代码

返回值

如果没有错误,则返回接收的数据的字节数;否则,返回 0。

调用者

- USBD_EP_Rx()通过 p_drv_api->EP_Rx()调用该函数。
- USBD_EP_Process()。

提示/警告

端点接收函数通常执行下列操作:
- 检查是否接收到数据包,数据包是否可以读取。
- 确定包的长度。
- 将接收到的数据拷贝到 p_buf 指向的缓冲区。如果 USB 设备控制器工作在 DMA 模式,则不需要执行该操作,拷贝由 USB 设备控制器的 DMA 引擎来自动执行。
- 如果数据传输时有错误产生(溢出或缓冲区错误),则函数必须将 p_err 的值设为 USBD_ERR_RX,标记本次传输的数据无效。

- 清除端点缓冲区,以接收后续数据包。对某些控制器,该操作不是必需的。

B.1.13 USBD_DrvEP_RxZLP()

从端点接收长度为 0 的数据包。

文 件

位于设备驱动程序 usbd_drv.c 文件中。

原 型

```
static void USBD_DrvEP_RxZLP (USBD_DRV    * p_drv,
                              CPU_INT08U    ep_addr,
                              USBD_ERR    * p_err);
```

参 数

　　p_drv　　指向 USB 设备驱动程序结构体

　　ep_addr　端点地址

　　p_err　　指向一个变量,存放该函数返回的错误代码

返回值

　　无

调用者

　　USBD_EP_RxZLP()通过 p_drv_api->EP_RxZLP()调用该函数。

B.1.14 USBD_DrvEP_Tx()

配置端点及其缓冲区,以发送数据。

文 件

位于设备驱动程序 usbd_drv.c 文件中。

原 型

```
static CPU_INT32U USBD_DrvEP_Tx (USBD_DRV    * p_drv,
                                 CPU_INT08U    ep_addr,
                                 CPU_INT08U  * p_buf,
                                 CPU_INT32U    buf_len,
                                 USBD_ERR    * p_err);
```

参 数

　　p_drv　　指向 USB 设备驱动程序结构体

　　ep_addr　端点地址

　　p_buf　　指向数据缓冲区

buf_len   缓冲区的长度

p_err   指向一个变量,存放该函数返回的错误代码

返回值

如果没有错误,则返回发送的字节数;否则,返回 0。

调用者

- USBD_EP_Tx()通过 p_drv_api->EP_Tx()调用该函数。
- USBD_EP_Process()。

提示/警告

该函数配置端点发送事务,通常执行下列操作:

- 检查数据是否发送。
- 将数据写入设备端点。
- 配置 USB 设备控制器的包长度。在发送包的长度小于最大包尺寸时需要执行该操作。这取决于使用的 USB 控制器,该操作可能需要在数据写入设备端点前执行。

B.1.15　USBD_DrvEP_TxStart()

发送指定长度的数据到设备端点。

文　件

位于设备驱动程序 usbd_drv.c 文件中。

原　型

```
static void USBD_DrvEP_TxStart (USBD_DRV    * p_drv,
                                CPU_INT08U    ep_addr,
                                CPU_INT08U   * p_buf,
                                CPU_INT32U    buf_len,
                                USBD_ERR     * p_err);
```

参　数

p_drv   指向 USB 设备驱动程序结构体

ep_addr   端点地址

p_buf   指向数据缓冲区

buf_len   缓冲区的长度

p_err   指向一个变量,存放该函数返回的错误代码

返回值

如果没有错误,则返回发送的字节数;否则,返回 0。

调用者

- USBD_EP_Tx()通过 p_drv_api->EP_TxStart()调用该函数。

- USBD_EP_Process()。

提示/警告

该函数配置端点发送事务,通常执行下列操作:触发包发送事务。

B.1.16 USBD_DrvEP_TxZLP()

发送长度为 0 的数据包到端点。

文　件

位于设备驱动程序 usbd_drv.c 文件中。

原　型

```
static void USBD_DrvEP_TxZLP (USBD_DRV    * p_drv,
                              CPU_INT08U    ep_addr,
                              USBD_ERR    * p_err);
```

参　数

p_drv　　指向 USB 设备驱动程序结构体

ep_addr　端点地址

p_err　　指向一个变量,存放该函数返回的错误代码

返回值

无

调用者

- USBD_EP_Tx()通过 p_drv_api->EP_TxZLP()调用该函数。
- USBD_EP_TxZLP()。
- USBD_EP_Process()。

B.1.17 USBD_DrvEP_Abort()

中止端点上所有挂起的传输。

文　件

位于设备驱动程序 usbd_drv.c 文件中。

原　型

```
static CPU_BOOLEAN USBD_DrvEP_Abort (USBD_DRV    * p_drv,
                                     CPU_INT08U    ep_addr);
```

参　数

p_drv　　指向 USB 设备驱动程序结构体

ep_addr　端点地址

附录 B 设备控制器驱动 API 参考手册

返回值

如果没有错误,则返回 DEF_OK;否则,返回 DEF_FALL。

调用者

USBD_EP_Abort()通过 p_drv_api->EP_Abort()调用该函数。

B.1.18 USBD_DrvEP_Stall()

设置或清除端点的延迟条件。

文件

位于驱动程序 usbd_drv.c 文件中。

原型

```
static CPU_BOOLEAN USBD_DrvEP_Stall (USBD_DRV     * p_drv,
                                     CPU_INT08U     ep_addr,
                                     CPU_BOOLEAN    state);
```

参数

p_drv   指向 USB 设备驱动程序结构体
ep_addr   端点地址
state   端点停止状态

返回值

如果没有错误,则返回 DEF_OK;否则,返回 DEF_FALL。

调用者

- USBD_EP_Stall()通过 p_drv_api->EP_Stall()调用该函数。
- USBD_CtrlStall()。

B.1.19 USBD_DrvISR_Handler()

USB 设备中断服务(ISR)处理程序。

文件

位于设备驱动程序 usbd_drv.c 文件中。

原型

```
static void USBD_DrvISR_Handler (USBD_DRV     * p_drv);
```

参数

p_drv   指向 USB 设备驱动程序结构体

返回值

无

调用者

处理器级内核管理的中断处理程序。

B.2 设备驱动 BSP 函数

B.2.1 USBD_BSP_Init()

初始化 USB 控制器依赖的硬件资源。

文件

位于设备驱动程序中的 usbd_bsp.c 文件中。

原型

```
static void USBD_BSP_Init (USBD_DRV  * p_drv);
```

参数

p_drv 指向 USB 设备驱动程序结构体。

返回值

无

调用者

USBD_DrvInit()

B.2.2 USBD_BSP_Conn()

使能 USB 控制器依赖的硬件资源。

文件

位于设备驱动程序中的 usbd_bsp.c 文件中。

原型

```
static void USBD_BSP_Conn (void);
```

参数

无

返回值

无

调用者

USBD_DrvStart()

B.2.3 USBD_BSP_Disconn()

禁用 USB 控制器依赖的硬件资源。

文　件

位于设备驱动程序中的 usbd_bsp.c 文件中。

原　型

```
static void USBD_BSP_Disconn (void);
```

参　数

无

返回值

无

调用者

USBD_DrvStop()

附录 C

CDC API 参考手册

本附录是 μC/USB – Device 通信设备类（CDC）API 和抽象控制模型子类（ACM）API 的参考手册。读者可以在手册中查看以下信息：
- 服务函数的简要描述；
- 服务函数的函数原型；
- 服务函数所在源文件的文件名；
- 服务函数的参数描述；
- 服务函数的返回值描述；
- 使用服务函数的提示/警告。

C.1 CDC 函数

C.1.1 USBD_CDC_Init()

该函数初始化 CDC 类使用的所有内部变量和模块。初始化函数只能被应用程序调用一次。

文件

usbd_cdc.h/usbd_cdc.c

原型

static void USBD_CDC_Init (USBD_ERR * p_err);

参数

p_err 指向一个变量，用来存放该函数返回的错误代码 USDB_ERR_NONE

返回值

无

调用者

应用程序

C.1.2 USBD_CDC_Add()

该函数创建一个 CDC 实例。

文 件

usbd_cdc.h/usbd_cdc.c

原 型

```
CPU_INT08U USBD_CDC_Add (CPU_INT08U              subclass,
                         USBD_CDC_SUBCLASS_DRV  *p_subclass_drv,
                         void                   *p_subclass_arg,
                         CPU_INT08U              protocol,
                         CPU_BOOLEAN             notify_en,
                         CPU_INT16U              notify_interval,
                         USBD_ERR               *p_err);
```

参 数

subclass　　CDC 子类代码

　USBD_CDC_SUBCLASS_RSVD　　保留值
　USBD_CDC_SUBCLASS_DLCM　　直接线控模型
　USBD_CDC_SUBCLASS_ACM　　抽象控制模型
　USBD_CDC_SUBCLASS_TCM　　电话控制模型
　USBD_CDC_SUBCLASS_MCC　　多通道控制模型
　USBD_CDC_SUBCLASS_CAPICM　　CAPI 控制模型
　USBD_CDC_SUBCLASS_WHCM　　无线手持控制模型
　USBD_CDC_SUBCLASS_DEV_MGMT　　设备管理
　USBD_CDC_SUBCLASS_MDLM　　设备管理
　USBD_CDC_SUBCLASS_OBEXObex
　USBD_CDC_SUBCLASS_EEM　　以太网仿真模型
　USBD_CDC_SUBCLASS_NCM　　网络控制模型
　USBD_CDC_SUBCLASS_VENDOR　　供应商指定类

CDC 子类代码在 2.1 版通用串行总线通信设备类文档中定义。

p_subclass_drv　　指向 CDC 子类驱动

p_subclass_arg　　指向 CDC 子类驱动参数

protocol　　　　CDC 协议代码。
　　　　　　　　USBD_CDC_COMM_PROTOCOL_NONE
　　　　　　　　USBD_CDC_COMM_PROTOCOL_AT_V250
　　　　　　　　USBD_CDC_COMM_PROTOCOL_AT_PCCA_101

USBD_CDC_COMM_PROTOCOL_AT_PCCA_101_ANNEX
USBD_CDC_COMM_PROTOCOL_AT_GSM_7_07
USBD_CDC_COMM_PROTOCOL_AT_3GPP_27_07
USBD_CDC_COMM_PROTOCOL_AT_TIA_CDMA
USBD_CDC_COMM_PROTOCOL_EEM
USBD_CDC_COMM_PROTOCOL_EXT
USBD_CDC_COMM_PROTOCOL_VENDOR

CDC 协议代码在 2.1 版通用串行总线通信设备类文档中定义。

notify_en　　　通知使能
　　　　　　　DEF_ENABLED　　使能 CDC 通知
　　　　　　　DEF_DISABLED　　禁止 CDC 通知
notify_interval　通知间隔，单位为 ms
p_err　　　　　指向一个变量，存放该函数返回的错误代码
　　　　　　　USBD_ERR_NONE
　　　　　　　USBD_ERR_ALLOC

返回值

如果 CDC 类创建成功，则返回 CDC 类接口号；否则，返回 USBD_CDC_NBR_NONE。

调用者

CDC 子类驱动程序

提示/警告

CDC 类定义了一个通信类接口，该接口中包含一个管理单元和一个可选的通知单元。通知单元将事件发送给主机。notify_en 变量开启 CDC 中的通知功能。通知单元使用一个中断端点发送信息给主机，中断端点的间隔由 notify_interval 参数指定。

C.1.3　USBD_CDC_CfgAdd()

添加一个 CDC 实例到指定的 USB 配置中。

文　件

usbd_cdc.h/usbd_cdc.c

原　型

```
CPU_BOOLEAN USBD_CDC_CfgAdd (CPU_INT08U    class_nbr,
                             CPU_INT08U    dev_nbr,
                             CPU_INT08U    cfg_nbr,
                             USBD_ERR     *p_err);
```

参　数

　　class_nbr　　CDC 实例号
　　dev_nbr　　　设备号
　　cfg_nbr　　　配置号
　　p_err　　　　指向一个变量,用来存放该函数返回的错误代码
　　　　　　　　　USBD_ERR_NONE
　　　　　　　　　USBD_ERR_ALLOC
　　　　　　　　　USBD_ERR_INVALID_ARG
　　　　　　　　　USBD_ERR_DEV_INVALID_NBR
　　　　　　　　　USBD_ERR_DEV_INVALID_STATE
　　　　　　　　　USBD_ERR_CFG_INVALID_NBR
　　　　　　　　　USBD_ERR_IF_ALLOC
　　　　　　　　　USBD_ERR_IF_ALT_ALLOC
　　　　　　　　　USBD_ERR_IF_INVALID_NBR
　　　　　　　　　USBD_ERR_IF_GRP_NBR_IN_USE
　　　　　　　　　USBD_ERR_IF_GRP_ALLOC
　　　　　　　　　USBD_ERR_EP_NONE_AVAIL
　　　　　　　　　USBD_ERR_EP_ALLOC

返回值

　　如果 CDC 类实例成功添加到设备配置中,则返回 DEF_OK;否则返回 DEF_FAIL。

调用者

　　CDC 子类驱动程序

C.1.4　USBD_CDC_IsConn()

　　判断 CDC 实例是否连接。

文　件

　　usbd_cdc.h/usbd_cdc.c

原　型

```
CPU_BOOLEAN USBD_CDC_IsConn (CPU_InT08U class_nbr)
```

参　数

　　class_nbr　　CDC 实例号

返回值

　　如果 CDC 实例已连接,且设备不处于挂起状态,则返回 DEF_OK;否则返回 DEF_FAIL。

调用者

- CDC 子类驱动程序；
- 应用程序。

提示/警告

如果 USBD_CDC_IsConn() 返回 DEF_OK，表明 CDC 实例已可执行管理、通知、读/写操作。

C.1.5 USBD_CDC_DataIF_Add()

添加一个数据接口类到 CDC 类中。

文件

usbd_cdc.h/usbd_cdc.c

原型

```
CPU_INT08U USBD_CDC_DataIF_Add (CPU_INT08U    class_nbr,
                                CPU_BOOLEAN   isoc_en,
                                CPU_INT08U    protocol,
                                USBD_ERR     *p_err);
```

参数

class_nbr	CDC 实例号
isoc_en	数据接口同步的使能
DEF_ENABLED	数据接口使用同步端点
DEF_DISABLED	数据接口使用批量端点
protocol	数据接口协议代码
USBD_CDC_DATA_PROTOCOL_NONE	不需要类相关的协议
USBD_CDC_DATA_PROTOCOL_NTB	网络传输块
USBD_CDC_DATA_PROTOCOL_PHY	用于 ISDN BRI 的物理接口协议
USBD_CDC_DATA_PROTOCOL_HDLC	HDLC 协议
USBD_CDC_DATA_PROTOCOL_TRANS	透传
USBD_CDC_DATA_PROTOCOL_Q921M	Q.921 数据链路协议的管理协议
USBD_CDC_DATA_PROTOCOL_Q921	Q.921 数据链路协议
USBD_CDC_DATA_PROTOCOL_Q921TM	Q.921 数据链路协议的 TEI 多路复用器
USBD_CDC_DATA_PROTOCOL_COMPRESS	数据压缩程序
USBD_CDC_DATA_PROTOCOL_Q9131	Euro-ISDN 协议控制
USBD_CDC_DATA_PROTOCOL_V24	ISDN 的 V.24 速率适配

USBD_CDC_DATA_PROTOCOL_CAPI	CAPI 命令
USBD_CDC_DATA_PROTOCOL_HOST	基于主机的驱动程序
USBD_CDC_DATA_PROTOCOL_CDC	该协议使用协议单元的通信类接口描述
USBD_CDC_DATA_PROTOCOL_VENDOR	供应商指定

CDC 数据接口类协议代码在通用串行总线通信设备类定义文档 2.1 版中定义

p_err   指向一个变量,用来存放该函数返回的错误代码
　　　　USBD_ERR_NONE
　　　　USBD_ERR_ALLOC
　　　　USBD_ERR_INVALID_ARG

返回值

如果没有错误,则返回数据接口号;否则返回 USBD_CDC_DATA_IF_NBR_NONE。

调用者

CDC 子类驱动程序

C.1.6　USBD_CDC_DataRx()

从 CDC 数据接口接收数据。

文件

usbd_cdc.h/usbd_cdc.c

原型

```
CPU_INT32U USBD_CDC_DataRx (CPU_INT08U    class_nbr,
                            CPU_INT08U    data_if_nbr,
                            CPU_INT08U   *p_buf,
                            CPU_INT32U    buf_len,
                            CPU_INT16U    timeout,
                            USBD_ERR     *p_err);
```

参数

class_nbr   CDC 实例号
data_if_nbr CDC 数据接口号
p_buf   指向存放接收数据的缓冲区
buf_len   接收的数据字节数
timeout_ms 超时值,单位为 ms
p_err   指向一个变量,用来存放该函数返回的错误代码
　　　　　　USBD_ERR_NONE

USBD_ERR_INVALID_ARG
USBD_ERR_INVALID_CLASS_STATE
USBD_ERR_DEV_INVALID_NBR
USBD_ERR_DEV_INVALID_STATE
USBD_ERR_EP_INVALID_ADDR
USBD_ERR_EP_INVALID_STATE
USBD_ERR_EP_INVALID_TYPE
USBD_ERR_OS_TIMEOUT
USBD_ERR_OS_ABORT
USBD_ERR_OS_FAIL

返回值

如果没有错误，则返回接收到的字节数；否则返回 0。

调用者

CDC 子类驱动程序

C.1.7　USBD_CDC_DataTx()

通过 CDC 数据类接口发送数据。

文　件

usbd_cdc.h/usbd_cdc.c

原　型

```
CPU_INT32U USBD_CDC_DataTx (CPU_INT08U    class_nbr,
                            CPU_INT08U    data_if_nbr,
                            CPU_INT08U   *p_buf,
                            CPU_INT32U    buf_len,
                            CPU_INT16U    timeout,
                            USBD_ERR     *p_err);
```

参　数

class_nbr	CDC 实例号
data_if_nbr	CDC 数据接口号
p_buf	指向存放发送数据的缓冲区
buf_len	发送数据的字节数
timeout_ms	超时值，单位为 ms
p_err	指向一个变量，用来存放该函数返回的错误代码

　　　　USBD_ERR_NONE
　　　　USBD_ERR_INVALID_ARG

USBD_ERR_INVALID_CLASS_STATE
USBD_ERR_DEV_INVALID_NBR
USBD_ERR_DEV_INVALID_STATE
USBD_ERR_EP_INVALID_ADDR
USBD_ERR_EP_INVALID_STATE
USBD_ERR_EP_INVALID_TYPE
USBD_ERR_OS_TIMEOUT
USBD_ERR_OS_ABORT
USBD_ERR_OS_FAIL

返回值

如果没有错误,则返回发送的字节数;否则返回 0。

调用者

CDC 子类驱动程序

C.1.8 USBD_CDC_Notify()

发送通信接口类通知给主机。

文件

usbd_cdc.h/usbd_cdc.c

原型

```
CPU_BOLLEAN USBD_CDC_Notify (CPU_INT08U    class_nbr,
                             CPU_INT08U    notification,
                             CPU_INT16U    value,
                             CPU_INT08U   *p_buf,
                             CPU_INT16U    data_len,
                             USBD_ERR     *p_err);
```

参数

class_nbr	CDC 实例号
notification	通知代码,见**提示/警告**(1)
value	通知值,见**提示/警告**(1)
p_buf	指向通知缓冲区,见**提示/警告**(2)
data_len	通知的数据部分长度
p_err	指向一个变量,用来存放该函数返回的错误代码
	USBD_ERR_NONE
	USBD_ERR_INVALID_ARG
	USBD_ERR_INVALID_CLASS_STATE

USBD_ERR_DEV_INVALID_NBR
USBD_ERR_DEV_INVALID_STATE
USBD_ERR_EP_INVALID_ADDR
USBD_ERR_EP_INVALID_STATE
USBD_ERR_EP_INVALID_TYPE
USBD_ERR_OS_TIMEOUT
USBD_ERR_OS_ABORT
USBD_ERR_OS_FAIL

返回值

无

调用者

CDC 子类驱动程序

提示/警告

(1) 下表列出了 CDC 请求和 USBD_CDC_Notify() 函数的传递参数之间的关系。bmRequestType 和 wIndex 字段在 CDC 模块内部计算。

bmRequestType	bNotificationCode	wValue	wIndex	wLength	Data
1010001b	notification	value	Interface	data_len	p_buf[7] ~ p_buf[data_len − 1]

(2) 通知缓冲区的长度必须包含通知首部(8 字节)和可变长度的数据部分所需的存储空间。

C.2　CDC ACM 子类函数

C.2.1　USBD_ACM_SerialInit()

初始化 CDC ACM 串口模拟子类。

文件

usbd_acm_serial.h/usbd_acm_serial.c

原型

```
void USBD_ACM_SerialInit (USBD_ERR  * p_err);
```

参数

p_err　指向一个变量,存放该函数返回的错误代码 USBD_ERR_NONE

返回值
无
调用者
应用程序

C.2.2 USBD_ACM_SerialAdd()

添加一个新的 CDC ACM 串口模拟实例。

文 件

usbd_acm_serial.h/usbd_acm_serial.c

原 型

```
CPU_INT08U USBD_ACM_SerialAdd (CPU_INT16U    line_state_interval,
                               USBD_ERR     *p_err);
```

参 数

line_state_interval　　帧或微帧中,线状态通知的查询间隔

p_err　　　　　　　　指向一个变量,存放该函数返回的错误代码

　　　　　　　　　　　USBD_ERR_NONE

　　　　　　　　　　　USBD_ERR_ALLOC

　　　　　　　　　　　USBD_ERR_INVALID_ARG

返回值

如果没有错误,则返回 CDC ACM 串口模拟子类实例号;否则返回 USBD_ACM_SERIAL_NBR_NONE。

调用者

应用程序

C.2.3 USBD_ACM_SerialCfgAdd()

添加 CDC ACM 子类实例到 USB 设备配置中。

文 件

usbd_acm_serial.h/usbd_acm_serial.c

原 型

```
CPU_BOOLEAN USBD_ACM_SerialCfgAdd (CPU_INT08U    subclass_nbr,
                                   CPU_INT08U    dev_nbr,
                                   CPU_INT08U    cfg_nbr,
                                   USBD_ERR     *p_err);
```

参数

subclass_nbr　　CDC ACM 串口模拟子类实例号

dev_nbr　　设备号

cfg_nbr　　配置号

p_err　　指向一个变量，存放该函数返回的错误代码

　　　　USBD_ERR_NONE

　　　　USBD_ERR_INVALID_ARG

　　　　USBD_ERR_ALLOC

　　　　USBD_ERR_INVALID_CLASS_STATE

　　　　USBD_ERR_DEV_INVALID_NBR

　　　　USBD_ERR_CFG_INVALID_NBR

　　　　USBD_ERR_IF_ALLOC

　　　　USBD_ERR_IF_ALT_ALLOC

　　　　USBD_ERR_EP_NONE_AVAIL

　　　　USBD_ERR_EP_ALLOC

返回值

如果 CDC ACM 串口模拟子类实例成功添加到设备配置中，则返回 DEF_OK；否则，返回 DEF_FAIL。

调用者

应用程序

C.2.4　USBD_ACM_SerialIsConn()

判断 CDC ACM 串口模拟类实例是否连接。

文件

usbd_acm_serial.h/usbd_acm_serial.c

原型

```
CPU_BOOLEAN USBD_ACM_SerialIsConn (CPU_INT08U subclass_nbr);
```

参数

subclass_nbr　　CDC ACM 串口模拟子类实例号。

返回值

如果 CDC ACM 串口模拟子类实例已连接，并且设备不处于挂起状态，则返回 DEF_OK；否则返回 DEF_FAIL。

调用者

应用程序

C.2.5 USBD_ACM_SerialRx()

通过 CDC ACM 串口模拟子类接收数据。

文件

usbd_acm_serial.h/usbd_acm_serial.c

原型

```
CPU_INT32U USBD_ACM_SerialRx (CPU_INT08U    subclass_nbr,
                              CPU_INT08U   *p_buf,
                              CPU_INT32U    buf_len,
                              CPU_INT16U    timeout,
                              USBD_ERR     *p_err);
```

参数

subclass_nbr　　指向 USB 设备驱动结构体
p_buf　　　　　指向存放接收数据的缓冲区
buf_len　　　　 接收的字节数
timeout_ms　　 超时值,单位为 ms
p_err　　　　　指向一个变量,存放该函数返回的错误代码
　　　　　　　　USBD_ERR_NONE
　　　　　　　　USBD_ERR_INVALID_ARG
　　　　　　　　USBD_ERR_INVALID_CLASS_STATE
　　　　　　　　USBD_ERR_EP_INVALID_ADDR
　　　　　　　　USBD_ERR_EP_INVALID_STATE
　　　　　　　　USBD_ERR_EP_INVALID_TYPE
　　　　　　　　USBD_ERR_OS_TIMEOUT
　　　　　　　　USBD_ERR_OS_ABORT
　　　　　　　　USBD_ERR_OS_FAIL

返回值

如果没有错误,则返回接收到的字节数;否则返回 0。

调用者

应用程序

C.2.6 USBD_ACM_SerialTx()

通过 CDC ACM 串口模拟子类发送数据。

文件

usbd_acm_serial.h/usbd_acm_serial.c

原型

```
CPU_INT32U USBD_ACM_SerialTx (CPU_INT08U    subclass_nbr,
                              CPU_INT08U   *p_buf,
                              CPU_INT32U    buf_len,
                              CPU_INT16U    timeout,
                              USBD_ERR     *p_err);
```

参数

subclass_nbr	指向 USB 设备驱动结构体
p_buf	指向存放发送数据的缓冲区
buf_len	发送的字节数
timeout_ms	超时值,单位为 ms
p_err	指向一个变量,存放该函数返回的错误代码

        USBD_ERR_NONE
        USBD_ERR_INVALID_ARG
        USBD_ERR_INVALID_CLASS_STATE
        USBD_ERR_EP_INVALID_ADDR
        USBD_ERR_EP_INVALID_STATE
        USBD_ERR_EP_INVALID_TYPE
        USBD_ERR_OS_TIMEOUT
        USBD_ERR_OS_ABORT
        USBD_ERR_OS_FAIL

返回值

如果没有错误,则返回发送的字节数;否则返回 0。

调用者

应用程序

C.2.7 USBD_ACM_SerialLineCtrlGet( )

返回控制线的当前状态。

文件

usbd_acm_serial.h/usbd_acm_serial.c

原型

```
CPU_INT08U USBD_ACM_SerialLineCtrlGet (CPU_INT08U    subclass_nbr,
                                       USBD_ERR     *p_err);
```

参　数

　　subclass_nbr　　CDC ACM 串口模拟子类实例号

　　p_err　　　　　指向一个变量,存放该函数返回的错误代码
　　　　　　　　　　USBD_ERR_NONE
　　　　　　　　　　USBD_ERR_INVALID_ARG

返回值

　　控制线状态相应的位字段

　　USBD_ACM_SERIAL_CTRL_BREAK　　　Break 信号置位
　　USBD_ACM_SERIAL_CTRL_RTS　　　　RTS 信号置位
　　USBD_ACM_SERIAL_CTRL_DTR　　　　DTR 信号置位

调用者

　　应用程序

C.2.8　USBD_ACM_SerialLineCtrlReg( )

注册控制线(Register line control)更改通知回调函数。

文　件

　　usbd_acm_serial.h/usbd_acm_serial.c

原　型

```
void USBD_ACM_SerialLineCtrlReg (CPU_INT08U                     subclass_nbr,
                                 USBD_ACM_SERIAL_LINE_CTRL_CHNGD line_ctrl_chngd,
                                 void                           *p_arg,
                                 USBD_ERR                       *p_err);
```

参　数

　　subclass_nbr　　　CDC ACM 串口模拟子类实例号

　　line_ctrl_chngd　　控制线更改通知回调函数(见注意)

　　p_arg　　　　　　指向回调函数的参数

　　p_err　　　　　　指向一个变量,存放该函数返回的错误代码
　　　　　　　　　　　USBD_ERR_NONE
　　　　　　　　　　　USBD_ERR_INVALID_ARG

返回值

　　无

调用者

　　应用程序

提示/警告

　　由 line_ctrl_chngd 参数指定的回调函数将控制信号的更改通知应用程序。

控制线通知函数原型如下：

```
void AppLineCtrlChngd (CPU_INT08U    subclass_nbr,
                       CPU_INT08U    events,
                       CPU_INT08U    events_chngd,
                       void          *p_arg);
```

参　数

subclass_nbr　　CDC ACM 串口模拟子类实例号
events　　　　　当前线状态
events_chngd　　更改后的线状态标志
p_arg　　　　　 指向回调函数的参数

C.2.9　USBD_ACM_SerialLineCodingGet( )

获取线编码的当前状态。

文　件

usbd_acm_serial.h/usbd_acm_serial.c

原　型

```
void USBD_ACM_SerialLineCodingGet (CPU_INT08U                    subclass_nbr,
                                   USBD_ACM_SERIAL_LINE_CODING   *p_line_coding,
                                   USBD_ERR                      *p_err);
```

参　数

subclass_nbr　　CDC ACM 串口模拟子类实例号
P_line_coding　 指向一个结构体，存放当前线编码
p_err　　　　　 指向一个变量，存放该函数返回的错误代码
　　　　　　　　USBD_ERR_NONE
　　　　　　　　USBD_ERR_INVALID_ARG
　　　　　　　　USBD_ERR_NULL_PTR

返回值

无

调用者

应用程序

C.2.10　USBD_ACM_SerialLineCodingSet( )

设置新的线编码。

附录 C　CDC API 参考手册

文　件

usbd_acm_serial.h/usbd_acm_serial.c

原　型

```
void USBD_ACM_SerialLineCodingSet (CPU_INT08U                      subclass_nbr,
                                   USBD_ACM_SERIAL_LINE_CODING    *p_line_coding,
                                   USBD_ERR                       *p_err);
```

参　数

subclass_nbr　　　CDC ACM 串口模拟子类实例号

p_line_coding　　 指向一个结构体，存放新的线编码

p_err　　　　　　 指向一个变量，存放该函数返回的错误代码
　　　　　　　　　 USBD_ERR_NONE
　　　　　　　　　 USBD_ERR_INVALID_ARG
　　　　　　　　　 USBD_ERR_NULL_PTR

返回值

无

调用者

应用程序

C.2.11　USBD_ACM_SerialLineCodingReg()

注册线编码更改通知回调函数。

文　件

usbd_acm_serial.h/usbd_acm_serial.c

原　型

```
void USBD_ACM_SerialLineCodingReg (CPU_INT08U                         subclass_nbr,
                                   USBD_ACM_SERIAL_LINE_CODING_CHNGD
                                                                      line_coding_chngd,
                                   void                               *p_arg,
                                   USBD_ERR                           *p_err);
```

参　数

subclass_nbr　　　　CDC ACM 串口模拟子类实例号

line_coding_chngd　 线编码更改通知回调函数，见提示/警告

p_arg　　　　　　　 指向回调函数的参数

p_err　　　　　　　 指向一个变量，存放该函数返回的错误代码
　　　　　　　　　　 USBD_ERR_NONE

USBD_ERR_INVALID_ARG

返回值

无

调用者

应用程序

提示/警告

由 line_coding_chngd 参数指定的回调函数将控制信号的更改通知应用程序。
控制线通知函数原型如下：

```
CPU_BOOLEAN AppLineCodingChngd (CPU_INT08U     subclass_nbr,
                                ...            * p_line_coding,
                                void           * p_arg);
```

参 数

subclass_nbr   CDC ACM 串口模拟子类实例号

p_line_coding   指向线编码结构体

p_arg   指向回调函数的参数

返回值

如果应用程序支持线编码，则返回 DEF_OK；否则返回 DEF_FAIL。

C.2.12 USBD_ACM_SerialLineStateSet( )

设置一个或多个线状态事件。

文 件

usbd_acm_serial.h/usbd_acm_serial.c

原 型

```
CPU_BOOLEAN USBD_ACM_SerialLineStateSet (CPU_INT08U  subclass_nbr,
                                         CPU_INT08U  events);
```

参 数

subclass_nbr   CDC ACM 串口模拟子类实例号

events   设置的线状态事件

                 USBD_ACM_SERIAL_STATE_DCD   DCD(Rx 信号)

                 USBD_ACM_SERIAL_STATE_DSR   DSR(Tx 信号)

                 USBD_ACM_SERIAL_STATE_BREAK   中止

                 USBD_ACM_SERIAL_STATE_RING   回环

                 USBD_ACM_SERIAL_STATE_FRAMING   帧错误

                 USBD_ACM_SERIAL_STATE_PARITY   极性错误

USBD_ACM_SERIAL_STATE_OVERUN   溢出

返回值

如果新的线状态设置成功,则返回 DEF_OK;否则返回 DEF_FAIL。

调用者

应用程序

C.2.13 USBD_ACM_SerialLineStateClr()

清除一个或多个线状态事件。

文件

usbd_acm_serial.h/usbd_acm_serial.c

原型

```
CPU_BOOLEAN USBD_ACM_SerialLineStateSet (CPU_INT08U  subclass_nbr,
                                         CPU_INT08U  events),
```

参数

subclass_nbr   CDC ACM 串口模拟子类实例号

events   需清除的线状态事件(见**提示/警告**)
       USBD_ACM_SERIAL_STATE_DCD   DCD(Rx 信号)
       USBD_ACM_SERIAL_STATE_DSRDSR   (Tx 信号)

返回值

如果线状态清除成功,则返回 DEF_OK;否则返回 DEF_FAIL。

调用者

应用程序

提示/警告

通用串行总线通信类 PSTN 设备子类规范 1.2 版中规定:"对非常规信号如中止信息,输入回环信号或溢出错误状态,清除状态将使它们的值复位为 0,在它们的状态改变之前,不再发送其他通知"。非常规事件将自动清除,使用该函数不会清除其状态。

附录 D

HID API 参考手册

本附录是 HID(人机接口设备类)API 的参考手册。读者可以在手册中查看以下信息:
- 服务函数的简要描述;
- 服务函数的函数原型;
- 服务函数所在源文件的文件名;
- 服务函数的参数描述;
- 服务函数的返回值描述;
- 使用服务函数的提示/警告。

D.1 HID 类函数

D.1.1 USBD_HID_Init()

本函数初始化 HID 类使用的所有内部变量和模块。

文 件

usbd_hid.c

原 型

void USBD_HID_Init (USBD_ERR * p_err);

参 数

p_err   指向一个变量,存放该函数返回的错误代码
         USBD_ERR_NONE

返回值

无

调用者

应用程序

附录 D HID API 参考手册

提示/警告

该初始化函数只能被应用程序调用一次,并且在调用其他的 HIDAPI 之前调用。

D.1.2 USBD_HID_Add()

本函数创建一个新的 HID 类实例。

文　件

　　usbd_hid.c

原　型

```
void USBD_HID_Add (CPU_INT08U           subclass,
                   CPU_INT08U           protocol,
                   USBD_HID_COUNTRY_CODE country_code,
                   CPU_INT08U          *p_report_desc,
                   CPU_INT16U           report_desc_len,
                   CPU_INT08U          *p_phy_desc,
                   CPU_INT16U           phy_desc_len,
                   CPU_INT16U           interval_in,
                   CPU_INT16U           interval_out,
                   CPU_BOOLEAN          ctrl_rd_en,
                   USBD_HID_CALLBACK   *p_hid_callback,
                   USBD_ERR            *p_err);
```

参　数

subclass	子类代码
protocol	协议代码
country_code	国家代码 ID
p_report_desc	指向报告描述符结构体
report_desc_len	报告描述符长度
p_phy_desc	指向物理描述符结构体
phy_desc_len	物理描述符长度
interval_in	输入传输的查询间隔,单位为 ms
interval_out	输出传输的查询间隔,单位为 ms。仅在读操作不通过控制传输实现时使用
ctrl_rd_en	使能通过控制传输实现读操作
p_hid_callback	指向 HID 描述符和请求回调结构体
p_err	指向一个变量,存放该函数返回的错误代码 USBD_ERR_NONE

                USBD_ERR_ALLOC
                USBD_ERR_NULL_PTR
                USBD_ERR_INVALID_ARG
                USBD_ERR_FAIL

返回值

如果没有错误,则返回类接口号;否则返回 USBD_CLASS_NBR_NONE。

调用者

应用程序

D.1.3 USBD_HID_CfgAdd()

本函数添加一个 HID 类实例到 USB 设备配置中。

文　件

usbd_hid.c

原　型

```
CPU_BOOLEAN USBD_HID_CfgAdd (CPU_INT08U    class_nbr,
                             CPU_INT08U    dev_nbr,
                             CPU_INT08U    cfg_nbr,
                             USBD_ERR     *p_err);
```

参　数

class_nbr　类实例号

dev_nbr　　设备号

cfg_nbr　　添加类实例的配置索引

p_err　　　指向一个变量,存放该函数返回的错误代码

　　　　　　USBD_ERR_NONE
　　　　　　USBD_ERR_ALLOC
　　　　　　USBD_ERR_INVALID_ARG
　　　　　　USBD_ERR_NULL_PTR
　　　　　　USBD_ERR_DEV_INVALID_NBR
　　　　　　USBD_ERR_DEV_INVALID_STATE
　　　　　　USBD_ERR_CFG_INVALID_NBR
　　　　　　USBD_ERR_IF_ALLOC
　　　　　　USBD_ERR_IF_ALT_ALLOC
　　　　　　USBD_ERR_EP_NONE_AVAIL
　　　　　　USBD_ERR_IF_INVALID_NBR
　　　　　　USBD_ERR_EP_ALLOC

附录 D　HID API 参考手册

返回值

如果没有错误，则返回 DEF_YES；否则返回 DEF_NO。

调用者

应用程序

提示/警告

该 API 可以被多次调用。允许创建 HID 类的多个实例到不同的 USB 设备配置中。

D.1.4　USBD_HID_IsConn()

本函数返回 HID 类连接状态。

文　件

usbd_hid.c

原　型

```
CPU_BOOLEAN USBD_HID_IsConn (CPU_INT08U  class_nbr);
```

参　数

class_nbr　类实例号

返回值

如果类已连接，则返回 DEF_YES；否则返回 DEF_NO。

调用者

应用程序

提示/警告

类已连接的状态也表明 USB 设备处于已配置状态。

D.1.5　USBD_HID_Rd()

本函数通过一个中断输出端点从主机接收数据。

文　件

usbd_hid.c

原　型

```
CPU_INT32U USBD_HID_Rd (CPU_INT08U   class_nbr,
                        void        *p_buf,
                        CPU_INT32U   buf_len,
                        CPU_INT16U   timeout,
                        USBD_ERR    *p_err);
```

参数

  class_nbr   类实例号

  p_buf   指向接收缓冲区

  buf_len   接收缓冲区的长度，单位为字节

  timeout   超时值，单位为 ms

  p_err   指向一个变量，存放该函数返回的错误代码

          USBD_ERR_NONE

          USBD_ERR_NULL_PTR

          USBD_ERR_INVALID_ARG

          USBD_ERR_INVALID_CLASS_STATE

          USBD_ERR_DEV_INVALID_NBR

          USBD_ERR_EP_INVALID_NBR

          USBD_ERR_DEV_INVALID_STATE

          USBD_ERR_EP_INVALID_TYPE

返回值

  如果没有错误，则返回接收到的字节数；否则返回 0。

调用者

  应用程序

D.1.6 USBD_HID_RdAsync()

本函数通过一个中断输出端点从主机异步接收数据。

文 件

  usbd_hid.c

原 型

```
void USBD_HID_RdAsync (CPU_INT08U           class_nbr,
                      void                *p_buf,
                      CPU_INT32U           buf_len,
                      USBD_HID_ASYNC_FNCT  async_fnct,
                      void                *p_async_arg,
                      USBD_ERR            *p_err);
```

参数

  class_nbr   类实例号

  p_buf   指向接收缓冲区

  buf_len   接收缓冲区的长度，单位为字节

  async_fnct   接收回调函数

p_async_arg	应用程序提供给接收回调函数的附加参数
p_err	指向一个变量,存放该函数返回的错误代码
	USBD_ERR_NONE
	USBD_ERR_NULL_PTR
	USBD_ERR_INVALID_ARG
	USBD_ERR_INVALID_CLASS_STATE
	USBD_ERR_FAIL
	USBD_ERR_DEV_INVALID_NBR
	USBD_ERR_EP_INVALID_NBR
	USBD_ERR_DEV_INVALID_STATE
	USBD_ERR_EP_INVALID_TYPE
	USBD_ERR_EP_INVALID_STATE

返回值

无

调用者

应用程序

提示/警告

该函数为非阻塞函数。在传输准备工作结束之后立即返回。在传输完成之后,会调用提供的回调函数来通知应用程序。

D.1.7 USBD_HID_Wr()

本函数通过中断输入端点给主机发送数据。

文件

usbd_hid.c

原型

```
CPU_INT32U USBD_HID_Wr (CPU_INT08U    class_nbr,
                        void         *p_buf,
                        CPU_INT32U    buf_len,
                        CPU_INT16U    timeout,
                        USBD_ERR     *p_err);
```

参数

class_nbr	类实例号
p_buf	指向发送缓冲区
buf_len	发送缓冲区的长度,单位为字节
timeout	超时值,单位为 ms

p_err	指向一个变量,存放该函数返回的错误代码
	USBD_ERR_NONE
	USBD_ERR_NULL_PTR
	USBD_ERR_INVALID_ARG
	USBD_ERR_INVALID_CLASS_STATE
	USBD_ERR_DEV_INVALID_NBR
	USBD_ERR_EP_INVALID_NBR
	USBD_ERR_DEV_INVALID_STATE
	USBD_ERR_EP_INVALID_TYPE

返回值

如果没有错误,则返回发送的字节数;否则返回 0。

调用者

应用程序

D.1.8 USBD_HID_WrAsync()

本函数通过中断输入端点异步发送数据给主机。

文件

usbd_hid.c

原型

```
void USBD_HID_WrAsync (CPU_INT08U         class_nbr,
                       void              *p_buf,
                       CPU_INT32U         buf_len,
                       USBD_HID_ASYNC_FNCT async_fnct,
                       void              *p_async_arg,
                       USBD_ERR          *p_err);
```

参数

class_nbr	类实例号
p_buf	指向发送缓冲区
buf_len	发送缓冲区的长度,单位为字节
async_fnct	发送回调函数
p_async_arg	应用程序提供给发送回调函数的附加参数
p_err	指向一个变量,存放该函数返回的错误代码
	USBD_ERR_NONE
	USBD_ERR_NULL_PTR
	USBD_ERR_INVALID_ARG

附录D HID API 参考手册

        USBD_ERR_INVALID_CLASS_STATE
        USBD_ERR_FAIL
        USBD_ERR_DEV_INVALID_NBR
        USBD_ERR_EP_INVALID_NBR
        USBD_ERR_DEV_INVALID_STATE
        USBD_ERR_EP_INVALID_TYPE
        USBD_ERR_EP_INVALID_STATE

返回值

    无

调用者

    应用程序

提示/警告

    该函数为非阻塞函数。在传输准备工作结束之后立即返回。在传输完成之后，会调用提供的回调函数来通知应用程序。

D.2 HID OS 函数

D.2.1 USBD_HID_OS_Init()

    初始化 HID OS 接口。

文件

    usbd_hid_os.c

原型

```
void USBD_HID_OS_Init (USBD_ERR    *p_err);
```

参数

    p_err   指向一个变量，存放该函数返回的错误代码
                USBD_ERR_NONE：OS 错误代码对应的错误

调用者

    USBD_HID_Init()

实施指南

    USBD_HID_Init()函数只能被 HID 类调用一次。它通常执行下列操作：

- 对每个类实例基于常量 USBD_HID_CFG_MAX_NBR_DEV 定义的最大 HID 类实例数，创建所需的信号量。如果一个信号量创建失败，则设置 p_err 的值为 USBD_ERR_OS_SIGNAL_CREATE 并返回。
- 创建管理周期性输入报告的任务。如果任务创建失败，则设置 p_err 的值为

USBD_ERR_OS_INIT_FAIL 并返回。
- 如果初始化成功,则设置 p_err 的值为 USBD_ERR_NONE。

D.2.2 USBD_HID_OS_InputLock()

锁定类输入报告。

文　件

usbd_hid_os.c

原　型

```
void USBD_HID_OS_InputLock (CPU_INT08U    class_nbr,
                            USBD_ERR     *p_err);
```

参　数

class_nbr　　类实例号

p_err　　　　指向一个变量,存放该函数返回的错误代码
　　　　　　　USB_ERR_NONE:OS 错误代码对应的错误

调用者

USBD_HID_Wr()、USBD_HID_WrAsync()、USBD_HID_ClassReq()。

实施指南

锁定操作通常通过挂起一个信号量实现。如果信号量可用,则任务继续执行;否则它将等待其他任务释放该信号量。p_err 参数分配如表 D-1 所列。

表 D-1　与挂起操作结果相应的 **p_err 分配**

操作结果	分配的错误码
没有错误	USBD_ERR_NONE
挂起中止	USBD_ERR_OS_ABORT
其他原因导致的挂起失败	USBD_ERR_OS_FAIL

D.2.3 USBD_HID_OS_InputUnLock()

解锁类输入报告。

文　件

usbd_hid_os.c

原　型

```
void USBD_HID_OS_InputUnlock (CPU_INT08U    class_nbr);
```

参　数

　　class_nbr　　类实例号

调用者

　　USBD_HID_Wr()、USBD_HID_WrAsync()、USBD_HID_ClassReq()。

实施指南

　　解锁操作通常通过释放一个信号量实现。

D.2.4　USBD_HID_OS_InputDataPend()

　　等待报告数据输入完成。

文　件

　　usbd_hid_os.c

原　型

```
void USBD_HID_OS_InputDataPend (CPU_INT08U   class_nbr
                                CPU_INT16U   timeout_ms,
                                USBD_ERR    *p_err);
```

参　数

　　class_nbr　　类实例号

　　timeout_ms　信号等待超时时间，单位为 ms

　　p_err　　　　指向一个变量，存放该函数返回的错误代码

　　　　　　　　USBD_ERR_NONE:OS 错误码对应的错误

调用者

　　USBD_HID_Wr()

实施指南

　　等待操作通常通过等待一个信号量实现。当输入报告传输完成时，负责异步通信的内部任务被协议栈唤醒。p_err 参数的分配见表 D-2。

表 D-2　与挂起操作结果相应的 p_err 分配

操作结果	分配的错误码
没有错误	USBD_ERR_NONE
挂起超时	USBD_ERR_OS_TIMEOUT
挂起中止	USBD_ERR_OS_ABORT
其他原因导致的挂起失败	USBD_ERR_OS_FAIL

D.2.5 USBD_HID_OS_InputDataPendAbort()

中止输入报告的所有操作。

文 件

usbd_hid_os.c

原 型

void USBD_HID_OS_InputDataPendAbort (CPU_INT08U   class_nbr);

参 数

class_nbr   类实例号

调用者

USBD_HID_WrSyncCmpl()

实施指南

如果输入报告传输完成时有错误,则系统调用 USBD_HID_OS_InputDataPendAbort()中止等待操作,唤醒等待的任务。中止等待的操作由负责异步通信的协议栈内部任务执行。

D.2.6 USBD_HID_OS_InputDataPost()

输入报告数据发送给主机后,发信号通知系统。

文 件

usbd_hid_os.c

原 型

void USBD_HID_OS_InputDataPost (CPU_INT08U   class_nbr);

参 数

class_nbr   类实例号

调用者

USBD_HID_WrSyncCmpl()

实施指南

如果输入报告传输完成,且没有错误,则释放一个信号量唤醒等待的任务。信号量释放操作通过负责异步通信的协议栈内部任务执行。

D.2.7 USBD_HID_OS_OutputLock()

锁定类输出报告。

附录 D　HID API 参考手册

文　件

　　usbd_hid_os.c

原　型

```
void USBD_HID_OS_OutputLock (CPU_INT08U    class_nbr,
                             USBD_ERR     * p_err);
```

参　数

　　class_nbr　　类实例号

　　p_err　　　　指向一个变量,存放该函数返回的错误代码

　　　　　　　　USB_ERR_NONE:OS 错误代码对应的错误。

调用者

　　USBD_HID_Rd()、USBD_HID_RdAsync()、USBD_HID_ClassReq()。

实施指南

　　锁定操作通常通过等待一个信号量实现。如果信号量可用,则任务继续执行。否则,它将等待其他任务释放该信号量。p_err 参数分配如表 D-3 所列。

表 D-3　与挂起操作结果相应的 p_err 分配

操作结果	分配的错误码
没有错误	USBD_ERR_NONE
挂起中止	USBD_ERR_OS_ABORT
其他原因导致的挂起失败	USBD_ERR_OS_FAIL

D.2.8　USBD_HID_OS_OutputUnLock()

解锁类输出报告。

文　件

　　usbd_hid_os.c

原　型

```
void USBD_HID_OS_OutputUnlock (CPU_INT08U    class_nbr);
```

参　数

　　class_nbr　　类实例号

调用者

　　USBD_HID_Rd()、USBD_HID_RdAsync()、USBD_HID_ClassReq()。

实施指南

　　解锁操作通常通过释放一个信号量实现。

D.2.9 USBD_HID_OS_OutputDataPend()

等待数据读操作完成的输出报告。

文件

usbd_hid_os.c

原型

```
void USBD_HID_OS_OutputDataPend (CPU_INT08U    class_nbr
                                 CPU_INT16U    timeout_ms,
                                 USBD_ERR     *p_err);
```

参数

class_nbr   类实例号

timeout_ms   信号等待超时时间,单位为 ms

p_err   指向一个变量,存放该函数返回的错误代码
                 USBD_ERR_NONE:OS 错误码对应的错误

调用者

USBD_HID_Rd()

实施指南

等待操作通常通过等待一个信号量实现。当输出报告传输完成时,负责异步通信的内部任务被协议栈唤醒。p_err 参数的分配见表 D-4。

表 D-4 与挂起操作结果相应的 p_err 分配

操作结果	分配的错误码
没有错误	USBD_ERR_NONE
挂起中止	USBD_ERR_OS_ABORT
其他原因导致的挂起失败	USBD_ERR_OS_FAIL

D.2.10 USBD_HID_OS_OutputDataPendAbort()

中止等待数据读操作完成的输出报告。

文件

usbd_hid_os.c

原型

```
void USBD_HID_OS_OutputDataPendAbort (CPU_INT08U   class_nbr);
```

参　数

　　class_nbr　类实例号

调用者

　　USBD_HID_OutputDataCmpl()

实施指南

　　如果输出报告传输完成时有错误,则系统调用 USBD_HID_OS_OutputDataPendAbort()中止等待操作,唤醒等待的任务。中止等待的操作由负责异步通信的协议栈内部任务执行。

D.2.11　USBD_HID_OS_OutputDataPost()

　　从主机接收到输出报告数据后,发信号给系统。

文　件

　　usbd_hid_os.c

原　型

```
void USBD_HID_OS_OutputDataPost (CPU_INT08U  class_nbr);
```

参　数

　　class_nbr　类实例号

调用者

　　USBD_HID_OutputDataCmpl()

实施指南

　　如果输出报告传输完成,且没有错误,则释放一个信号量唤醒等待的任务。信号量释放操作通过负责异步通信的协议栈内部任务执行。

D.2.12　USBD_HID_OS_TxLock()

　　锁定类传输。

文　件

　　usbd_hid_os.c

原　型

```
void USBD_HID_OS_TxLock (CPU_INT08U   class_nbr,
                         USBD_ERR    *p_err);
```

参　数

　　class_nbr　类实例号

　　p_err　　　指向一个变量,存放该函数返回的错误代码

USBD_ERR_NONE:OS 错误代码对应的错误。

调用者

USBD_HID_Wr()、USBD_HID_WrAsync()。

实施指南

锁定操作通常通过等待一个信号量实现。如果信号量可用,则任务继续执行;否则,该任务挂起,直到其他任务释放该信号量。p_err 参数分配见表 D-5。

表 D-5 与挂起操作结果相应的 p_err 分配

操作结果	分配的错误码
没有错误	USBD_ERR_NONE
挂起中止	USBD_ERR_OS_ABORT
其他原因导致的挂起失败	USBD_ERR_OS_FAIL

D.2.13　USBD_HID_OS_TxUnLock()

解锁类传输。

文件

usbd_hid_os.c

原型

```
void USBD_HID_OS_TxUnlock (CPU_InT08U    class_nbr);
```

参数

class_nbr　类实例号

调用者

USBD_HID_Wr()、USBD_HID_WrAsync()。

实施指南

解锁操作通过释放一个信号量实现。

D.2.14　USBD_HID_OS_TmrTask()

根据主机通过 SET_IDLE 请求设定的空闲周期,处理周期输入报告。

文件

usbd_hid_os.c

原型

```
static void USBD_HID_OS_TmrTask (void     * p_arg);
```

附录 D　HID API 参考手册

参　数

　　p_arg　指向任务初始化参数。

调用者

　　这是一个任务。

实施指南

　　该任务通常是一个无限循环。执行下列步骤：

- 延时 4 ms。延迟的 4 ms 单位是 SET_ID 请求设定的空闲周期。
- 调用 HID 解析模块中定义的 USBD_HID_Report_TmrTaskHandler()函数。该函数实现周期输入报告的处理。

附录 E

MSC API 参考手册

本附录是大容量存储类 API 的参考手册。手册按分类顺序(例如初始化和通信分类)列出了每一个用户可调用的服务函数。每个服务函数提供了以下信息：
- 服务函数的简要描述；
- 服务函数的函数原型；
- 服务函数所在源文件的文件名；
- 服务函数的参数描述；
- 服务函数返回值的描述；
- 使用服务的提示/警告。

E.1 大容量存储类函数

E.1.1 USBD_MSC_Init()

初始化 MSCbulk-only 传输时使用的内部结构体和本地全局变量。

文件

usbd_msc.h/usbd_msc.c

原型

```
void USBD_MSC_Init (USBD_ERR  *p_err);
```

参数

p_err 指向用来存放该函数返回错误的代码变量的指针：USBD_ERR_NONE

返回值

无

调用者

应用程序

附录 E MSC API 参考手册

E.1.2 USBD_MSC_Add()

创建一个新的 MSC 实例。

文件

ubd_msc.h / usbd_msc.c

原型

```
CPU_INT08U USBD_MSC_Add (USBD_ERR  *p_err)
```

参数

p_err 指向用来存放该函数返回的错误代码变量的指针。
　　　USBD_ERR_NONE
　　　USBD_ERR_ALLOC

返回值

如果没有错误,则返回类实例号;否则返回 USBD_CLASS_NBR_NONE。

调用者

应用程序

提示/警告

无

E.1.3 USBD_MSC_CfgAdd()

添加一个已存在的 MSC 类到指定配置和设备。MSC 类已经被函数 USBD_MSC_Add()创建。

文件

usbd_msc.h/usbd_msc.c

原型

```
CPU_BOOLEAN USBD_MSC_CfgAdd (CPU_INT08U   class_nbr,
                             CPU_INT08U   dev_nbr,
                             CPU_INT08U   cfg_nbr,
                             USBD_ERR    *p_err);
```

参数

Class_nbr MSC 实例号
dev_nbr   设备号
cfg_nbr   用来添加 MSC 实例的配置索引

p_err	指向用来存放该函数返回的错误代码变量的指针
	USBD_ERR_NONE
	USBD_ERR_INVALID_ARG
	USBD_ERR_ALLOC
	USBD_ERR_NULL_PTR
	USBD_ERR_DEV_INVALLD_NBR
	USBD_ERR_DEV_INVALID_STATE
	USBD_ERR_CFG_INVALID_NBR
	USBD_ERR_IF_ALLOC
	USBD_ERR_IF_ALT_ALLOC
	USBD_ERR_IF_INVALID_NBR
	USBD_ERR_EP_NONE_AVAIL
	USBD_ERR_EP_ALLOC

返回值

如果 MSC 实例成功添加到 USB 设备配置，则返回 DEF_YES；否则返回 DEF_NO。

调用者

应用程序

提示/警告

USBD_MSC_CfgAdd()添加接口描述符和相应的端点描述符到配置描述符上。调用 USBD_MSC_CfgAdd()创建 MSC 设备相应的配置描述符，采用如下格式：

```
Configuration Descriptor
|- - Interface Descriptor(MSC)
     |- - Endpoint Descriptor (Bulk OUT)
     |- - Endpoint Descriptor (Bulk IN)
```

如果应用程序多次调用 USBD_MSC_CfgAdd()，它允许创建多种实例和配置。例如，以下结构可以用来创建高速设备：

```
High - speed
|- - Configuration 0
     |- - Interface 0 (MSC 0)
|- - Configuration 1
     |- - Interface 0 (MSC 0)
     |- - Interface 1 (MSC 1)
```

在这个例子里，有两个 MSC 实例：MSC0 和 MSC1，两个可能的设备配置："配置0"和"配置1"，配置 1 有两个接口组成。每个类实例与一个接口关联。如果"配置1"被主机激活，那么它允许主机访问设备提供的两个不同的功能。

E.1.4 USBD_MSC_LunAdd()

加一个逻辑单元号到 MSC 接口。

文　件

usbd_msc.h/usbd_msc.c

原　型

```
void USBD_MSC_LunAdd (CPU_CHAR     *p_store_name,
                      CPU_INT08U    class_nbr,
                      CPU_CHAR     *p_vend_id,
                      CPU_CHAR     *p_prod_id,
                      CPU_INT32U    prod_rev_level,
                      CPU_BOOLEAN   rd_only,
                      USBD_ERR     *p_err);
```

参　数

p_store_name	指向逻辑单元驱动程序指针
class_nbrMSC	实例号
p_vend_id	指向包含供应商 ID 字符串的指针
p_prod_id	指向包含产品 ID 字符串的指针
prod_rev_level	产品版本
rd_only	布尔型变量,指示逻辑单元是否是只读
p_err	指向用来存放该函数返回的错误代码变量的指针
	USBD_ERR_NONE
	USBD_ERR_INVALID_AGR
	USBD_ERR_MSC_LUN_EXCEED
	USBD_ERR_SCSI_LOG_UNIT_NOTRDY

返回值

无

调用者

应用程序

提示/警告

指向逻辑单元驱动程序的指针指定了添加的逻辑单元的类型和容量。有效的逻辑单元驱程序命名遵循下列格式:

<device_driver_name>:<logical_unit_number>;

在这里,<device_driver_name>是设备驱动程序名字,<logical_unit_number>

是设备的逻辑单元号。注意,设备的逻辑单元号从 0 开始计算。

E.1.5 USBD_MSC_IsConn()

获取设备的 MSC 连接状态。

文 件

usbd_msc.h / usbd_msc.c

原 型

```
CPU_BOOLEAN USBD_MSC_IsConn (CPU_INT08U class_nbr);
```

参 数

class_nbr   MSC 实例号

返回值

如果 MSC 连接,则返回值 DEF_YES;否则返回 DEF_NO。

调用者

应用程序

提示/警告

USBD_MSC_IsConn()通常用于检查设备的配置状态和 MSC 实例的通信准备。如下代码是一个典型的例子:

```
CPU_BOOLEAN conn;

conn = USBD_MSC_IsConn (class_nbr);
if (conn != DEF_YES) {
    USBD_MSC_OS_EnumSignalPend((CPU_INT16U )0,
                                &os_err);
}
```

一旦连接状态为 DEF_YES,则通信开始。

E.1.6 USBD_MSC_TaskHandler()

处理 MSC bulk-only 传输协议的任务。

文 件

usbd_msc.h/usbd_msc.c

原 型

```
void USBD_MSC_TaskHandler (CPU_INT08U  class_nbr);
```

参 数

class_nbr   MSC 实例号

返回值

　　无

调用者

　　操作系统层

E.2 MSC 操作系统函数

E.2.1 USBD_MSC_OS_Init()

初始化 MSC 操作系统接口。

文　件

　　usbd_msc_os.h / usbd_msc_os.c

原　型

```
void USBD_MSC_OS_Init (USBD_ERR    * p_err)
```

参　数

　　p_err　　指向用来存放该函数返回的错误代码变量的指针

　　　　　　USBD_ERR_NONE

　　　　　　USBD_ERR_OS_FAIL

返回值

　　无

调用者

　　USBD_OS_Init()

执行流程

初始化 MSC 系统接口必须包括创建以下目标：
- 两个信号量，一个用于 MSC 通信，一个用于枚举。
- 一个处理 MSC 协议的 MSC 任务。
- 如果需要 μC/FS 存储层用于可移动存储设备，则需要创建一个刷新任务。

E.2.2 USBD_MSC_OS_CommsignalPost()

释放一个 MSC 通信的信号量。

文　件

　　usbd_msc_os.h / usbd_msc_os.c

原　型

```
void USBD_MSC_OS_CommSignalPost (CPU_INT08U    class_nbr,
                                 USBD_ERR      *p_err)
```

参　数

class_nbr　　MSC 实例类号

p_err　　　　指向用来存放该函数返回的错误代码变量的指针
　　　　　　　USBD_ERR_NONE
　　　　　　　USBD_ERR_OS_FAIL

返回值

　无

调用者

　多个

E.2.3　USBD_MSC_OS_CommSignalPend()

等待一个使 MSC 通信可用的信号量。

文　件

usbd_msc_os.h / usbd_msc_os.c

原　型

```
void USBD_MSC_OS_CommSignalPend (CPU_INT08U    class_nbr,
                                 CPU_INT32U    timeout,
                                 USBD_ERR      *p_err);
```

参　数

class_nbr　　MSC 实例类号

timeout　　　超时值，单位 ms

p_err　　　　指向用来存放该函数返回的错误代码变量的指针
　　　　　　　USBD_ERR_NONE
　　　　　　　USBD_ERR_OS_TIMEOUT
　　　　　　　USBD_ERR_OS_FAIL

返回值

　无

调用者

　多个

E.2.4　USBD_MSC_OS_CommSignalDel()

如果没有任务等待 MSC 通信信号量，则删除信号量。

文件

usbd_msc_os.h / usbd_msc_os.c

原型

```
void USBD_MSC_OS_CommSignalDel (CPU_INT08U    class_nbr,
                                USBD_ERR     *p_err);
```

参数

class_nbr　MSC 实例类号

p_err　　　指向用来存放该函数返回的错误代码变量的指针

　　　　　USBD_ERR_NONE

　　　　　USBD_ERR_OS_FAIL

返回值

无

调用者

多个

E.2.5　USBD_MSC_OS_EnumSignalPost()

释放 MSC 枚举处理信号量。

文件

usbd_msc_os.h / usbd_msc_os.c

原型

```
void USBD_MSC_OS_EnumSignalPost (USBD_ERR  *p_err);
```

参数

p_err　指向用来存放该函数返回的错误代码变量的指针

　　　USBD_ERR_NONE

　　　USBD_ERR_OS_FAIL

返回值

无

调用者

多个

E.2.6　USBD_MSC_OS_EnumSignalPend()

等待一个信号量使 MSC 枚举过程可用。

文　件

usbd_msc_os.h / usbd_msc_os.c

原　型

```
void USBD_MSC_OS_EnumSignalPend (CPU_INT32U    timeout,
                                 USBD_ERR      *p_err);
```

参　数

timeout　超时值,单位 ms

p_err　指向用来存放该函数返回的错误代码变量的指针
　　　USBD_ERR_NONE
　　　USBD_ERR_OS_TIMEOUT
　　　USBD_ERR_OS_FAIL

返回值

无

调用者

多个

E.2.7　USBD_MSC_OS_Task()

处理 MSC 协议。

文　件

usbd_msc_os.c

原　型

```
static void USBD_MSC_OS_Task (void  *p_arg);
```

参　数

p_arg　指向任务初始化参数的指针

调用者

一个任务

注:通过任务切换的方式而不是通过调用实现。

执行流程

这个任务应当调用定义在 MSC 层的 USBD_MSC_TaskHandler()函数。这个函数执行任务的主体,通常是一个无限循环,负责 MSC 协议的管理。

E.2.8　USBD_MSC_OS_RefreshTask()

检测可移动存储设备的插入和拔出,仅在 μC/FS 存储层被使用时定义。

附录 E　MSC API 参考手册

文　件

usbd_msc_os.c

原　型

static void USBD_MSC_OS_RefreshTask (void　* p_arg);

参　数

p_arg　指向任务初始化参数的指针

调用者

一个任务

执行流程

这个任务的主体通常是一个无限循环，任务应当执行以下步骤：

- 调用 μC/FS 存储层定义的 USBD_StorageRefreshTaskHandler()函数，这个函数执行可移动存储设备插入和拔出检测。
- 延时一定的时间。这个延时可以通过配置常量 USBD_MSC_DEV_POLL_DLY_mS 来实现。更多关于这个常量的信息参考 10.4.1 小节"一般配置"。

E.3　MSC 存储层函数

E.3.1　USBD_StorageInit()

初始化存储介质使用的内部结构和本地全局变量。

文　件

usbd_storage.h / usbd_storage.c

原　型

void USBD_StorageInit (USBD_ERR　* p_err)

参　数

p_err　指向用来存放该函数返回的错误代码变量的指针
　　　　USBD_ERR_NONE

返回值

无

调用者

USBD_SCSI_Init()

E.3.2　USBD_StorageAdd()

初始化存储介质。

文件

usbd_storage.h / usbd_storage.c

原型

```
void USBD_StorageAdd (USBD_STORAGE_LUN  * p_storage_lun,
                      USBD_ERR          * p_err)
```

参数

P_storage_lun　指向逻辑单元存储结构体的指针

p_err　　　　　指向用来存放该函数返回的错误代码变量的指针

　　　　　　　USBD_ERR_NONE

　　　　　　　USBD_ERR_SCSI_LU_NOTRDY

返回值

无

调用者

USBD_SCSI_LunAdd()

E.3.3　USBD_StorageCapacityGet()

获得存储介质的容量。

文件

usbd_storage.h / usbd_storage.c

原型

```
void USBD_StorageCapacityGet (USBD_STORAGE_LUN  * p_storage_lun,
                              CPU_INT64U        * p_nbr_blks,
                              CPU_INT32U        * p_blk_size,
                              USBD_ERR          * p_err)
```

参数

p_storage_lun　指向逻辑单元存储结构体的指针

p_nbr_blks　　 指向接收逻辑块数量变量的指针

p_blk_size　　 指向接收块尺寸变量的指针，单位为字节

p_err　　　　　指向用来存放该函数返回的错误代码变量的指针

　　　　　　　USBD_ERR_NONE

　　　　　　　USBD_ERR_SCSI_MEDIUM_NOTPRESENT

返回值

无

调用者

USBD_SCSI_ProcessCmd()

E.3.4 USBD_StorageRd( )

读存储介质的数据。

文件

usbd_storage.h / usbd_storage.c

原型

```
void USBD_StorageRd (USBD_STORAGE_LUN  *p_storage_lun,
                     CPU_INT32U         blk_addr,
                     CPU_INT32U         nbr_blks,
                     CPU_INT08U        *p_data_buf,
                     USBD_ERR          *p_err);
```

参数

p_storage_lun	指向逻辑单元存储结构体的指针
blk_addr	可读逻辑块的起始地址
nbr_blks	可读的逻辑块的数量
p_data_buf	指向存储数据缓冲区的指针
p_err	指向用来存放该函数返回的错误代码变量的指针
	USBD_ERR_NONE
	USBD_ERR_SCSI_MEDIUM_NOTPRESENT

返回值

无

调用者

USBD_SCSI_RdData()

E.3.5 USBD_StorageWr( )

写数据到存储介质。

文件

usbd_storage.h / usbd_storage.c

原型

```
void USBD_StorageWr (USBD_STORAGE_LUN  *p_storage_lun,
                     CPU_INT32U         blk_addr,
                     CPU_INT32U         nbr_blks,
                     CPU_INT08U        *p_data_buf,
                     USBD_ERR          *p_err);
```

参　数

  p_storage_lun　　指向逻辑单元存储结构体的指针
  blk_addr　　　　　可写逻辑块的起始地址
  nbr_blks　　　　　可写逻辑块的数量
  p_data_buf　　　　指向存储数据缓冲区的指针
  p_err　　　　　　　指向用来存放该函数返回的错误代码变量的指针
         USBD_ERR_NONE
         USBD_ERR_SCSI_MEDIUM_NOTPRESENT

返回值

  无

调用者

  USBD_SCSI_WrData()

E.3.6　USBD_StorageStatusGet()

  获得存储介质的状态。

文　件

  usbd_storage.h / usbd_storage.c

原　型

```
void USBD_StorageStatusGet (USBD_STORAGE_LUN   * p_storage_lun,
                            USBD_ERR           * p_err);
```

参　数

  p_storage_lun　　指向逻辑单元存储结构体的指针
  p_err　　　　　　 指向用来存放该函数返回的错误代码变量的指针
         USBD_ERR_NONE
         USBD_ERR_SCSI_MEDIUM_NOTPRESENT
         USBD_ERR_SCSI_MEDIUM_NOT_RDY_TO_RDY
         USBD_ERR_SCSI_MEDIUM_RDY_TO_NOT_RDY

返回值

  无

调用者

  USBD_SCSI_ProcessCmd()

E.3.7　USBD_StorageLock()

  锁定存储介质。

附录 E　MSC API 参考手册

文　件

　　usbd_storage.h / usbd_storage.c

原　型

```
void USBD_StorageLock (USBD_STORAGE_LUN    * p_storage_lun,
                       CPU_INT32U            timeout_ms,
                       USBD_ERR            * p_err)
```

参　数

　　p_storage_lun　　指向逻辑单元存储结构体的指针

　　timeout_ms　　　超时值,单位为 ms

　　p_err　　　　　　指向用来存放该函数返回的错误代码变量的指针

　　　　　　　　　　USBD_ERR_NONE

　　　　　　　　　　USBD_ERR_SCSI_LOCK_TIMEOUT

　　　　　　　　　　USBD_ERR_SCSI_LOCK

返回值

　　无

调用者

　　USBD_SCSI_ProcessCmd()

E.3.8　USBD_StorageUnLock()

　　解锁存储介质。

文　件

　　usbd_storage.h / usbd_storage.c

原　型

```
void USBD_StorageLock (USBD_STORAGE_LUN    * p_storage_lun,
                       USBD_ERR            * p_err)
```

参　数

　　p_storage_lun　　指向逻辑单元存储结构体的指针

　　p_err　　　　　　指向用来存放该函数返回的错误代码变量的指针

　　　　　　　　　　USBD_ERR_NONE

　　　　　　　　　　USBD_ERR_SCSI_UNLOCK

返回值

　　无

调用者

　　USBD_SCSI_ProcessCmd()、USBD_SCSI_Unlock()。

嵌入式协议栈 µC/USB – Device

E.3.9 USBD_StorageRefreshTaskHandler( )

检查可移动存储设备的当前状态，即插入/拔出检测，仅在定义了 µC/FS 存储层时使用。

文　件

　　usbd_storage.h / usbd_storage.c

原　型

```
void USBD_StorageRefreshTaskHandler (void * p_arg)
```

参　数

　　p_arg　指向任务初始化参数的指针

返回值

　　无

调用者

　　USBD_MSC_OS_Refresh_Task

附录 F

PHDC API 参考手册

本附录是 PHDC(个人健康设备类)API 的参考手册。手册按分类顺序(例如初始化、通信和 RTOS 层)列出了每一个用户可调用的服务函数。每个服务函数提供了以下信息:
- 服务函数的简要描述;
- 服务函数的函数原型;
- 服务函数所在源文件的文件名;
- 服务函数的参数描述;
- 服务函数返回值的描述;
- 使用服务函数的注意和警告。

F.1 个人健康设备类函数

F.1.1 USBD_PHDC_Init()

初始化 PHDC 类使用的内部结构体和本地全局变量。

文件

usbd_phdc.h/usbd_phdc.c

原型

```
void USBD_PHDC_Init (USBD_ERR    *p_err);
```

参数

p_err   指向用来存放该函数返回的错误代码变量的指针

           USBD_ERR_NONE

返回值

无

调用者

应用程序

F.1.2 USBD_PHDC_Add()

创建一个新的 PHDC 实例。

文件

ubd_phdc.h / usbd_phdc.c

原型

```
CPU_INT08U USBD_PHDC_Add (CPU_BOOLEAN                      data_fmt_11073,
                          CPU_BOOLEAN                      preamble_capable,
                          USBD_PHDC_PREAMBLE_EN_NOTIFY     preamble_en_notify,
                          CPU_INT16U                       low_latency_interval,
                          USBD_ERR                        *p_err)
```

参数

data_fmt_11073	变量表明类实例采用的是 IEEE11073 数据格式还是供应商自定义数据格式
DEF_YES	类实例使用 IEEE11073 数据格式
DEF_NO	类实例使用供应商自定义数据格式
preamble_capable	变量表明类实例是否支持元数据消息报头
DEF_YES	类实例支持元数据消息报头
DEF_NO	类实例不支持元数据消息报头
preamble_en_notify	如果主机启用/禁用元数据消息报头,则指向一个通知应用程序的回调函数
low_latency_interval	帧或者微帧之间的中断端点间隔。如果 PHDC 设备不发送低延迟数据,中断端点间隔可以是 0
p_err	指向用来存放该函数返回的错误代码变量的指针
	USBD_ERR_NONE
	USBD_ERR_ALLOC

返回值

如果没有错误,则返回类实例号;否则返回 USBD_CLASS_NBR_NONE。

调用者

应用程序

F.1.3 USBD_PHDC_CfgAdd()

添加一个 PHDC 实例到指定的配置中。PHDC 实例已经被先前的函数 USBD_

附录 F　PHDC API 参考手册

PHDC_CFGAdd()创建。

文件

usbd_phdc.h/usbd_phdc.c

原型

```
void USBD_PHDC_CfgAdd (CPU_INT08U    class_nbr,
                       CPU_INT08U    dev_nbr,
                       CPU_INT08U    cfg_nbr,
                       USBD_ERR     *p_err);
```

参数

class_nbr	PHDC 实例号
dev_nbr	设备号
cfg_nbr	用来添加 PHDC 实例的配置索引
p_err	指向用来存放该函数返回的错误代码变量的指针
	USBD_ERR_NONE
	USBD_ERR_INVALID_ARG
	USBD_ERR_ALLOC
	USBD_ERR_NULL_PTR
	USBD_ERR_DEV_INVALID_NBR
	USBD_ERR_DEV_INVALID_STATE
	USBD_ERR_CFG_INVALID_NBR
	USBD_ERR_IF_ALLOC
	USBD_ERR_IF_ALT_ALLOC
	USBD_ERR_IF_INVALID_NBR
	USBD_ERR_EP_NONE_AVAIL
	USBD_ERR_EP_ALLOC

返回值

无

调用者

应用程序

提示/警告

USBD_PHDC_CfgAdd()主要用来添加接口描述符和相应的端点描述符到配置描述符中。调用 USBD_PHDC_CfgAdd()来创建 PHDC 设备相应的配置描述符，并采用如下格式：

```
Configuration Descriptor
|- - Interface Descriptor (PHDC)
      |- - Endpoint Descriptor (Bulk OUT)
```

```
|- - Endpoint Descriptor (Bulk IN)
    |- - Endpoint Descriptor (Interrupt IN) - 可选
```

Interrupt IN 端点是可选的。如果应用程序在调用 USBD_PHDC_WrCg() 时发送低延迟数据,则该端点就会被添加到接口描述符中。

如果应用程序多次调用 USBD_PHDC_CfgAdd(),那么它可以创建多个实例和配置。例如,以下结构可以被用来创建高速设备:

```
High - speed
|- - Configuration 0
    |- - Interface 0 (PHDC 0)
|- - Configuration 1
    |- - Interface 0 (PHDC 0)
    |- - Interface 1 (PHDC 1)
```

在这个例子里,有两个 PHDC 实例:PHDC0 和 PHDC1,两个可能的设备配置:"配置 0"和"配置 1"。配置 1 由两个接口组成。每个类实例与一个接口关联。如果主机激活了"配置 1",那么主机就可以访问设备提供的两个不同功能。

F.1.4　USBD_PHDC_IsConn()

获取设备的 PHDC 连接状态。

文　件

usbd_phdc.h / usbd_phdc.c

原　型

```
CPU_BOOLEAN USBD_PHDC_IsConn (CPU_INT08U    class_nbr);
```

参　数

class_nbr　PHDC 实例号

返回值

如果 PHDC 连接,则返回值 DEF_YES;否则返回 DEF_NO。

调用者

应用程序

提示/警告

USBD_PHDC_IsConn() 通常用于检查设备的配置状态和 PHDC 实例的通信准备。如下代码是一个典型的例子:

```
CPU_BOOLEAN conn;

conn = USBD_PHDC_IsConn(class_nbr);
while (conn != DEF_YES) {
```

附录 F　PHDC API 参考手册

```
        OSTimeDlyHMSM(0, 0, 0, 250);
        conn = USBD_PHDC_IsConn(class_nbr);
}
```

一旦连接状态为 DEF_YES，则通信开始。

F.1.5　USBD_PHDC_RdCfg()

初始化读通信管道参数。

文件

usbd_phdc.h / usbd_phdc.c

原型

```
void USBD_PHDC_RdCfg (CPU_INT08U          class_nbr,
                      LATENCY_RELY_FLAGS  latency_rely,
                      CPU_INT08U         *p_data_opaque,
                      CPU_INT08U          data_opaque_len,
                      USBD_ERR           *p_err);
```

参数

　　class_nbr　　　　PHDC 实例号

　　latency_rely　　通信管道传输的延迟/可靠性位图。它的值可以是下列参数的一个或者多个：

　　　　　　　　　USBD_PHDC_LATENCY_VERYHIGH_RELY_BEST

　　　　　　　　　USBD_PHDC_LATENCY_HIGH_RELY_BEST

　　　　　　　　　USBD_PHDC_LATENCY_MEDIUM_RELY_BEST

　　p_data_opaque　　指向存放与这个通信相关的不透明数据的缓冲区

　　data_opaque_len　不透明数据的长度（字节数）。如果为 0，将没有元数据描述符写到端点

　　p_err　　　　　　指向用来存放该函数返回的错误代码变量的指针

　　　　　　　　　USBD_ERR_NONE

　　　　　　　　　USBD_ERR_NULL_PTR

　　　　　　　　　USBD_ERR_INVALLD_ARG

返回值

　　无

调用者

　　应用程序

提示/警告

USBD_PHDC_RdCfg()应当在 USBD_PHDC_Init()和 USBD_PHDC_Add()之后，USBD_PHDC_CfgAdd()之前被调用。

F.1.6　USBD_PHDC_WrCfg()

初始化写通信管道参数。

文件

usbd_phdc.h / usbd_phdc.c

原型

```
void USBD_PHDC_WrCfg (CPU_INT08U          class_nbr,
                      LATENCY_RELY_FLAGS  latency_rely,
                      CPU_INT08U          *p_data_opaque,
                      CPU_INT08U          data_opaque_len,
                      USBD_ERR            *p_err);
```

参数

　　class_nbr　　　　　PHDC 实例号

　　latency_rely　　　通信管道传输的延迟/可靠性位图。它的值可以是下列参数的一个或者多个：

　　　　　　　　　　　USBD_PHDC_LATENCY_VERYHIGH_RELY_BEST
　　　　　　　　　　　USBD_PHDC_LATENCY_HIGH_RELY_BEST
　　　　　　　　　　　USBD_PHDC_LATENCY_MEDIUM_RELY_BEST
　　　　　　　　　　　USBD_PHDC_LATENCY_MEDIUM_RELY_BETTER
　　　　　　　　　　　USBD_PHDC_LATENCY_MEDIUM_RELY_GOOD
　　　　　　　　　　　USBD_PHDC_LATENCY_LOW_RELY_GOOD

　　p_data_opaque　　　指向存放与这个通信管道相关的不透明数据的缓冲区

　　data_opaque_len　　不透明数据的长度（字节数）。如果为 0,将没有元数据描述符写到端点

　　p_err　　　　　　　指向用来存放该函数返回的错误代码变量的指针
　　　　　　　　　　　USBD_ERR_NONE
　　　　　　　　　　　USBD_ERR_NULL_PTR
　　　　　　　　　　　USBD_ERR_INVALLD_ARG

返回值

　　无

调用者

　　应用程序

提示/警告

USBD_PHDC_WrCfg()应当在 USBD_PHDC_Init()和 USBD_PHDC_Add()之后，USBD_PHDC_CfgAdd()之前被调用。

由于低延迟传输将还会用到另外一个不同的端点，所以要为这个端点设置不同的不透明数据。如果应用程序需要不同的不透明数据用于低延迟管道，就会两次调用 USBD_PHDC_WrCfg()。一次是除了低延迟之外所有需要的延迟/可靠性标志置位，该调用中传输的不透明数据将会被用作批处理端点的元数据描述符。之后，还会为了低延迟标志置位，再调用一次 USBD_PHDC_WrCfg()，这次调用传递的不透明数据用作中断端点的元数据描述符。

F.1.7 USBD_PHDC_11073_ExtCfg()

配置类实例的功能扩展。

文 件

usbd_phdc.h/usbd_phdc.c

原 型

```
void USBD_PHDC_11073_ExtCfg (CPU_INT08U    class_nbr,
                             CPU_INT16U   *p_dev_specialization,
                             CPU_INT08U    nbr_dev_specialization,
                             USBD_ERR     *p_err);
```

参 数

class_nbr	PHDC 实例号
p_dev_specialization	指向一个存放设备规范表的数组
nbr_dev_specialization	在 p_dev_specialization 里指定的设备规范号码
p_err	指向用来存放该函数返回的错误代码变量的指针
	USBD_ERR_NONE
	USBD_ERR_INVALLD_ARG

返回值

无

调用者

应用程序

提示/警告

USBD_PHDC_11073_ExtCfg()仅在 PHDC 实例使用了 11073 数据格式时调用。USBD_PHDC_11073_ExtCfg()应当在 USBD_PHDC_Init()和 USBD_PHDC_Add()之后，USBD_PHDC_CfgAdd()之前被调用。

更多关于 11073 设备规范的信息，请参考附录 A。对于已知的设备规范列表，请参考"ISO/IEEE 11073-20601 附件命名规范"。

F.1.8 USBD_PHDC_RdPreamble()

读元数据报头。这个函数是阻塞函数。

文件

usbd_phdc.h/usbd_phdc.c

原型

```
CPU_INT08U USBD_PHDC_RdPreamble (CPU_INT08U    class_nbr,
                                 void        * p_buf,
                                 CPU_INT08U    buf_len,
                                 CPU_INT08U  * p_nbr_xfer,
                                 CPU_INT16U    timeout,
                                 USBD_ERR    * p_err);
```

参数

class_nbr	PHDC 实例号
p_buf	指向存放元数据消息报头数据的缓冲区
buf_len	不透明数据缓冲区字节长度
p_nbr_xfer	指向一个存放传输的报头数量的变量。这次调用后，应用程序将会调用 USBD_PHDC_Rdnbr_xfer
timeout	超时值，单位为 ms
p_err	指向用来存放该函数返回的错误代码变量的指针
	USBD_ERR_NONE
	USBD_ERR_INVALLD_CLASS_STATE
	USBD_ERR_INVALID_ARG
	USBD_ERR_NULL_PTR
	USBD_ERR_ALLOC
	USBD_ERR_RX
	USBD_ERR_DEV_INVALID_NBR
	USBD_ERR_EP_INVALID_NBR
	USBD_ERR_DEV_INVALID_STATE
	USBD_ERR_EP_INVALID_TYPE
	USBD_OS_ERR_TIMEOUT
	USBD_OS_ERR_ABORT
	USBD_OS_ERR_FAIL

返回值

如果没有错误，则返回从元数据报头中读取的不透明数据的长度，否则为 0。

附录 F   PHDC API 参考手册

调用者

应用程序

提示/警告

如果主机使能元数据消息报头,则 USBD_PHDC_RdPreamble()需在 USBD_PHDC_Rd()之前被调用。然后,应用程序会调用 USBD_PHDC_Rd()"p_nbr_xfer"次。

在应用程序挂起这个函数期间,如果主机关闭了报头,调用将会立刻返回错误 USBD_OS_ERR_ABORT。

F.1.9 USBD_PHDC_Rd()

读 PHDC 数据。这个函数是阻塞函数。

文件

usbd_phdc.h/usbd_phdc.c

原型

```
CPU_INT08U USBD_PHDC_Rd (CPU_INT08U    class_nbr,
                         void         *p_buf,
                         CPU_INT16U    buf_len,
                         CPU_INT16U    timeout,
                         USBD_ERR     *p_err);
```

参数

class_nbr	PHDC 实例号
p_buf	指向存放元数据消息报头的不透明数据的缓冲区
buf_len	不透明数据缓冲区长度,单位为字节
timeout	超时值,单位为 ms
p_err	指向用来存放该函数返回的错误代码变量的指针
	USBD_ERR_NONE
	USBD_ERR_INVALLD_CLASS_STATE
	USBD_ERR_INVALID_ARG
	USBD_ERR_NULL_PTR
	USBD_ERR_RX
	USBD_ERR_DEV_INVALID_NBR
	USBD_ERR_EP_INVALID_NBR
	USBD_ERR_DEV_INVALID_STATE
	USBD_ERR_EP_INVALID_TYPE
	USBD_OS_ERR_TIMEOUT

USBD_OS_ERR_ABORT
USBD_OS_ERR_FAIL

返回值

如果没有错误,则返回接收到的字节数,否则为 0。

调用者

应用程序

提示/警告

如果主机使能元数据消息报头,则 USBD_PHDC_Rd()需在 USBD_PHDC_RdPreamble()之后被调用。

应用程序应当确保缓冲区足够大,可以存放输入的数据。否则,同步的元数据报头可能会丢失。在应用程序挂起这个函数期间,如果主机使能报头,调用将会立刻返回错误 USBD_OS_ERR_ABORT。

F.1.10 USBD_PHDC_WrPreamble()

写元数据报头。这个函数是阻塞函数。

文件

usbd_phdc.h/usbd_phdc.c

原型

```
void USBD_PHDC_WrPreamble (CPU_INT08U         class_nbr,
                           void              *p_data_opaque,
                           CPU_INT16U         data_opaque_len,
                           LATENCY_RELY_FLAGS latency_rely,
                           CPU_INT08U         nbr_xfers,
                           CPU_INT16U         timeout,
                           USBD_ERR          *p_err);
```

参数

class_nbr PHDC 实例号

p_data_opaque 指向不透明数据的缓冲区

data_opaque_len 不透明数据缓冲区的字节长度

latency_rely 相关传输的延迟可靠性

nbr_xfers 执行的前序报头的传输次数

timeout 超时值,单位为 ms

p_err 指向用来存放该函数返回的错误代码变量的指针

USBD_ERR_NONE

USBD_ERR_INVALID_ARG

USBD_ERR_NULL_PTR
USBD_ERR_TX
USBD_ERR_DEV_INVALID_NBR
USBD_ERR_DEV_INVALID_STATE
USBD_ERR_EP_INVALID_ADDR
USBD_ERR_EP_INVALID_STATE
USBD_ERR_EP_INVALID_TYPE
USBD_OS_ERR_TIMEOUT
USBD_OS_ERR_ABORT
USBD_OS_ERR_FAIL

返回值

无

调用者

应用程序

提示/警告

如果元数据消息报头被主机使能，并且传输延迟不为"低"，则 USBD_PHDC_WrPreamble()需要在 USBD_PHDC_Wr()之前被调用。

在调用 USBD_PHDC_WrPreamble()之后，应用程序将会用相同的延迟/可靠性参数来调用 USBD_PHDC_Wr()"nbr_xfers"次。

F.1.11 USBD_PHDC_Wr()

写 PHDC 数据。这个函数是阻塞函数。

文　件

usbd_phdc.h/usbd_phdc.c

原　型

```
void USBD_PHDC_Wr (CPU_INT08U           class_nbr,
                   void                *p_buf,
                   CPU_INT16U           buf_len,
                   LATENCY_RELY_FLAGS   latency_rely,
                   CPU_INT16U           timeout,
                   USBD_ERR            *p_err);
```

参　数

class_nbr   PHDC 实例号

p_buf   指向存放发送的数据的缓冲区

buf_len   缓冲区字节长度

latency_rely 传输的延迟/可靠性参数

timeout 超时值，单位为 ms

p_err 指向用来存放该函数返回的错误代码变量的指针

    USBD_ERR_NONE

    USBD_ERR_INVALID_ARG

    USBD_ERR_NULL_PTR

    USBD_ERR_TX

    USBD_ERR_INVALID_CLASS_STATE

    USBD_ERR_DEV_INVALID_NBR

    USBD_ERR_DEV_INVALID_STATE

    USBD_ERR_EP_INVALID_ADDR

    USBD_ERR_EP_INVALID_STATE

    USBD_ERR_EP_INVALID_TYPE

    USBD_OS_ERR_TIMEOUT

    USBD_OS_ERR_ABORT

    USBD_OS_ERR_FAIL

返回值

  无

调用者

  应用程序

提示/警告

  如果元消息报头被主机使能，并且传输延迟不为"低"，则 USBD_PHDC_Wr() 需在 USBD_PHDC_WrPreamble() 之后被调用。

  在调用 USBD_PHDC_WrPreamble() 之后，应用程序将会用相同的延迟/可靠性参数调用 USBD_PHDC_Wr() "nbr_xfers"次。

F.1.12 USBD_PHDC_Reset()

  复位 PHDC 实例。

文件

  usbd_phdc.h/usbd_phdc.c

原型

```
void USBD_PHDC_Reset (CPU_INT08U class_nbr);
```

参数

  class_nbr PHDC 实例号

附录 F　PHDC API 参考手册

返回值

无

调用者

USBD_PHDC_Disconn()和应用程序

提示/警告

USBD_PHDC_Reset()用来复位内部变量,如 PHDC 实例的传输优先级队列等。当 PHDC 上面的数据层请求中止通信时,就应当调用这个函数。例如,当主机发送一个"11073 相关异常请求"时,就应当调用 USBD_PHDC_Reset()。

F.2　PHDC 操作系统函数

F.2.1　USBD_PHDC_OS_Init()

初始化 PHDC 操作系统层。

文　件

usbd_phdc_os.h / usbd_phdc_os.c

原　型

```
void USBD_PHDC_OS_Init (USBD_ERR   * p_err);
```

参　数

p_err　指向用来存放该函数返回的错误代码变量的指针

返回值

无

调用者

USBD_PHDC_Init()

实施指南

这个函数用来初始化 RTOS 层的所有内部变量及每个类实例的任务,只会调用一次。

如果创建信号量、互斥量或者其他信号失败,那么函数会将 USBD_ERR_OS_SIGNAL_CREATE 赋值给 p_err,并且立即返回。如果发生其他错误,就会将 USBD_ERR_OS_INIT_FAIL 赋给 p_err;否则,返回 USBD_ERR_NONE。

F.2.2　USBD_PHDC_OS_RdLock()

锁定读管道。

文　件

　　usbd_phdc_os.h / usbd_phdc_os.c

原　型

```
void USBD_PHDC_OS_RdLock (CPU_INT08U    class_nbr,
                          CPU_INT16U    timeout,
                          USBD_ERR     *p_err);
```

参　数

　　class_nbr　　PHDC 实例类号

　　timeout　　　超时值,单位为 ms

　　p_err　　　　指向用来存放该函数返回的错误代码变量的指针

返回值

　　无

调用者

　　USBD_PHDC_Rd()、USBD_PHDC_RdPreamble()

实施指南

　　通常通过等待一个信号量锁住读管道。p_err 参数分配如表 F-1 所列。

表 F-1　函数操作结果的 p_err 分配

操作结果	分配的错误代码
没有错误	USBD_ERR_NONE
等待超时	USBD_ERR_OS_TIMEOUT
等待中止	USBD_ERR_ABORT
任何原因的等待失败	USBD_ERR_OS_FAIL

F.2.3　USBD_PHDC_OS_RdUnLock()

　　解锁读管道。

文　件

　　usbd_phdc_os.h / usbd_phdc_os.c

原　型

```
void USBD_PHDC_OS_RdUnLock (CPU_INT08U   class_nbr);
```

参　数

　　class_nbr　　PHDC 实例类号

返回值

无

调用者

USBD_PHDC_Rd()、USBD_PHDC_RdPreamble()

执行流程

通常通过释放一个信号量解锁读管道。

F.2.4 USBD_PHDC_OS_WrIntrLock()

锁定写中断管道。

文　件

usbd_phdc_os.h / usbd_phdc_os.c

原　型

```
void USBD_PHDC_OS_WrIntrLock (CPU_INT08U    class_nbr,
                              CPU_INT16U    timeout,
                              USBD_ERR     *p_err);
```

参　数

class_nbr   PHDC 实例类号

timeout   超时值，单位为 ms

p_err   指向用来存放该函数返回的错误代码变量的指针

返回值

无

调用者

USBF_PHDC_Wr()

实施指南

通常通过等待一个信号量锁住写中断管道。p_err 参数分配如表 F-1 所列。

F.2.5 USBD_PHDC_OS_WrIntrUnLock()

解锁写中断管道。

文　件

usbd_phdc_os.h / usbd_phdc_os.c

原　型

```
void USBD_PHDC_OS_WrIntrUnlock (CPU_INT08U  class_nbr);
```

参　数

class_nbr   PHDC 实例类号

返回值

无

调用者

USBD_PHDC_Wr()

实施指南

通常通过释放一个信号量解锁写中断管道。

F.2.6　USBD_PHDC_OS_WrBulkLock()

锁定批量写管道。

文　件

usbd_phdc_os.h / usbd_phdc_os.c

原　型

```
void USBD_PHDC_OS_WrBulkLock (CPU_INT08U    class_nbr,
                              CPU_INT08U    prio,
                              CPU_INT16U    timeout,
                              USBD_ERR     *p_err);
```

参　数

class_nbr　　PHDC 实例类号

prio　　　　传输优先级。值为 0~4，由调用者通过传输的 QoS 计算得出

timeout　　 超时值，单位为 ms

p_err　　　 指向用来存放该函数返回的错误代码变量的指针

返回值

无

调用者

USBF_PHDC_Wr()、USBD_PHDC_WrPreamble()

实施指南

通常通过两种方式实现。第一种方式是像之前的那样，通过等待一个信号量锁住批量写管道。

但是由于不同的 QoS 数据都可以通过一个批量输入端点来传输，所以可能需要在 QoS 函数里优先它们的次序。更多关于优先级管理的信息，请参考 11.4 节 "RTOS 基于 QoS 的任务调度程序"。p_err 参数分配应当如表 F-1 所列。

F.2.7　USBD_PHDC_OS_WrBulkUnLock()

解锁批量写管道。

附录 F　PHDC API 参考手册

文　件

　　usbd_phdc_os.h / usbd_phdc_os.c

原　型

```
void USBD_PHDC_OS_WrBulkUnlock (CPU_INT08U  class_nbr);
```

参　数

　　class_nbr　PHDC 实例类号

返回值

　　无

调用者

　　USBD_PHDC_Wr()

实施指南

　　通常通过两种方式实现。第一种方式：如果没有实现优先级管理的，可以通过释放一个信号量来解锁批量写管道。然而，如果实现了优先级管理，那么这个调用会释放调度器（请参考 11.4 节"RTOS 基于 QoS 的任务调度程序"）。

附录 G

供应商类 API 参考手册

本附录提供了针对供应商类 API 的参考。每个用户可得到的服务按下列分类列表呈现(比如初始化和通信分类)。每个服务提供以下信息：
- 一个简短的描述；
- 一个函数原型；
- 源代码的文件名；
- 传递给函数形参的描述；
- 返回值的描述；
- 关于使用服务的提示/警告。

G.1 供应商类函数

G.1.1 USBD_Vendor_Init()

初始化供应商类使用的内部结构与局部全局变量。

文件

usbd_vendor.c

原型

void USBD_Vendor_Init (USBD_ERR *p_err);

参数

p_err 指向一个变量，该变量接收从这个函数返回的错误代码
　　　　USBD_ERR_NONE

返回值

无

调用位置

应用程序

提示/警告

在调用其他任何供应商 API 之前,初始化函数只能被应用程序调用一次。

G.1.2 USBD_Vendor_Add()

创建一个新的供应商类实例。

文件

Usbd_vendor.c

原型

```
CPU_INT08U USBD_Vendor_Add (CPU_BOOLEAN           intr_en,
                            CPU_INT16U            interval,
                            USBD_VENDOR_REQ_FNCT  req_callback,
                            USBD_ERR              *p_err);
```

参数

intr_en 中断端点 IN 和 OUT 标志:
　　　　　DEF_TRUE　　一对中断端点添加到接口
　　　　　DEF_FALSE　 一对中断端点不添加到接口

Interval 在帧或微型帧中端点的间隔

req_callback 供应商特征请求回调

p_err 指向一个变量,该变量接收从这个函数返回的错误代码
　　　USBD_ERR_NONE
　　　USBD_ERR_INVALID_ARG
　　　USBD_ERR_ALLOC

返回值

没有错误的情况下,返回类实例的编号;否则返回 USBD_CLASS_NBR_NONE。

调用位置

应用程序

G.1.3 USBD_Vendor_CfgAdd()

添加一个供应商类实例到特定的配置。供应商类实例由函数 USBD_Vendor_Add()生成。

文件

usbd_vendor.c

嵌入式协议栈 μC/USB – Device

原　型

```
void USBD_Vendor_CfgAdd (CPU_INT08U   class_nbr,
                         CPU_INT08U   dev_nbr,
                         CPU_INT08U   cfg_nbr,
                         USBD_ERR    *p_err);
```

参　数

class_nbr　类实例编号

dev_nbr　　设备编号

cfg_nbr　　添加供应商类实例的配置索引

p_err　　　指向一个变量,该变量接收从这个函数返回的错误代码

　　　　　　USBD_ERR_NONE

　　　　　　USBD_ERR_INVALID_ARG

　　　　　　USBD_ERR_ALLOC

　　　　　　USBD_ERR_NULL_PTR

　　　　　　USBD_ERR_DEV_INVALID_NBR

　　　　　　USBD_ERR_DEV_INVALID_STATE

　　　　　　USBD_ERR_CFG_INVALID_NBR

　　　　　　USBD_ERR_IF_ALLOC

　　　　　　USBD_ERR_IF_ALT_ALLOC

　　　　　　USBD_ERR_IF_INVALID_NBR

　　　　　　USBD_ERR_EP_NONE_AVAIL

　　　　　　USBD_ERR_EP_ALLOC

返回值

　　无

调用位置

　　应用程序

提示/警告

　　USBD_Vendor_CfgAdd()添加一个接口描述符,与其相关的端点描述符关联到配置描述符。一旦调用 USBD_Vendor_CfgAdd(),将按以下格式构建与一个供应商特征设备相关的配置描述符:

```
Configuration Descriptor
|- - Interface Descriptor (Vendor class)
    |- - Endpoint Descriptor (Bulk OUT)
    |- - Endpoint Descriptor (Bulk IN)
    |- - Endpoint Descriptor (Interrupt OUT) - optional
    |- - Endpoint Descriptor (Interrupt IN) - optional
```

一对中断端点是可选的,通过将参数 intr_en 设置为 DEF_TRUE,可以将其添加到接口描述符。

如果 USBD_Vendor_CfgAdd()从应用程序中调用多次,那么它允许创建多个实例和多个配置。比如,可以为高速设备创建以下结构:

```
High - speed
|- - Configuration 0
    |- - Interface 0 (Vendor 0)
|- - Configuration 1
    |- - Interface 0 (Vendor 0)
    |- - Interface 1 (Vendor 1)
```

在这个例子中,有两个供应商类实例:"供应商 0"和"供应商 1",两个可能的设备配置:"配置 0"和"配置 1"。"配置 1"包含两个接口。每个类实例与接口中的一个相关联。如果"配置 1"由主机激活,那么它允许主机访问设备所提供的两个不同功能。

G.1.4 USBD_Vendor_IsConn()

获取供应商类的连接状态。

文 件

usbd_vendor.c

原 型

`CPU_BOOLEAN USBD_Vendor_IsConn (CPU_INT08U  class_nbr);`

参 数

Calss_nbr 类实例编号

如果供应商类已连接,则返回 DEF_YES;否则返回 DEF_NO。

调用位置

应用程序

提示/警告

USBD_Vendr_IsConn()的典型应用是用于校验设备是否进入"已配置"状态并且供应商类实例已经准备好进行通信。以下代码为典型示例:

```
CPU_BOOLEAN conn;

conn = USBD_Vendor_IsConn(class_nbr);
while (conn != DEF_YES) {
    OSTimeDlyHMSM(0, 0, 0, 250);

    conn = USBD_Vendor_IsConn(class_nbr);
}
```

一旦连接状态变为 DEF_YES,使用批量端点的通信就开始了。

G.1.5 USBD_Vendor_Rd()

通过批量 OUT 端点从主机接收数据,该函数是阻塞型。

文　件

usbd_vendor.c

原　型

```
CPU_INT32U USBD_Vendor_Rd (CPU_INT08U    class_nbr,
                           void         *p_buf,
                           CPU_INT32U    buf_len,
                           CPU_INT16U    timeout,
                           USBD_ERR     *p_err);
```

参　数

class_nbr	类实例编号
p_buf	接收缓冲区指针
buf_len	以字节为单位的接收缓冲区长度
Timeout	毫秒级的超时时长
p_err	指向一个变量,该变量接收从这个函数返回的错误代码

　　USBD_ERR_NONE
　　USBD_ERR_NULL_PTR
　　USBD_ERR_INVALID_ARG
　　USBD_ERR_DEV_INVALID_NBR
　　USBD_ERR_DEV_INVALID_STATE
　　USBD_ERR_EP_INVALID_NBR
　　USBD_ERR_EP_INVALID_TYPE

返回值

如果没有错误,则返回已接收字节的数量;否则返回 0。

调用位置

应用程序

G.1.6 USBD_Vendor_Wr()

通过批量 IN 端点向主机发送数据,该函数是阻塞型。

文　件

usbd_vendor.c

原型

```
CPU_INT32U USBD_Vendor_Wr (CPU_INT08U    class_nbr,
                           void         *p_buf,
                           CPU_INT32U    buf_len,
                           CPU_INT16U    timeout,
                           CPU_BOOLEAN   end,
                           USBD_ERR     *p_err);
```

参数

class_nbr 类实例编号

p_buf 发送缓冲区指针

buf_len 以字节为单位的发送缓冲区长度

timeout 毫秒级的超时时长

end 传送结束标志

p_err 指向一个变量,该变量接收从这个函数返回的错误代码

    USBD_ERR_NONE

    USBD_ERR_NULL_PTR

    USBD_ERR_INVALID_ARG

    USBD_ERR_INVALID_CLASS_STATE

    USBD_ERR_DEV_INVALID_NBR

    USBD_ERR_DEV_INVALID_STATE

    USBD_ERR_EP_INVALID_NBR

    USBD_ERR_EP_INVALID_TYPE

返回值

如果没有错误,则返回已接收字节的数量;否则返回 0。

调用位置

应用程序

提示/警告

如果传送结束的标志已设置,则传送长度是最大数据包大小的倍数,一个 0 长度的数据包被发送到主机以告知传送结束。

G.1.7 USBD_Vendor_RdAsync()

通过批量 OUT 端点从主机接收数据,该函数是非阻塞型。传送准备完成之后马上返回。接着,调用应用程序提供的一个回调函数,以完成传送。

文件

usbd_vendor.c

原型

```
void USBD_Vendor_RdAsync (CPU_INT08U              class_nbr,
                          void                   * p_buf,
                          CPU_INT32U              buf_len,
                          USBD_VENDOR_ASYNC_FNCT  async_fnct,
                          void                   * p_async_arg,
                          USBD_ERR                * p_err);
```

参数

class_nbr   类实例编号
p_buf   接收缓冲区指针
buf_len   以字节为单位的接收缓冲区长度
async_fnct   接收回调
p_async_arg 应用程序提供的额外的参数,用于接收回调
p_err   指向一个变量,该变量接收从这个函数返回的错误代码
             USBD_ERR_NONE
             USBD_ERR_NULL_PTR
             USBD_ERR_INVALID_ARG
             USBD_ERR_INVALID_CLASS_STATE
             USBD_ERR_DEV_INVALID_NBR
             USBD_ERR_DEV_INVALID_STATE
             USBD_ERR_EP_INVALID_NBR
             USBD_ERR_EP_INVALID_TYPE
             USBD_ERR_EP_INVALID_STATE

返回值

无

调用位置

应用程序

G.1.8 USBD_Vendor_WrAsync()

通过批量 IN 端点向主机发送数据,该函数非阻塞型。传送准备完成之后马上返回,接着调用应用程序提供的一个回调函数,以完成传送。

文件

usbd_vendor.c

附录 G 供应商类 API 参考手册

原型

```
void USBD_Vendor_WrAsync (CPU_INT08U              class_nbr,
                          void                   *p_buf,
                          CPU_INT32U              buf_len,
                          USBD_VENDOR_ASYNC_FNCT  async_fnct,
                          void                   *p_async_arg,
                          CPU_BOOLEAN             end,
                          USBD_ERR               *p_err);
```

参数

class_nbr	类实例编号
p_buf	发送缓冲区指针
buf_len	以字节为单位的发送缓冲区长度
async_fnct	发送回调
p_async_arg	应用程序提供的额外的参数,用于发送回调
end	传送结束的标志
p_err	指向一个变量,该变量接收从这个函数返回的错误代码
	USBD_ERR_NONE
	USBD_ERR_NULL_PTR
	USBD_ERR_INVALID_ARG
	USBD_ERR_INVALID_CLASS_STATE
	USBD_ERR_DEV_INVALID_NBR
	USBD_ERR_DEV_INVALID_STATE
	USBD_ERR_EP_INVALID_NBR
	USBD_ERR_EP_INVALID_TYPE
	USBD_ERR_EP_INVALID_STATE

返回值

如果没有错误,则返回已接收字节的数量;否则返回 0。

调用位置

应用程序

提示/警告

如果传送结束的标志已设置,则传送长度是最大数据包大小的倍数,一个 0 长度的数据包被发送到主机以告知传送结束。

G.1.9 USBD_Vendor_IntrRd()

通过中断 OUT 端点从主机接收数据,该函数是阻塞型。

文件

usbd_vendor.c

原型

```
CPU_INT32U USBD_Vendor_IntrRd (CPU_INT08U    class_nbr,
                               void        * p_buf,
                               CPU_INT32U    buf_len,
                               CPU_INT16U    timeout,
                               USBD_ERR    * p_err);
```

参数

class_nbr　　类实例编号

p_buf　　接收缓冲区指针

buf_len　　以字节为单位的接收缓冲区长度

timeout　　毫秒级的超时时长

p_err　　指向一个变量，该变量接收从这个函数返回的错误代码

　　USBD_ERR_NONE

　　USBD_ERR_NULL_PTR

　　USBD_ERR_INVALID_ARG

　　USBD_ERR_INVALID_CLASS_STATE

　　USBD_ERR_DEV_INVALID_NBR

　　USBD_ERR_DEV_INVALID_STATE

　　USBD_ERR_EP_INVALID_NBR

　　USBD_ERR_EP_INVALID_TYPE

返回值

如果没有错误，则返回已接收字节的数量；否则返回 0。

调用位置

应用程序

G.1.10　USBD_Vendor_IntrWr()

通过中断 IN 端点向主机发送数据，该函数是阻塞型。

文件

usbd_vendor.c

原型

```
CPU_INT32U USBD_Vendor_IntrWr (CPU_INT08U    class_nbr,
                               void        * p_buf,
                               CPU_INT32U    buf_len,
                               CPU_INT16U    timeout,
                               CPU_BOOLEAN   end,
                               USBD_ERR    * p_err);
```

附录 G 供应商类 API 参考手册

参　数

　　class_nbr　　类实例编号
　　p_buf　　　　发送缓冲区指针
　　buf_len　　　以字节为单位的发送缓冲区长度
　　timeout　　　毫秒级的超时时长
　　end　　　　　传送结束的标志
　　p_err　　　　指向一个变量，该变量接收从这个函数返回的错误代码
　　　　　　　　USBD_ERR_NONE
　　　　　　　　USBD_ERR_NULL_PTR
　　　　　　　　USBD_ERR_INVALID_ARG
　　　　　　　　USBD_ERR_INVALID_CLASS_STATE
　　　　　　　　USBD_ERR_DEV_INVALID_NBR
　　　　　　　　USBD_ERR_DEV_INVALID_STATE
　　　　　　　　USBD_ERR_EP_INVALID_NBR
　　　　　　　　USBD_ERR_EP_INVALID_TYPE

返回值

　　如果没有错误，则返回已接收字节的数量；否则返回 0。

调用位置

　　应用程序

提示/警告

　　如果传送结束的标志已设置，则传送长度是最大数据包大小的倍数，一个 0 长度的数据包被发送到主机以告知传送结束。

G.1.11　USBD_Vendor_IntrRdAsync()

通过中断 OUT 端点从主机接收数据。该函数是非阻塞型。传送准备完成之后马上返回，接着调用应用程序提供的一个回调函数，以完成传送。

文　件

　　usbd_vendor.c

原　型

```
void USBD_Vendor_IntrRdAsync (CPU_INT08U              class_nbr,
                              void                   *p_buf,
                              CPU_INT32U              buf_len,
                              USBD_VENDOR_ASYNC_FNCT  async_fnct,
                              void                   *p_async_arg,
                              USBD_ERR               *p_err);
```

参　数

class_nbr	类实例编号
p_buf	接收缓冲区指针
buf_len	以 8 字节为单位的接收缓冲区长度
async_fnct	接收回调
p_async_arg	应用程序提供的额外的参数,用于接收回调
p_err	指向一个变量,该变量接收从这个函数返回的错误代码
	USBD_ERR_NONE
	USBD_ERR_NULL_PTR
	USBD_ERR_INVALID_ARG
	USBD_ERR_INVALID_CLASS_STATE
	USBD_ERR_DEV_INVALID_NBR
	USBD_ERR_DEV_INVALID_STATE
	USBD_ERR_EP_INVALID_NBR
	USBD_ERR_EP_INVALID_TYPE
	USBD_ERR_EP_INVALID_STATE

返回值

　　无

调用位置

　　应用程序

G.1.12　USBD_Vendor_IntrWrAsync()

通过中断 IN 端点向主机发送数据。该函数非阻塞。传送准备完成之后马上返回,接着调用应用程序提供的一个回调函数,以完成传送。

文　件

　　usbd_vendor.c

原　型

```
void USBD_Vendor_IntrWrAsync (CPU_INT08U              class_nbr,
                              void                   *p_buf,
                              CPU_INT32U              buf_len,
                              USBD_VENDOR_ASYNC_FNCT  async_fnct,
                              void                   *p_async_arg,
                              CPU_BOOLEAN             end,
                              USBD_ERR               *p_err);
```

参　数

class_nbr	类实例编号
p_buf	发送缓冲区指针
buf_len	以字节为单位的发送缓冲区长度
async_fnct	发送回调
p_async_arg	应用程序提供的额外的参数,用于发送回调
p_err	指向一个变量,该变量接收从这个函数返回的错误代码
	USBD_ERR_NONE
	USBD_ERR_NULL_PTR
	USBD_ERR_INVALID_ARG
	USBD_ERR_INVALID_CLASS_STATE
	USBD_ERR_DEV_INVALID_NBR
	USBD_ERR_DEV_INVALID_STATE
	USBD_ERR_EP_INVALID_NBR
	USBD_ERR_EP_INVALID_TYPE
	USBD_ERR_EP_INVALID_STATE

返回值

如果没有错误,则返回已接收字节的数量;否则返回 0。

调用位置

应用程序

提示/警告

如果传送结束的标志已设置,则传送长度是最大数据包大小的倍数,一个 0 长度的数据包被发送到主机以告知传送结束。

G.2　USBDEV_API 函数

USBDev_API 是一个 Windows 操作系统中实现的库。函数返回值和参数使用 Windows 数据类型,比如 DWORD、HANDLE、ULONG。更多关于 Windows 数据类型的细节,请参考 MSDN 在线文档(http://msdn.microsoft.com/en-us/library/aa383751(v=VS.85).aspx)。

G.2.1　USBDev_GetNbrDev()

获取属于指定 GUID 设备的编号。

文　件

usbdev_api.c

原　型

```
DWORD USBDev_GetNbrDev (const GUID    guid_dev_if,
                        DWORD         *p_err);
```

参　数

guid_dev_if　　设备接口类 GUID

p_err　　　　　指向一个变量，该变量接收从这个函数返回的错误代码
　　　　　　　 ERROR_SUCCESS

返回值

如果没有错误，则返回 GUID 设备的编号；否则返回 0。

调用位置

应用程序

提示/警告

函数 USBDev_GetNbrDev()使用设备信息集的概念。一个设备信息集包含所有属于某类设备设置类或设备接口类的设备信息要素。传递给 USBDev_GetNbrDev()函数的 GUID 是一个设备接口类。函数在内部通过使用一些控制选项检索设备信息集，该集是系统中存在的和注册在指定 GUID 中所有设备的一个列表。更多关于设备信息集合的细节可以在 http://msdn.microsoft.com/en-us/library/ff541247(VS.85).aspx 中找到。

G.2.2　USBDev_Open()

通过检索一个常规设备句柄打开一个设备。

文　件

usbdev_api.c

原　型

```
HANDLE USBDev_Open (const GUID    guid_dev_if,
                    DWORD         dev_nbr,
                    DWORD         *p_err);
```

参　数

guid_dev_if　　设备接口类 GUID

dev_nbr　　　　设备编号

p_err　　　　　指向一个变量，该变量接收从这个函数返回的错误代码
　　　　　　　 ERROR_SUCCESS
　　　　　　　 ERROR_INVALID_PARAMETER
　　　　　　　 ERROR_NOT_ENOUGH_MEMORY

附录 G 供应商类 API 参考手册

ERROR_BAD_DEVICE

返回值

如果没有错误,则返回设备句柄;否则返回 INVALID_HANDLE_VALUE(无效的句柄值)。

调用位置

应用程序

G.2.3 USBDev_Close()

通过释放任何已分配的资源和已创建的句柄来关闭一个设备。

文　件

usbdev_api.c

原　型

```
void USBDev_Close (HANDLE    dev,
                   DWORD    *p_err);
```

参　数

dev　　设备的常规句柄

p_err　指向一个变量,该变量接收从这个函数返回的错误代码

　　　　ERROR_SUCCESS

　　　　ERROR_INVALID_HANDLE

返回值

无

调用位置

应用程序

提示/警告

USBDev_Close()关闭任何打开的剩余管道,通常从应用程序中通过调用函数 USBDev_PipeClose()关闭已打开的管道。

G.2.4 USBDev_GetNbrAltSetting()

获取指定接口的可替代设置编号。

文　件

usbdev_api.c

原　型

```
UCHAR USBDev_GetNbrAltSetting (HANDLE    dev,
                               UCHAR     if_nbr,
                               DWORD    * p_err);
```

参　数

  dev 设备的常规句柄

  if_nbr 接口编号

  p_err 指向一个变量,该变量接收从这个函数返回的错误代码

     ERROR_SUCCESS

     ERROR_INVALID_HANDLE

     ERROR_INVALID_PARAMETER

返回值

  如果没有错误,则返回替代设置的编号;否则返回 0。

调用位置

  应用程序

提示/警告

  一个接口可能包含的替代设置,在设备已经被设置之后,允许端点和/或它们的特征是多变的。接口的默认设置通常可配置为 0。替代设置允许在其他接口继续运转时,设备配置的一个部分是多变的。得到替代设置的数量可用于打开一个与某个确定的替代接口相关的管道。

G.2.5　USBDev_GetNbrAssociatedIF()

  获取与默认接口相关的接口的编号,也就是说包括默认接口在内的所有接口都由 WinUSB.sys 管理,并注册到同一个 GUID 中。

文　件

  usbdev_api.c

原　型

```
UCHAR USBDev_GetNbrAssociatedIF (HANDLE    dev,
                                 DWORD   * p_err);
```

参　数

  dev 设备的常规句柄

  p_err 指向一个变量,该变量接收从这个函数返回的错误代码

     ERROR_SUCCESS

     ERROR_INVALID_HANDLE

附录 G　供应商类 API 参考手册

返回值

如果没有错误,则返回相关接口的编号;否则返回 0。

调用位置

应用程序

提示/警告

假定一个设备拥有三个由 WinUSB.sys 驱动管理的接口,并从属于同一个 GUID:接口 0、1 和 2。接口 0 是默认接口,接口 1 和接口 2 是关联接口。示例中调用 USBDev_GetNbrAssociatedIF() 将返回两个关联接口。

G.2.6　USBDev_SetAltSetting()

设置一个接口的替代设置。

文件

usbdev_api.c

原型

```
void USBDev_SetAltSetting (HANDLE    dev,
                           UCHAR     if_nbr,
                           UCHAR     alt_set,
                           DWORD    *p_err);
```

参数

dev　　设备的常规句柄

if_nbr　接口编号

alt_set　替代设置编号

p_err　指向一个变量,该变量接收从这个函数返回的错误代码

　　　　ERROR_SUCCESS

　　　　ERROR_INVALID_HANDLE

　　　　ERROR_INVALID_PARAMETER

返回值

无

调用位置

应用程序

提示/警告

该函数设置 WinUSB 内部使用的替代设置的编号。它不是发送一个 SET_INTERFACE 请求给设备,发送 SET_INTERFACE 请求必须使用 USBDev_CtrlReq() 函数。

G.2.7 USBDev_GetCurAltSetting()

获取指定接口的当前替代设置。

文 件

usbdev_api.c

原 型

```
UCHAR USBDev_GetCurAltSetting (HANDLE    dev,
                               UCHAR     if_nbr,
                               DWORD    *p_err);
```

参 数

dev 设备的常规句柄

if_nbr 接口编号

p_err 指向一个变量,该变量接收从这个函数返回的错误代码

ERROR_SUCCESS

ERROR_INVALID_HANDLE

ERROR_INVALID_PARAMETER

返回值

如果没有错误,则返回当前替代设置编号;否则返回 0。

调用位置

应用程序

提示/警告

这个函数获取被 WinUSB 内部使用并通过函数 USBDev_SetAltSetting()设置的当前替代设置的编号。它不发送一个 GET_INTERFACE 请求给设备,发送 GET_INTERFACE 请求必须使用 USBDev_CtrlReq()函数。

G.2.8 USBDev_IsHighSpeed()

定义与 PC 相连的设备是否为高速的设备。

文 件

usbdev_api.c

原 型

```
BOOL USBDev_IsHighSpeed (HANDLE    dev,
                         DWORD    *p_err);
```

参　数

　　dev　　　设备的常规句柄

　　p_err　 指向一个变量,该变量接收从这个函数返回的错误代码

　　　　　　ERROR_SUCCESS

　　　　　　ERROR_INVALID_HANDLE

　　　　　　ERROR_INVALID_PARAMETER

返回值

　　如果设备是高速的设备,则返回 TRUE;否则返回 FALSE。

调用位置

　　应用程序

G.2.9　USBDev_BulkIn_Open()

　　打开一个批量 IN 管道。

文　件

　　usbdev_api.c

原　型

```
HANDLE USBDev_BulkIn_Open (HANDLE   dev,
                           UCHAR    if_nbr,
                           UCHAR    alt_set,
                           DWORD   *p_err);
```

参　数

　　dev　　　设备的常规句柄

　　if_nbr　 接口编号

　　alt_set　指定接口替代设置的编号

　　p_err　　指向一个变量,该变量接收从这个函数返回的错误代码

　　　　　　ERROR_SUCCESS

　　　　　　ERROR_INVALID_HANDLE

　　　　　　ERROR_NO_MORE_ITEMS

返回值

　　如果没有错误,则返回批量 IN 管道句柄;否则返回 INVALID_HANDLE_VALUE(无效的句柄值)。

调用位置

　　应用程序

G.2.10　USBDev_BulkOut_Open()

　　打开一个批量 OUT 管道。

文件

usbdev_api.c

原型

```
HANDLE USBDev_BulkOut_Open (HANDLE    dev,
                            UCHAR     if_nbr,
                            UCHAR     alt_set,
                            DWORD    *p_err);
```

参数

dev　　　设备的常规句柄

if_nbr　　接口编号

alt_set　指定接口替代设置的编号

p_err　　指向一个变量,该变量接收从这个函数返回的错误代码

　　　　　ERROR_SUCCESS

　　　　　ERROR_INVALID_HANDLE

　　　　　ERROR_NO_MORE_ITEMS

返回值

如果没有错误,则返回批量 OUT 管道句柄;否则返回 INVALID_HANDLE_VALUE(无效句柄值)。

调用位置

应用程序

G.2.11　USBDev_IntrIn_Open()

打开一个中断 IN 管道。

文件

usbdev_api.c

原型

```
HANDLE USBDev_IntrIn_Open (HANDLE    dev,
                           UCHAR     if_nbr,
                           UCHAR     alt_set,
                           DWORD    *p_err);
```

参数

dev　　　设备的常规句柄

if_nbr　　接口编号

alt_set　指定接口替代设置的编号

p_err 指向一个变量,该变量接收从这个函数返回的错误代码
ERROR_SUCCESS
ERROR_INVALID_HANDLE
ERROR_NO_MORE_ITEMS

返回值

如果没有错误,则返回中断 IN 管道句柄;否则返回 INVALID_HANDLE_VALUE(无效句柄值)。

调用位置

应用程序

G.2.12 USBDev_IntrOut_Open()

打开一个中断 OUT 管道。

文 件

usbdev_api.c

原 型

```
HANDLE USBDev_IntrOut_Open (HANDLE    dev,
                            UCHAR     if_nbr,
                            UCHAR     alt_set,
                            DWORD    *p_err);
```

参 数

dev 设备的常规句柄

if_nbr 接口编号

alt_set 指定接口替代设置的编号

p_err 指向一个变量,该变量接收从这个函数返回的错误代码
ERROR_SUCCESS
ERROR_INVALID_HANDLE
ERROR_NO_MORE_ITEMS

返回值

如果没有错误,返回中断 OUT 管道句柄;否则返回 INVALID_HANDLE_VALUE(无效句柄值)。

调用位置

应用程序

G.2.13 USBDev_PipeGetAddr()

获取管道地址。

文件

usbdev_api.c

原型

```
UCHAR USBDev_PipeGetAddr (HANDLE    pipe,
                         DWORD   * p_err);
```

参数

pipe 管道句柄

p_err 指向一个变量,该变量接收从这个函数返回的错误代码

ERROR_SUCCESS

ERROR_INVALID_HANDLE

返回值

如果没有错误,则返回管道地址;否则返回 0。

调用位置

应用程序

G.2.14　USBDev_PipeClose()

关闭一个管道。

文件

usbdev_api.c

原型

```
void USBDev_PipeClose (HANDLE    pipe,
                      DWORD   * p_err);
```

参数

pipe 管道句柄

p_err 指向一个变量,该变量接收从这个函数返回的错误代码

ERROR_SUCCESS

ERROR_INVALID_HANDLE

返回值

无

调用位置

应用程序

G.2.15　USBDev_PipeStall()

停止一个管道或清除一个管道的停止状态。

文件

usbdev_api.c

原型

```
void USBDev_PipeStall (HANDLE    pipe,
                       BOOL      stall,
                       DWORD    *p_err);
```

参数

pipe　　管道句柄

stall　　指示哪个动作：
　　　　TRUE　　　停止管道
　　　　FALSE　　清除管道的停止状态

p_err　　指向一个变量,该变量接收从这个函数返回的错误代码
　　　　ERROR_SUCCESS
　　　　ERROR_INVALID_HANDLE
　　　　ERROR_NOT_ENOUTH_MEMORY

返回值

无

调用位置

应用程序

提示/警告

发送 SET_FEATURE 标准请求到设备,用来停止管道;发送 CLEAR_FEATURE 标准请求到设备,用来清除管道的停止状态。

G.2.16　USBDev_PipeAbort()

中止管道所有挂起的传送。

文件

usbdev_api.c

原型

```
void USBDev_PipeAbort (HANDLE    pipe,
                       DWORD    *p_err);
```

参数

pipe　　管道句柄

p_err　　指向一个变量,该变量接收从这个函数返回的错误代码
　　　　ERROR_SUCCESS

ERROR_INVALID_HANDLE

返回值

无

调用位置

应用程序

G.2.17 USBDev_CtrlReq()

通过默认控制端点发送控制数据。

文 件

usbdev_api.c

原 型

```
ULONG USBDev_CtrlReq (HANDLE   dev,
                     UCHAR    bm_req_type,
                     UCHAR    b_request,
                     USHORT   w_value,
                     USHORT   w_index,
                     UCHAR    *p_buf,
                     USHORT   buf_len,
                     DWORD    *p_err);
```

参 数

dev　　　　　　设备常规句柄

bm_req_type　　代表设置数据包 bmRequestType 的变量。bmRequestType 的位映射有以下特征:

　　　　　　　D7　　　　　　数据传送方向

　　　　　　　0　　USB_DIR_HOST_TO_DEVICE

　　　　　　　1　　USB_DIR_DEVICE_TO_HOST

　　　　　　　D6~5　　　　　请求类型

　　　　　　　00　USB_REQUEST_TYPE_STD（标准）

　　　　　　　01　USB_REQUEST_TYPE_CLASS

　　　　　　　10　USB_REQUEST_TYPE_VENDOR

　　　　　　　D4~0　　　　　接收者

　　　　　　　0000　USB_RECIPIENT_DEV（设备）

　　　　　　　0001　USB_RECIPIENT_IF（接口）

　　　　　　　0010　USB_RECIPIENT_ENDPOINT（端点）

bm_req_type　　收件者

b_request　　　代表设置数据包 bmRequest 的变量。可能的值是:

	GET_STATUS	返回指定接收者的状态
	CLEAR_FEATURE	清除或关闭一个指定特征
	SET_FEATURE	设置或使能一个指定特征
	SET_ADDRESS	设置未来所有的设备可访问的设备地址
	GET_DESCRIPTOR	如果描述符存在，则返回指定描述符
	SET_DESCRIPTOR	升级存在的描述符或可能添加的新的描述符
	GET_CONFIGURATION	返回当前设备配置值
	SET_CONFIGURATION	设备设备配置
	GET_INTERFACE	返回为指定接口选择的替代设置
	SET_INTERFACE	为指定接口选择一个替代设置
	SYNCH_FRAME	设置并报告一个端点的同步帧
w_value	代表设置数据包的 wValue 变量	
w_index	代表设置数据包的 xIndex 变量	
p_buf	控制传送的数据阶段，发送或接收缓冲区的指针	
buf_len	发送或接收缓冲区的长度	
p_err	指向一个变量，该变量接收从这个函数返回的错误代码	
	ERROR_SUCCESS	
	ERROR_INVALID_HANDLE	
	ERROR_NOT_ENOUGH_MEMORY	
	ERROR_GEN_FAILURE	

返回值

无

调用位置

应用程序

提示/警告

w_value 和 w_index 的值根据 b_request 定义的指定请求而不同。

以下代码演示了使用 USBDev_CtrlReq() 来发送 SET_INTERFACE 请求的示例：

```
DWORD    err;
                    /* Select alternate setting #1 for default interface.  */
USBDev_CtrlReq (dev_handle,
            (USB_DIR_HOST_TO_DEVICE | USB_REQUEST_TYPE_STD | USB_RECIPIENT_IF),
            SET_INTERFACE,
            1,     /* Alternate setting #1.                                */
            0,     /* Interface #0 inside active configuration.            */
            0,     /* No data phase.                                       */
            0,
            &err);
```

```
if (err != ERROR_SUCCESS) {
    printf("[ERROR # %d] SET_INTERFACE(1) request failed.\n", err);
}
```

更多关于 USB 设置请求的细节,可参考通用串行总线标准版本 2.0。

G.2.18 USBDev_PipeWr()

通过指定管道向设备写数据。

文件

usbdev_api.c

原型

```
DWORD USBDev_PipeWr (HANDLE    pipe,
                     UCHAR    *p_buf,
                     DWORD     buf_len,
                     DWORD     timeout,
                     DWORD    *p_err);
```

参数

pipe   管道句柄

p_buf   指向发送缓冲区的指针

buf_len   发送缓冲区的长度

timeout   毫秒级的超时时长。0 值表示永久等待

p_err   指向一个变量,该变量接收从这个函数返回的错误代码

    ERROR_SUCCESS

    ERROR_INVALID_HANDLE

    ERROR_INVALID_USER_BUFFER

    ERROR_BAD_PIPE

    ERROR_INVALID_PARAMETER

    ERROR_NOT_ENOUGH_MEMORY

    ERROR_SEM_TIMEOUT

返回值

如果没有错误,则返回写入的字节数;否则返回 0。

调用位置

应用程序

G.2.19　USBDev_PipeRd()

通过指定管道从设备读数据。

文件

usbdev_api.c

原型

```
DWORD USBDev_PipeRd (HANDLE   pipe,
                     UCHAR   *p_buf,
                     DWORD    buf_len,
                     DWORD    timeout,
                     DWORD   *p_err);
```

参数

pipe　　　　管道句柄

p_buf　　　指向发送缓冲区的指针

buf_len　　发送缓冲区的长度

timeout　　毫秒级的超时时长,0 值表示永久等待

p_err　　　指向一个变量,该变量接收从这个函数返回的错误代码

　　　　　ERROR_SUCCESS

　　　　　ERROR_INVALID_HANDLE

　　　　　ERROR_INVALID_USER_BUFFER

　　　　　ERROR_BAD_PIPE

　　　　　ERROR_INVALID_PARAMETER

　　　　　ERROR_NOT_ENOUGH_MEMORY

　　　　　ERROR_SEM_TIMEOUT

返回值

如果没有错误,则返回接收的字节数;否则返回 0。

调用位置

应用程序

G.2.20　USBDev_PipeRdAsync()

通过指定管道从设备读数据。如果数据不存在则该函数马上返回,数据稍后将会被检索。

文件

usbdev_api.c

原 型

```
void USBDev_PipeRdAsync (HANDLE              pipe,
                        UCHAR               *p_buf,
                        DWORD               buf_len,
                        USBDEV_PIPE_RD_CALLBACK callback,
                        void                *p_callback_arg,
                        DWORD               *p_err);
```

参 数

pipe	管道句柄
p_buf	指向发送缓冲区的指针
buf_len	发送缓冲区的长度
callback	应用程序回调函数的指针，异步线程完成时调用该回调函数
p_callback_arg	承载应用程序传递的私有信息的变量指针，当回调函数被调用时会使用这个变量
p_err	指向一个变量，该变量接收从这个函数返回的错误代码 ERROR_SUCCESS ERROR_INVALID_HANDLE ERROR_INVALID_USER_BUFFER ERROR_BAD_PIPE ERROR_NOT_ENOUGH_MEMORY ERROR_SEM_TIMEOUT

返回值

无

调用位置

应用程序

提示/警告

当一个 IN 管道通过一个打开函数 USBDev_xxxxIN_Open()打开时，一个线程会自动创建。这个线程负责通知应用程序一个完整的异步 IN 传送。当异步传送完成时，该线程被唤醒，并通过 callback 变量调用提供 USBDevAPI 库的应用程序回调函数。USBDev_API 库允许为同一个管道将若干异步 IN 传送排成队列。

附录 H

错误代码

本附录提供了在 usbd_core.h 里面关于 μC/USB - Device 错误代码的简单介绍。任何错误代码如果没有在这里列出，你可以在 usbd_core.h 找到它们的编号值和用途。本附录还包含类定义的错误代码。只有 MSC 类定义的错误代码是在 usbd_msc.h 文件中。

每一个错误都有数字值，错误值被分成几个组，定义的组有下面几类。

错误代码分组	编号系列	错误代码分组	编号系列
通用	0	端点	400
设备	100	OS 层	500
配置	200	MSC	800
接口	300	—	—

H.1 通用错误代码

0	USBD_ERR_NONE	没有错误
1	USBD_ERR_SHORT_XFER	检测到短传送
2	USBD_ERR_FAIL	发生硬件错误
3	USBD_ERR_RX	通用接收错误，即在读准备或者数据接收之后发生的错误
4	USBD_ERR_TX	通用发生错误，即在写发生准备的时候发生了错误，在这种情况下没有没有数据传输或者没有错误的数据传输
5	USBD_ERR_ALLOC	目标存储器的分配错误
6	USBD_ERR_NULL_PTR	指针参数(S)传递 NULL 指针(S)
7	USBD_ERR_INVALID_ARG	无效的参数(S)
8	USBD_ERR_INVALID_CLASS_STATE	无效的类状态

H.2 设备错误代码

100	USBD_ERR_DEV_ALLOC	设备分配失败
101	USBD_ERR_DEV_INVALID_NBR	无效的设备编号
102	USBD_ERR_DEV_INVALID_STATE	无效的设备状态
103	USBD_ERR_DEV_INVALID_SPD	无效的设备速度

H.3 配置错误代码

200	USBD_ERR_CFG_ALLOC	配置分配失败
201	USBD_ERR_CFG_INVALID_NBR	无效的配置编号
202	USBD_ERR_CFG_INVALID_MAX_PWR	无效的最大功率
203	USBD_ERR_CFG_SET_FAIL	设备驱动设置配置失败

H.4 接口错误代码

300	USBD_ERR_IF_ALLOC	接口分配失败
301	USBD_ERR_IF_INVALID_NBR	无效的接口编号
302	USBD_ERR_IF_ALT_ALLOC	备份的接口设置失败
303	USBD_ERR_IF_ALT_INVALID_NBR	无效的备份接口编号
304	USBD_ERR_IF_GRP_ALLOC	接口组分配失败
305	USBD_ERR_IF_GRP_NBR_IN_USE	接口组编号已经被使用

H.5 端点错误代码

400	USBD_ERR_EP_ALLOC	端点分配失败
401	USBD_ERR_EP_INVALID_ADDR	无效的端点地址
402	USBD_ERR_EP_INVALID_STATE	无效的端点状态
403	USBD_ERR_EP_INVALID_TYPE	无效的端点类型
404	USBD_ERR_EP_NONE_AVAIL	物理的端点不能使用
405	USBD_ERR_EP_ABORT	端点失败,该端点的设备驱动程序传输中断
406	USBD_ERR_EP_STALL	设备驱动程序停止失败的端点
407	USBD_ERR_EP_IO_PENDING	I/O 操作在某端点挂起

H.6 OS 层错误代码

500	USBD_ERR_OS_INIT_FAIL	OS 层初始化失败
501	USBD_ERR_OS_SIGNAL_CREATE	OS 信号没有成功创建
502	USBD_ERR_OS_FAIL	OS 目标挂起/传播失败
503	USBD_ERR_OS_TIMEOUT	OS 目标时间到
504	USBD_ERR_OS_ABORT	OS 目标中断
505	USBD_ERR_OS_DEL	OS 目标删除

H.7 URB 错误代码

| 600 | USBD_ERR_URB_ALLOC | USB 请求块分配失败 |

H.8 设备控制器驱动程序错误代码

| 700 | USBD_ERR_DRV_EP_BUSY | 在驱动程序队列中 USB 请求块失败 |

H.9 MSC 错误代码

1000	USBD_ERR_MSC_INVALID_CBW	无效的命令块包
1001	USBD_ERR_MSC_INVALID_DIR	CBW 和 SCSI 命令指示的方向不匹配
1002	USBD_ERR_MSC_MAX_LUN_EXCEED	逻辑单元到达的最大编号
1003	USBD_ERR_SCSI_UNSUPPORTED_CMD	不支持的 SCSI 命令
1004	USBD_ERR_SCSI_MORE_DATA	读写请求更多的读写数据
1005	USBD_ERR_SCSI_LU_NOTSUPPORTED	逻辑单元没有准备好完成任何操作
1006	USBD_ERR_SCSI_LU_NOTSUPPORTED	不支持的逻辑单元编号
1007	USBD_ERR_SCSI_LU_BUSY	编号的逻辑单元忙于其他操作
1008	USBD_ERR_SCSI_LOG_BLOCK_ADDR	逻辑块地址越界
1009	USBD_ERR_SCSI_MEDIUM_NOTPRESENT	介质不存在
1010	USBD_ERR_SCSI_MEDIUM_NOT_RDY_TO_RDY	介质状态从未就绪到就绪
1011	USBD_ERR_SCSI_MEDIUM_RDY_TO_NOT_RDY	介质状态从就绪到未就绪
1012	USBD_ERR_SCSI_LOCK	介质加锁失败
1013	USBD_ERR_SCSI_LOCK_TIMEOUT	介质加锁超时
1014	USBD_ERR_SCSI_UNLOCK	介质成功解锁

附录 I

存储器占用

　　μC/USB-Device 存储器占用可以压缩到只包含具体应用所需的功能，参考第 5 章"配置"更好地了解如何配置协议栈和应用软件。本附录将提供给用户 Microμm 提供的每一种相关设备类的 μC/USB-Device 存储器占用的参考数据，每一种类都出现在一张设备配置数值的表格上，该数值展示了配置所使用的代码尺寸情况。附录中计算出来的代码尺寸是在表 I-1 的环境配置和表 I-2 μC/USB-Device 通用配置的条件下获得的。

　　注意，μC/USB-Device 协议栈提供的设备控制器驱动程序能从堆里面分配内部数据结构，可以使用 μC/LIB 的存储器函数、通用标准库函数以及 Microμm 开发的宏和常量计算出已经分配给设备控制器驱动程序的堆的数值，可参考 μC/LIB 文档获得更多的信息。

表 I-1　存储器占用计算的环境配置

定　义	配　置
架构	通用的 32 位 CPU
工具链	IAR
编译优化	尺寸和速度高优化
操作系统(OS)	μC/OS-III

表 I-2　存储器占用的 μC/USB-Device 设备配置

设备配置	数　值
USBD_CFG_OPTIMIZE_SPD	DEF_DISABLED
USBD_CFG_MAX_NBR_DEV	1
USBD_CFG_MAX_NBR_CFG	1

I.1　通信设备类

　　表 I-3 展示了通信设备类(CDC)的配置情况，相对应的存储器占用情况见表 I-4。

附录 I　存储器占用

表 I-3　CDC 存储器占用配置

配　置	数　值
USBD_CFG_MAX_NBR_IF	2
USBD_CFG_MAX_NBR_IF_ALT	2
USBD_CFG_MAX_NBR_IF_GRP	1
USBD_CFG_MAX_NBR_EP_DESC	3
USBD_CFG_MAX_NBR_EP_OPEN	5
USBD_CDC_CFG_MAX_NBR_DEV	1
USBD_CDC_CFG_MAX_NBR_CFG	2
USBD_CDC_CFG_MAX_NBR_DATA_IF	1
USBD_ACM_SERIAL_CFG_MAX_NBR_DEV	1

表 I-4　存储器占用

模　块	代码/KB	常量/KB	数据/KB
设备内核	20.62	—	0.47
设备 RTOS 移植	0.76	—	1.39
设备控制器驱动程序	6.76	0.21	从堆中分配数据
CDC	2.55	—	0.07
ACM 子类	2.2	—	0.04
总计	32.87	0.21	1.97

I.2　人机接口设备类

表 I-5 展示了人机接口类的配置，表 I-6 展示了与之相对应的存储器占用的情况。注意，有一个中断 OUT 端点是需要在 HID 初始化时加上的，但下面的表中已经被忽略了。另外，HID 类的数据尺寸没有把从堆里面分配给输入报告缓冲区、输出报告缓冲区和特性报告缓冲区的存储器数量计算进去。可以使用 μC/LIB 提供的函数计算出分配给 HID 报告的堆的数量，可参见 μC/LIB 文档获得更多的信息。

表 I-5　HID 针对存储器占用的配置

配　置	数　值
USBD_CFG_MAX_NBR_IF	1
USBD_CFG_MAX_NBR_IF_ALT	1

续表 I-5

配　置	数　值
USBD_CFG_MAX_NBR_IF_GRP	0
USBD_CFG_MAX_NBR_EP_DESC	1
USBD_CFG_MAX_NBR_EP_OPEN	3
USBD_HID_CFG_MAX_NBR_DEV	1
USBD_HID_CFG_MAX_NBR_CFG	2
USBD_HID_CFG_MAX_NBR_REPORT_ID	16
USBD_HID_CFG_MAX_NBR_REPORT_PUSHPOP	0

表 I-6　HID 存储器占用

模　块	代码/KB	常量/KB	数据/KB
设备内核	19.17	—	0.78
设备 RTOS 移植	0.76	—	1.31
设备驱动程序	6.74	0.21	—
HID	6.29	—	0.52
HID RTOS 移植	1.05	—	1.39
总计	34.01	0.21	4.00

I.3　大容量存储器类

表 I-7 展示了大容量存储器类(MSC)的配置，与之对应的存储器占用情况见表 I-8。

表 I-7　MSC 存储器占用配置

配　置	数　值
USBD_CFG_MAX_NBR_IF	1
USBD_CFG_MAX_NBR_IF_ALT	1
USBD_CFG_MAX_NBR_IF_GRP	0
USBD_CFG_MAX_NBR_EP_DESC	2
USBD_CFG_MAX_NBR_EP_OPEN	4
USBD_MSC_CFG_MAX_NBR_DEV	1
USBD_MSC_CFG_MAX_NBR_CFG	2
USBD_MSC_CFG_MAX_LUN	1
USBD_MSC_CFG_DATA_LEN	2041

表 I-8 MSC 的存储器占用

模 块	代码/KB	常量/KB	数据/KB
设备内核	19.13	—	0.85
设备 RTOS 移植	0.76	—	1.35
设备驱动程序	6.74	0.21	—
MSC	7.57	0.03	2.55
MSC RTOS 移植	0.68	—	1.27
RAMDisk 存储	0.36	—	—
总计	35.24	0.24	6.02

I.4 个人健康设备类

表 I-9 展示了个人健康设备类(PHDC)的配置,表 I-10 展示了与之相对应的存储器占用的情况。注意,有一个中断 IN 端点是需要在 PHDC 初始化时加上的,下面的表中已经被忽略了。另外,存储器占用数据适用基于 QOS 调度器打开和关闭这两种情况,因此,针对 PHDC RTOS 层存储器占用就因为配置的不同有两个数值。

表 I-9 PHDC 存储器占用配置

配 置	数 值
USBD_CFG_OPTIMIZE_SPD	DEF_DISABLED
USBD_CFG_MAX_NBR_DEV	1
USBD_CFG_MAX_NBR_CFG	1
USBD_CFG_MAX_NBR_IF	1
USBD_CFG_MAX_NBR_IF_ALT	1
USBD_CFG_MAX_NBR_IF_GRP	0
USBD_CFG_MAX_NBR_EP_DESC	2
USBD_CFG_MAX_NBR_EP_OPEN	4
USBD_PHDC_CFG_MAX_NBR_DEV	1
USBD_PHDC_CFG_MAX_NBR_CFG	2
USBD_PHDC_CFG_DATA_OPAQUE_MAX_LEN	43
USBD_PHDC_OS_CFG_SCHED_EN	DEF_ENABLED/DEF_DISABLED

表 I-10 PHDC 存储器占用

模　块	代码/KB	常量/KB	数据/KB
设备内核	19.82	—	0.85
设备 RTOS 移植	0.76	—	1.35
设备驱动程序	6.74	0.21	—
PHDC	4.70	—	0.21
PHDC RTOS(基于 QOS 调度打开)	1.56	—	1.62
PHDC RTOS(基于 QOS 调度关闭)	0.66	—	0.11
总计(QOS 调度打开/关闭)	35.58/32.68	0.21	4.03/2.52

I.5　厂商类

表 I-11 展示了厂商类的配置,表 I-12 展示了与之相对应的存储器占用的情况。注意,有一对中断 IN/OUT 端点是需要在厂商初始化时加上的,下面的表中被忽略了。

表 I-11 厂商类存储器占用配置

配　置	数值
USBD_CFG_MAX_NBR_IF	1
USBD_CFG_MAX_NBR_IF_ALT	1
USBD_CFG_MAX_NBR_IF_GRP	0
USBD_CFG_MAX_NBR_EP_DESC	2
USBD_CFG_MAX_NBR_EP_OPEN	4
USBD_VENDOR_CFG_MAX_NBR_DEV	1
USBD_VENDOR_CFG_MAX_NBR_CFG	2

表 I-12 厂商类存储器占用

模　块	代码/KB	常量/KB	数据/KB
设备内核	18.18	—	0.85
设备 RTOS 移植	0.76	—	1.35
设备驱动程序	6.76	0.21	—
厂商	1.05	—	0.09
总计	26.73	0.21	2.29

附录 J

μC/OS-III 和 μC/USB-Device 软件许可政策

本书包含的 μC/OS-III 是以源代码形式呈现的,对于教育目的的使用、和平目的的科研和短期评估是免费的,如果计划或者有意将其用在商用应用或者产品上,需要联系 Micriμm 公司获得应用或者产品上使用的相应的许可。

为了方便您的使用,并帮助您体验 μC/OS-III,我们提供了书中的代码。事实上,我们提供了源代码并不意味着可以不支付许可费用就将其使用在商用应用上。同样,源代码所提供的知识也不能用于开发类似的产品。

本书可以提供编译好的 μC/USB-Device 二进制库,用户可以在 μC/Eval-STM32F107 评估板上使用 μC/OS-III 和 μC/USB-Device。针对教育目的的应用,在初期不需要再购买其他的,不过一旦代码被用于以盈利为目的的商用应用,您就需要去购买许可。

一旦你决定在设计中使用 μC/OS-III 和 μC/USB-Device,就必须要购买许可了,而不是在你的设计已经完成,准备生产的时候再购买。

如果你不太清楚是否需要购买 μC/OS-III 和 μC/USB-Device 的许可,请联系 Micriμm 公司或者全球的合作伙伴,与销售代表讨论你的使用情况。

J.1 μC/USB-DEVICE 维护协议的续签

μC/USB-Device 的许可包括了一年的技术支持、维护和源代码的升级,续签这个协议可以获得继续的技术支持和源代码的升级服务。请联系 sales@Micriμm.com 获得更多的信息。

J.2 μC/USB-DEVICE 源代码升级

如果你的维护协议在有效期内,那么当源代码有新的升级的时候,你会自动收到电子邮件。可以从 Micriμm 用户的页面上下载到该升级。如果你的维护期已经逾

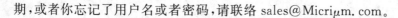

期,或者你忘记了用户名或者密码,请联络 sales@Micriµm.com。

J.3 µC/USB – DEVICE 技术支持

技术支持只是针对获得软件许可的用户,请访问 www.Micriµm.com 的支持(support)部分。如果你现在还不是获得软件授权的用户,你可以注册一个账号,下载一些免费软件和文档资料。如果你已经是许可的用户了,你将会得到一个账号,让你下载到你购买的软件。

【译者注】µC/OS – III 和 µC/USB – Device 许可分为产品、产品系列和不同的 CPU 种类等多种类型,因此你开发一种新产品可能需要获得新的许可。

联系方法:

Micriµm

1290 Weston Road,Suite 306

Weston,FL 33326

+1 954 217 2036

+1 954 217 2037(FAX)

E – Mail:sales@Micriµm.com

www.Micriµm.com

参考文献

[1] Labrosse Jean J. μC/OS-III, The Real-Time Kernel for the Renesas RX62N. Florida:Micruim. 2010.

[2] Total Phase, Inc. Beagle Protocol Analyzers Data Sheet v4.20. 2012.

[3] Total Phase, Inc. Data Center Software Manual v6.20. 2012.

[4] Compaq, Hewlett-Packard, Intel, Lucent, Microsoft, NEC, Philips. Universal Serial Bus Specification Revision 2.0. 2000.

[5] USB Implementers Forum, Inc. Universal Serial Bus, Class Definitions for Communications Devices, Revision 1.2. 2010.

[6] USB Implementers Forum, Inc. Universal Serial Bus, Communications, Subclass for PSTN Devices, Revision 1.2. 2007.

[7] USB Implementers Forum, Inc. Device Class Definition for Human Interface Devices (HID), Version 1.11. 2001.

[8] USB Implementers Forum, Inc. Universal Serial Bus HID Usage Tables, Version 1.12. 2004.

[9] USB Implementers Forum, Inc. Universal Serial Bus Mass Storage Class Specification Overview, Revision 1.3. 2008.

[10] USB Implementers Forum, Inc. Universal Serial Bus Mass Storage Class Bulk-Only Transport, Revision 1.0. 1999.

[11] USB Implementers Forum, Inc. USB Device Class Definition for Personal Healthcare Devices, Release 1.0. 2007.